高等职业教育"互联网+"创新型系列教材

机床电气控制与 PLC

主　编　满　莎　霍览宇

副主编　刘淇名　陈燕红　徐支力

　　　　方　圆　罗建辉

参　编　谭会平　马　殷　滕　云

　　　　胡怀雯　谭　璐　周志伟

机械工业出版社

本书采用项目化设计，共设计了 4 个项目，包括 CA6140 型车床电气控制系统分析与检修、X62W 型铣床控制系统分析与检修、Z30100 型摇臂钻床控制系统分析与检修、Z3050 型摇臂钻床的 PLC 改造，由简单到复杂，每个项目所承载的知识点和技能点在难度和深度上都有区分和递进，根据典型机床电路，分解到典型控制电路，再分解到低压电器。

本书的教学设计遵循项目式教学从整体到局部的解构过程，与传统教材刚好相反，体现职业教育改革思想。本书以项目为中心，分散为多个任务，再以任务为核心发散到技能点、知识点，对任务涉及的电气元件及部件等知识加以介绍，对涉及的操作通过图文并茂的方式加以指导，形成知识卡和技能卡，便于学生自我学习，每个任务后期会安排动手动脑的实操，课后总结提升。

本书可作为高等职业院校电气自动化技术、机电一体化技术等相关专业教材，也可作为电气控制技术相关领域工程技术人员的入门级自学教材。

为方便教学，本书配有电子课件、模拟试卷及答案、动画视频（以二维码形式嵌入）等教学资源，凡选用本书作为授课教材的老师，均可通过 QQ（2314073523）咨询。

图书在版编目（CIP）数据

机床电气控制与 PLC / 满莎，霍览宇主编 . -- 北京：
机械工业出版社，2024.8（2025.8 重印）. --（高等职业教育
"互联网 +"创新型系列教材）. -- ISBN 978-7-111-76506-6

Ⅰ. TG502.35；TM571.6

中国国家版本馆 CIP 数据核字第 2024B7B290 号

机械工业出版社（北京市百万庄大街 22 号　邮政编码 100037）

策划编辑：曲世海　　　　　　　责任编辑：曲世海　王宗锋
责任校对：贾海霞　李　婷　　　封面设计：马若濛
责任印制：常天培

河北虎彩印刷有限公司印刷

2025 年 8 月第 1 版第 2 次印刷

184mm×260mm・14.5 印张・348 千字

标准书号：ISBN 978-7-111-76506-6

定价：49.00 元

电话服务　　　　　　　　　网络服务

客服电话：010-88361066　机　工　官　网：www.cmpbook.com
　　　　　010-88379833　机　工　官　博：weibo.com/cmp1952
　　　　　010-68326294　金　书　网：www.golden-book.com
封底无防伪标均为盗版　机工教育服务网：www.cmpedu.com

前 言 ➤➤➤➤➤➤

对于工科制造类专业，机床电气控制与 PLC 技术相关的教材非常多，有传统的经典教材，有体现教育改革的项目驱动式教材，也有结合信息技术的智慧型教材。不管是什么形式的教材，只要用心编写，符合教学实际，能让学生学到真正的知识就是好教材。按照这个基本理念，结合一般工科院校的条件，我们编写了这本教材。

本书采用项目化设计，教学设计遵循项目式教学从整体到单元的解构过程，通过典型机床电路，分解到典型控制电路，再到低压电器。系统设计了从简单到复杂的 CA6140 型车床电气控制系统分析与检修、X62W 型铣床控制系统分析与检修、Z30100 型摇臂钻床控制系统分析与检修、Z3050 型摇臂钻床的 PLC 改造四个项目，将电气控制与 PLC 技术相关必需、够用的基本知识和必会的基本能力融入到项目中去，如电动机正反转控制相关知识和技能融入到 X62W 型铣床控制系统的载体中、星形 - 三角形减压起动控制相关知识和技能融入到 Z30100 型摇臂钻床电气控制电路的载体中。通过项目载体，分解为多个任务，以任务为中心发散到知识和技能，如任务涉及的电气元件或部件的结构原理等知识，任务所使用的仪器仪表、器件等基本操作技能。每个任务承载的知识点和技能点在难度和深度上都有区分和递进。任务涉及的这些知识和技能通过图文并茂的方式进行解读，形成知识卡和技能卡，并用 ★☆☆、★★☆、★★★ 区分难易程度，便于学生自我学习，任务后再安排动手动脑的实操和测试，巩固学生的学习效果。

本书编写分工如下：满莎编写项目 1～项目 3；霍览宇编写项目 4；徐支力参与编写项目 1～项目 4 中项目闯关部分内容；刘淇名参与编写项目 2 和项目 3 的部分内容；陈燕红参与编写项目 2 和项目 3 中部分内容和绘制所有电气原理图；其余老师也参与了全书的编写工作。

本书得到了湖南机电职业技术学院电气工程学院相关领导和老师的指导，在此表示感谢。

由于编者水平有限，书中错误和不当之处在所难免，恳请广大读者批评指正。

编 者

二维码清单 ▶▶▶▶▶

序号	图形	页码	序号	图形	页码
1		49	7		143
2		51	8		147
3		51	9		147
4		92	10		205
5		96	11		208
6		99			

目 录 ≫≫≫≫

项目 1

CA6140 型车床电气控制系统分析与检修

项目导航

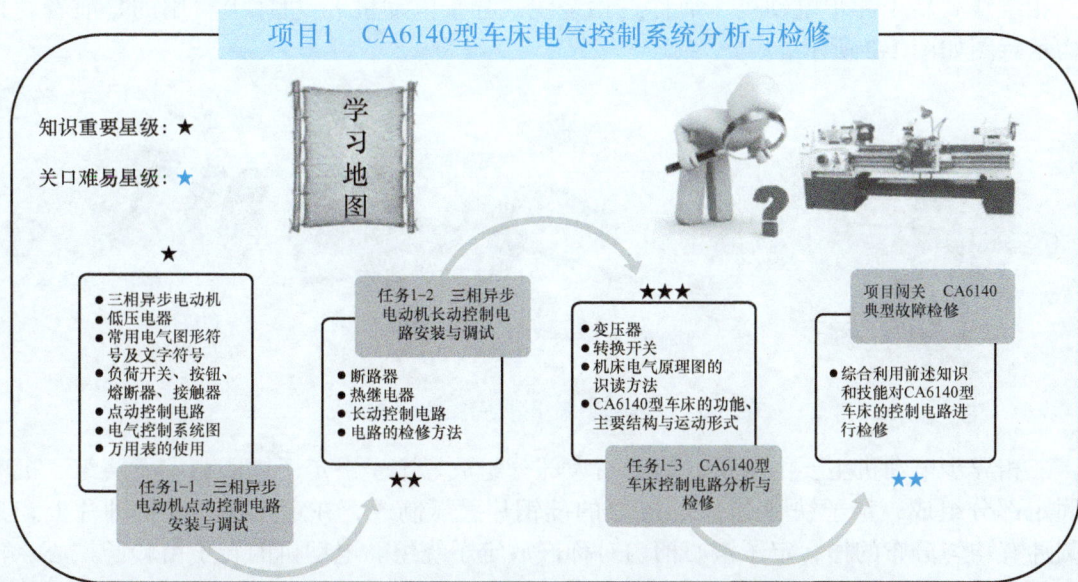

图 1-1　CA6140 型车床电气控制系统分析学习地图

任务 1-1　三相异步电动机点动控制电路安装与调试

◆ 抛砖引玉

　　生产机械中常常需要具有频繁通断、远距离控制和自动控制功能，如电动葫芦中的起重电动机控制、车床拖板箱快速移动电动机控制等。以 CA6140 型车床为例，当需要快速移动车床刀架时，操作人员只要按下按钮，刀架就会快速移动；松开按钮，刀架就会立即停止。实现刀架这种运行方式采用的是一种点动控制电路，它是通过按钮和接触器来实现电路的自动控制。本次任务主要是分析点动控制电路并排除常见故障。

❖ 有的放矢

1. 了解电动机的结构、分类及工作原理。
2. 掌握电动机的铭牌识读及接线方式。
3. 掌握低压电器、常用电气图形符号及文字符号的概念。
4. 了解负荷开关、熔断器、按钮、接触器的结构、型号、规格及使用方法。
5. 掌握负荷开关、熔断器、按钮、接触器的工作原理、图形文字符号及用途。
6. 掌握三相异步电动机点动控制电路的工作原理。

❖ 聚沙成塔

知识卡 1 三相异步电动机（★★☆）

三相异步电动机按结构可分为三相笼型转子异步电动机（简称三相笼型异步电动机）和三相绕线式转子异步电动机（简称三相绕线式异步电动机）。机床上常用的是前者，其结构示意图如图 1-2 所示。

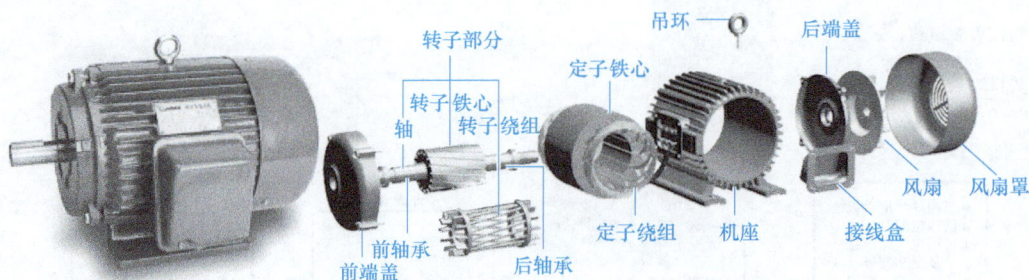

图 1-2　三相笼型异步电动机结构示意图

三相异步电动机主要由定子、转子两大部分组成。定子由定子铁心、定子绕组、机座等固定部分组成，定子铁心由 0.5mm 厚的硅钢片叠压制成，在定子铁心硅钢冲片上，其内圆冲有均匀分布的槽，定子铁心槽内对称嵌放定子绕组。电动机的转子由转子铁心、转子绕组和转轴三部分组成。转子铁心也是由 0.5mm 厚的硅钢冲片叠压制成，在转子铁心硅钢冲片的外圆上冲有均匀分布的槽，用来放转子绕组。当三相定子绕组通入三相对称电源后，在气隙中产生一个旋转磁场，此旋转磁场切割转子导体，产生感应电流，流有感应电流的转子导体在旋转磁场的作用下产生转矩，使转子旋转。

三相异步电动机上的机座上装有铭牌，铭牌上标有电动机的型号和主要技术参数，以 Y180L-6 型电动机铭牌为例，如图 1-3 所示，介绍铭牌上各个数据的意义。

图 1-3　三相异步电动机的铭牌

1. 电动机的型号

三相异步电动机的不同系列适应于不同工作环境及用途，其中 Y 表示三相异步电动机，YR 表示绕线式异步电动机，YB 表示防爆型异步电动机，YQ 表示高起动转矩的异步电动机；180 表示机座中心高度（单位为 mm）；L 表示长机座（M 为中机座，S 为短机座）；6 表示电动机的磁极数。

2. 定子绕组的接线方式

电动机三相绕组可接成星形或三角形，如图 1-4 所示。图中，U1、V1、W1 为电动机定子绕组的首端，U2、V2、W2 为电动机定子绕组的尾端。

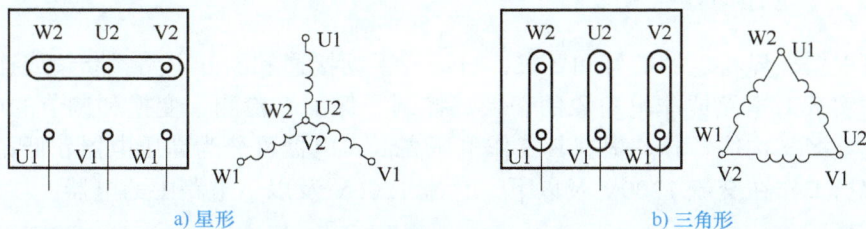

a) 星形　　　　　　　　　　　　　　　　　　b) 三角形

图 1-4　三相异步电动机定子绕组的接线方式

3. 额定电压

铭牌上标示的电压值是指电动机在额定状态下运行时定子绕组上应加的线电压值。一般规定电动机的电压不高于或低于额定值的 5%。

4. 额定电流

铭牌上标示的电流值是指电动机在额定状态下运行时定子绕组的线电流值，是由定子绕组的导线截面和绝缘材料的耐热能力决定的，与电动机轴上输出的额定功率相关联。

5. 额定功率

铭牌上标示的功率值是指电动机额定运行状态下轴上输出的机械功率值。电动机输出的机械功率 P_2 小于输入的电功率 P_1。输入的电功率 P_1 减掉电动机本身产生的各项损耗（含铁损耗 p_{Fe}、定子铜损耗 p_{Cu1}、转子铜损耗 p_{Cu2}、机械损耗 p_{fw} 和杂散损耗 p_s 后）等于 P_2。额定情况下 $P_2=P_N$。

6. 转速

电动机的转速与磁极对数有关，磁极对数越多的电动机转速越低。电动机的转速公式为 $n=(1-s)n_1$，其中 s 为转差率；n_1 为同步转速，$n_1=\dfrac{60f}{p}$，其中 f 为电源频率，单位为 Hz，p 为磁极对数。

7. 绝缘等级

电动机的绝缘等级是按其绕组所用的绝缘材料在使用时允许的极限温度来分等级的，所谓极限温度，是指电动机绝缘结构中最热点的最高允许温度。其技术数据见表 1-1。

表 1-1　三相异步电动机的最高允许温度与绝缘等级

绝缘等级	A	E	B	F	H	C
最高允许温度 /℃	105	120	130	155	180	>180

8. 工作方式

三相异步电动机常用的运行情况可分为连续运行、短时运行和断续运行三种，其中，连续工作方式用 S1 表示；短时工作方式用 S2 表示，分为 10min、30min、60min、90min 四种；断续周期性工作方式用 S3 表示。

知识卡 2　低压电器（★☆☆）

电器是根据外界特定的信号和要求，自动或手动接通和断开电路，断续或连续地改变电路参数，实现对电路或非电对象的切换、控制、保护、检测、变换和调节的电气设备。电器的种类繁多，构造各异。根据其工作电压高低，电器可分为高压电器和低压电器。低压电器通常指工作在交流 1200V 及以下、直流 1500V 及以下电路中的电器。

知识卡 3　常用电气图形符号及文字符号（★★☆）

相关国家标准规定了电气工程图中的图形符号和文字符号。图形符号通常由符号要素、一般符号和限定符号组成，是一个设备、元器件或概念的图形标记。文字符号是一种书写在电气设备、装置和元器件上或其旁边，用大写正体拉丁字母表示，以标明电气设备、装置和元器件的名称、功能和特征的符号。这些符号是电气工程技术的通用技术语言，常用电器、电动机的图形符号与文字符号见《电气简图用图形符号》。

在机床电气控制系统图中，三相交流电源引入线用 L1、L2、L3 标记，中性线用 N 标记，保护接地用 PE 标记。电源开关之后的三相交流电源主电路分别按 U、V、W 顺序标记。分级三相交流电源主电路采用 U1、V1、W1 和 U2、V2、W2 标记。各电动机分支电路各接点标记采用三相文字符号后面加数字来表示，数字中的十位数表示电动机的代号，个位数表示该支路各接点的代号，从上到下按数值大小顺序标记，如"U_{21}"表示电动机 M2 第一相的第一个接点。电动机绕组首端分别用 U、V、W 标记，如果是六个接线头的电动机，那么尾端分别用 U'、V'、W' 标记，双绕组的中点用 U″、V″、W″ 标记。控制电路采用阿拉伯数字进行编号，一般由三位或两位以下的数字组成。标记方法按等电位原则进行，在垂直绘制的电路中，一般由上而下编号，凡是被线圈、触点、电路元件等隔离的线段，都应标以不同的电路标记。

知识卡 4　负荷开关（★☆☆）

1. 功能

开启式负荷开关又称为瓷底胶盖刀开关，简称刀开关。生产中常用的是 HK 系列开启式负荷开关，适用于照明、电热设备及小容量电动机控制电路中，供手动不频繁地接通和分断电路，并起短路保护作用。

封闭式负荷开关又称铁壳开关，是在开启式负荷开关基础上改进设计的一种开关，其灭弧性能、操作性能、通断能力、安全防护性能等都优于刀开关。因外壳为铸铁或用薄钢板冲压而成，故俗称铁壳开关，可用作手动不频繁地接通和分断带负载的电路及线路末端的短路保护，也可用于控制小容量交流电动机的不频繁直接起动和停止。

2. 结构、符号

开启式负荷开关按极数分有单极、双极与三极 3 种，其中三极开关结构如图 1-5a 所示，主要由静触头、动触头和熔体构成。图 1-5b 所示为 HRTO 熔断式负荷开关，额定电压为 380V，额定电流为 100～400A。开启式负荷开关的电路符号如图 1-5c 所示，型号规格如图 1-5d 所示。

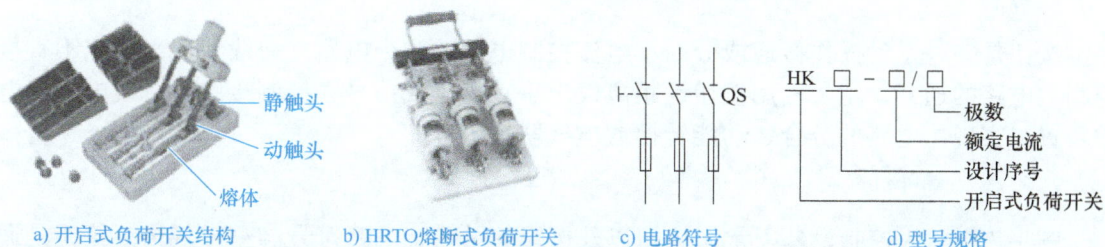

a) 开启式负荷开关结构　　b) HRTO熔断式负荷开关　　c) 电路符号　　d) 型号规格

图 1-5　开启式负荷开关

封闭式负荷开关主要由触点系统（包括动触头和静夹座）、操作机构（包括手柄、速断弹簧）、熔断器、灭弧装置和外壳构成，其内部结构、电路符号和型号规格如图 1-6 所示。

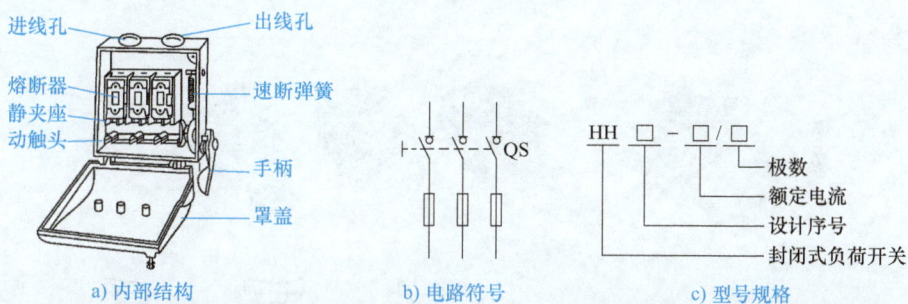

a) 内部结构　　b) 电路符号　　c) 型号规格

图 1-6　封闭式负荷开关

封闭式负荷开关的操作机构具有两个特点：一是设置了联锁装置，保证了开关在合闸状态下罩盖不能打开，而打开时不能合闸，以保证操作安全；二是采用储能分合闸方式，在手柄转轴与底座之间装有速动弹簧，能使开关快速接通与断开，与手柄操作速度无关，这样有利于迅速灭弧。

3. 选用

开启式负荷开关在一般的照明电路和功率小于 5.5kW 的电动机控制电路中被广泛采用。但这种开关由于没有专门的灭弧装置，所以其刀式动触头和静夹座易被电弧灼伤而引起接触不良，因此不宜用于操作频繁的电路。具体选用方法如下：

1）用于照明和电热负载时，选用两极开关，其额定电压为 220V 或 250V，额定电流不小于电路所有负载额定电流之和。

2）用于控制电动机的直接起动和停止时，选用三极开关，其额定电压为 380V 或 500V，额定电流不小于电动机额定电流 3 倍。

封闭式负荷开关的额定电压应不小于工作电路的额定电压，额定电流应等于或稍大于电路的工作电流。用于控制电动机工作时，考虑到电动机的起动电流较大，所以应使开关的额定电流不小于电动机额定电流的 3 倍。

知识卡 5　按钮（★★☆）

1. 功能

按钮是一种手动操作接通或分断小电流控制电路的主令电器。一般情况下按钮不直接控制主电路的通断，主要利用按钮远距离发出手动指令或信号去控制接触器、继电器等电磁装置，实现主电路的分合、功能转换或电气联锁。

2. 结构、符号

图 1-7 所示为控制设备中常用按钮以及按钮的结构、电路符号与型号规格。按钮是通过手动操作并具有储能（弹簧）复位能力的控制开关，一般由按钮帽、复位弹簧、桥式动触头、静触头、支柱连杆及外壳等部分组成。一般分为常开按钮、常闭按钮和复合按钮，其电路符号如图 1-7b 所示。按钮的型号规格如图 1-7c 所示，其中结构代号含义为 K—开启式、H—保护式、S—防水式、F—防腐式、J—紧急式、X—旋钮式、Y—钥匙操作式、D—光标式。例如，LA10-3K 表示为开启式三联按钮。常用按钮的额定电压为 380V，额定电流为 5A。

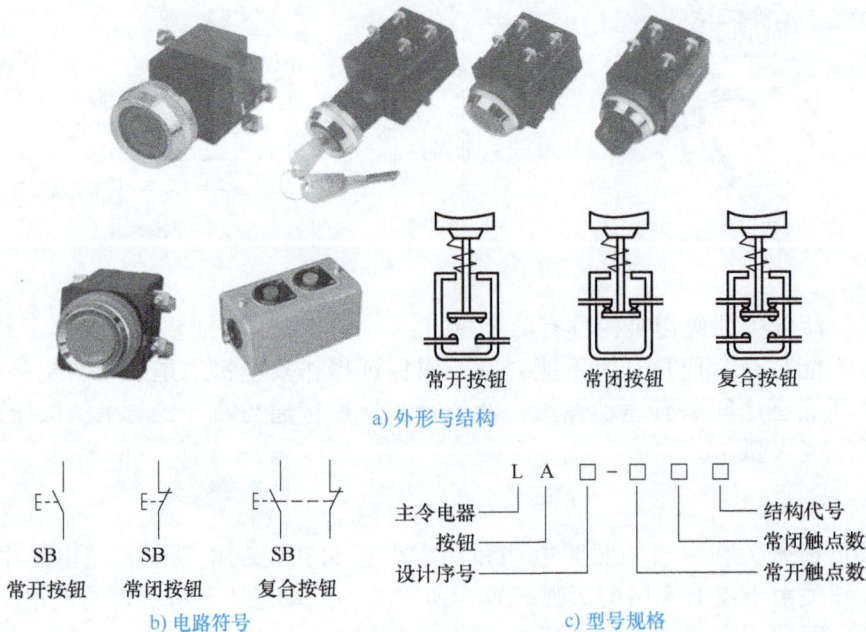

a) 外形与结构

b) 电路符号

c) 型号规格

图 1-7　按钮

3.选用

1）根据使用场合和具体用途选择按钮种类。例如，嵌装在操作面板上的按钮可选用开启式；需显示工作状态的选用光标式；需防止无关人员误操作的重要场合宜选用钥匙操作式；在有腐蚀性气体处要用防腐式。

2）根据工作状态指示和工作情况要求，选择按钮或指示灯的颜色。例如，起动按钮可选用白色、灰色或黑色，优先选用白色，也允许选用绿色。急停按钮应选用红色。停止按钮可选用黑色、灰色或白色，优先用黑色，也允许选用红色。

3）根据控制回路的需要选择按钮的数量，如单联钮、双联钮和三联钮等。

🔶 知识卡6　熔断器（★★☆）

熔断器是一种简单而有效的保护电器，在低压配电电路中起短路保护和严重过载时的保护作用，在电动机控制电路中主要作短路保护。使用时将熔断器串联在被保护的电路中，让负载电流流过熔体。当电路正常工作时，发热温度低于熔化温度，熔体不会熔断；当电路发生严重过载或短路故障时，电流大于熔体允许的正常发热电流，使熔体温度急剧上升，达到其熔点时，熔体被瞬时熔断，从而分断电路，起到了保护电路和设备的作用。

1.外形、结构与符号

熔断器的外形、结构与符号如图 1-8 所示。RT 系列圆筒帽形熔断器采用导轨安装和安全性能高的防护接线端子，目前在电气设备中广泛应用。瓷插式熔断器多用于照明电路，目前已被断路器所取代。螺旋式熔断器常用于机床电气设备中，熔断管的端口处装有熔断指示片，该指示片脱落时表示内部熔丝已断。不同规格的熔断器按电流等级配置熔断管，如 380V/60A 的 RL1 型熔断器配有 20A、25A、30A、35A、40A、50A、60A 额定电流等级的熔断管。螺旋式熔断器底座的中心端连接电源端子。

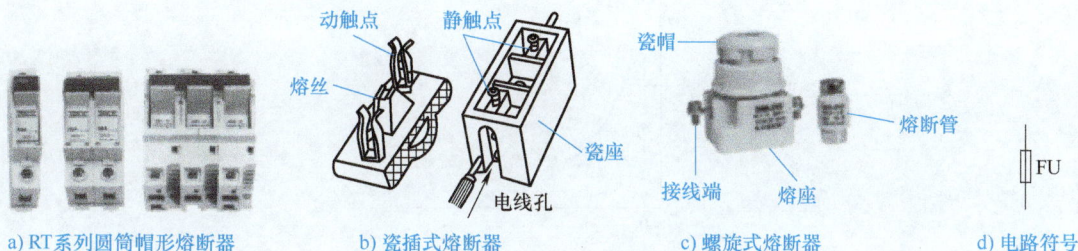

a）RT系列圆筒帽形熔断器　　b）瓷插式熔断器　　c）螺旋式熔断器　　d）电路符号

图 1-8　熔断器外形、结构与符号

熔断器型号及表示意义如图 1-9 所示。

熔断器主要由熔体、熔管和熔座三部分组成。熔体是熔断器的核心，常做成丝状、片状或栅状，制作熔体的材料一般有铅锡合金、锌、铜和银等。熔管是熔体的保护外壳，用耐热绝缘材料制成，在熔体熔断时兼有灭弧作用。熔座是熔断器的底座，起固定熔管和连接引线作用。

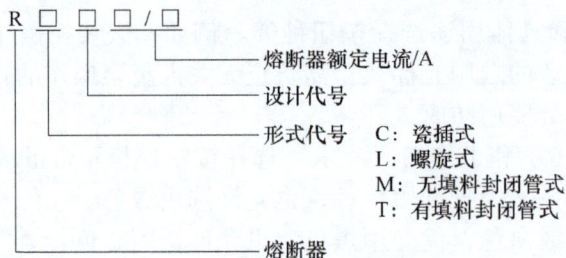

图 1-9　熔断器型号及表示意义

2. 主要技术参数

1）额定电压：是指熔断器长期正常工作能承受的最高电压。如果熔断器的实际工作电压大于其额定电压，熔体熔断时可能会发生电弧不能熄灭的危险。

2）额定电流：是指保证熔断器能长期正常工作的电流，其大小由熔断器各部分长期工作时的允许温度决定。

注意：熔断器的额定电流与熔体的额定电流是两个不同的概念。熔体的额定电流是指在规定工作条件下，长时间通过熔体而熔体不熔断的最大电流值。通常，一个额定电流等级的熔断器可以配用若干个额定电流等级的熔体，但熔体的额定电流不能大于熔断器的额定电流值。如型号 RL1-15 的熔断器，熔断器的额定电流为 15A，但可以配用额定电流为 2A、4A、6A、10A 和 15A 的熔体。

3）分断能力：是指在规定的电压及使用条件下，熔断器能分断的预期分断电流值，常用极限分断电流值来表示。

4）时间—电流特性：在规定的条件下，表征流过熔体的电流与熔体熔断时间的关系曲线，也称为安—秒特性或保护特性，如图 1-10 所示。从特性上可以看出，熔断器的熔断时间随电流的增大而减小。表 1-2 为熔体的安—秒特性列表。

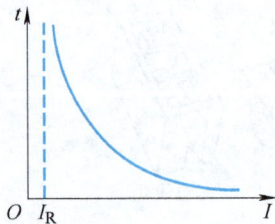

图 1-10　熔断器的时间—电流特性

表 1-2　常用熔体的安—秒特性

熔体通过电流 /A	$1.25I_{Te}$	$1.6I_{Te}$	$1.8I_{Te}$	$2I_{Te}$	$2.5I_{Te}$	$3I_{Te}$	$4I_{Te}$	$8I_{Te}$
熔断时间 /s	∞	3 600	1 200	40	8	4.5	2.5	1

表中，I_{Te} 为熔体额定电流，通常取 $2I_{Te}$ 为熔断器的熔断电流，其熔断时间约为 40s，因此，熔断器对轻度过载反应迟缓，一般不宜做过载保护，主要做短路保护。

3. 熔断器的选用

熔断器的选用主要是选择熔断器的形式、额定电流、额定电压以及熔体额定电流。熔体额定电流的选择是熔断器选择的核心，其选择方法见表 1-3。

表 1-3　熔体额定电流选择

负载性质		熔体额定电流（I_{Te}）
电炉和照明等电阻性负载		$I_{Te}=I_N$ ①
单台电动机	线绕式异步电动机	$I_{Te}=（1\sim1.25）I_N$
	笼型异步电动机	$I_{Te}=（1.5\sim2.5）I_N$
	起动时间较长的某些笼型异步电动机	$I_{Te}=3I_N$
	连续工作制直流电动机	$I_{Te}=I_N$
	反复短时工作制直流电动机	$I_{Te}=1.25I_N$
多台笼型异步电动机		$I_{Te}=（1.5\sim2.5）I_{Nmax}+I_{de}$ I_{Nmax} 为最大一台电动机额定电流；I_{de} 为其他电动机额定电流之和

① I_N 指电动机额定电流。

注意：在安装、更换熔体时，一定要切断电源，将刀开关拉开，不要带电作业，以免触电。熔体烧坏后，应换上和原来同材料、同规格的熔体，千万不要随便加粗熔体，或用不易熔断的其他金属丝去替换。

🅟 知识卡 7　接触器（★★★）

接触器是一种用来接通或切断交、直流主电路和控制电路，并且能够实现远距离控制的电器。大多数情况下其控制对象是电动机，也可以用于其他电力负载，如电阻炉、电焊机等。接触器不仅能自动地接通和断开电路，还具有控制容量大、欠电压释放保护、零电压保护、频繁操作、工作可靠、寿命长等优点。接触器实际上是一种自动的电磁式开关，触点的通断不是由手来控制，而是电动操作，属于自动切换电器。接触器按主触点通过电流的种类，分为交流接触器和直流接触器两类。在机床电气控制电路中主要使用的是交流接触器。

1. 交流接触器的结构和符号

CJ10 系列、CJX1 系列和 CJX1/N 系列交流接触器的外形如图 1-11a、b、c 所示，CJX 系列内部结构如图 1-11d 所示。

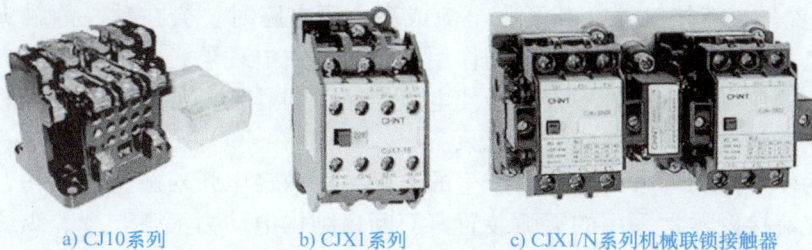

a) CJ10 系列　　　b) CJX1 系列　　　c) CJX1/N 系列机械联锁接触器

图 1-11　交流接触器

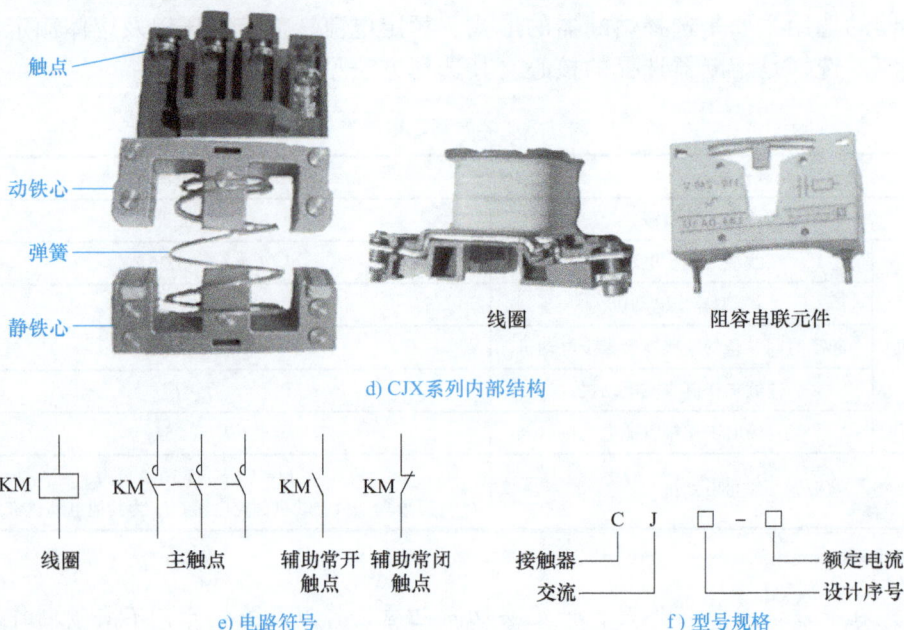

触点

动铁心

弹簧

静铁心

线圈

阻容串联元件

d) CJX系列内部结构

KM 线圈　KM 主触点　KM 辅助常开触点　KM 辅助常闭触点

CJ □ - □
接触器
交流
设计序号
额定电流

e) 电路符号　　　　f) 型号规格

图 1-11　交流接触器（续）

交流接触器主要由电磁系统、触点系统、灭弧装置和其他部件等组成。

1）电磁系统。电磁系统由线圈、动铁心（衔铁）和静铁心组成。静铁心和衔铁一般用 E 形硅钢片叠压而成，以减小铁心的磁滞和涡流损耗；铁心的两个端面上嵌有短路环，用以消除电磁系统的振动和噪声；线圈做成粗而短的圆筒形，且在线圈和铁心之间留有空隙，以增强铁心的散热效果。

交流接触器利用电磁系统中线圈的通电或断电，使铁心吸合或释放衔铁，从而带动动触头与静触头闭合或分断，实现电路的接通或断开。

2）触点系统。触点按通断能力可分为主触点和辅助触点。主触点用以通断电流较大的主电路，一般由三个常开触点组成。辅助触点用以通断电流较小的控制电路，一般由两个常开和两个常闭触点组成。常开触点和常闭触点是联动的。当线圈通电时，常闭触点先断开，常开触点后闭合，中间有一个很短的时间差。当线圈断电后，常开触点先恢复断开，随后常闭触点恢复闭合，中间也存在一个很短的时间差。这个时间差虽然很短，但对实现电路的控制作用却很重要。

3）灭弧装置。交流接触器在断开大电流或高电压电路时，会在动、静触头之间产生很强的电弧。电弧是触点间气体在强电场作用下产生的放电现象，它的产生一方面会灼伤触头，减少触头的使用寿命；另一方面会使电路切断时间延长，甚至造成弧光短路或引起火灾事故。因此，触头间的电弧应尽快熄灭。

灭弧装置的作用是熄灭触头分断时产生的电弧，以减轻电弧对触头的灼伤，保证可靠地分断电路。交流接触器常采用的灭弧装置有双断口结构电动力灭弧装置、纵缝灭弧装置和栅片灭弧装置。对于容量较小的交流接触器，一般采用双断口结构电动力灭弧装置和纵缝灭弧装置；对于容量较大的交流接触器，多采用栅片来灭弧。

4）其他部件。其他部件包括反作用弹簧、缓冲弹簧、触头压力弹簧、传动机构及外壳等。反作用弹簧安装在衔铁和线圈之间，其作用是线圈断电后，带动触头复位；缓冲弹簧安装在静铁心和线圈之间，其作用是缓冲衔铁在吸合时对静铁心和外壳的冲击力，保护外壳；触头压力弹簧安装在动触头上面，其作用是增加动、静触头间的压力，从而增大接触面积，以减少接触电阻的阻值，防止触头过热损伤；传动结构的作用是在衔铁或反作用弹簧的作用下，带动动触头实现与静触头的接通或分断。

接触器的电路符号如图 1-11e 所示，型号规格如图 1-11f 所示，例如，CJX1-16 表示主触点为额定电流 16A 的交流接触器。

2. 交流接触器的工作原理

交流接触器的工作原理如图 1-12 所示。当接触器线圈通电时，线圈中的电流产生磁场，使静铁心磁化产生足够大的电磁吸力，克服反作用弹簧的反作用力将衔铁吸合，衔铁通过传动机构带动辅助常闭触点先断开，三个常开主触点和辅助触点后闭合；当接触器线圈断电或电压显著下降时，由于铁心的电磁吸力消失或过小，衔铁在反作用弹簧力的作用下复位，并带动各触头恢复到原始状态。

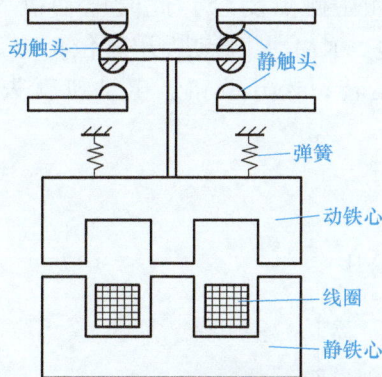

图 1-12　交流接触器工作原理图

3. 交流接触器的选用

1）主触点额定电压的选择。接触器主触点的额定电压应大于或等于被控制电路的额定电压。

2）主触点额定电流的选择。接触器主触点的额定电流应大于或等于电动机的额定电流。如果用于电动机的频繁起动、制动及正反转的场合，应将接触器主触点的额定电流降低一个等级使用。

3）线圈额定电压选择。线圈的额定电压应与设备控制电路的电压等级相同。通常使用 380V 或 220V 的电压，如从安全考虑需用较低电压时，也可选用 36V 或 110V 电压的线圈，但要通过变压器降压供电。

知识卡 8　点动控制电路（★☆☆）

1. 点动主电路

主电路是电动机电流流经的电路，其特点是电压高、电流大，在电路原理图中主电路常绘制于左侧。点动主电路如图 1-13 所示，由三相交流电源 L1、L2、L3 与负荷开关 QS、熔断器 FU1、交流接触器 KM 主触点和三相异步电动机 M 构成。其中 QS 起接通电源的作用，FU1 实现主电路的短路保护，交流接触器 KM 主触点控制电动机 M 的起动与停止。显然，合上负荷开关 QS，虽然电源已经接通但由于交流接触器主触点未吸合，主回路仍处于断开状态，电动机 M 并不能得电起动运转，只有当交流接触器 KM 主触点闭合，主电路形成回路后，电动机 M 才能得电起动运转。

2. 点动控制电路

控制电路是对主电路起控制作用的电路，控制电路的特点是电压不确定（可通过变压器变压，通常电压范围为 36～380V），电流小，在电路原理图中控制电路按主电路动作顺序绘在右侧。点动控制电路如图 1-14 所示，由熔断器 FU2、起动按钮 SB 和交流接触器 KM 线圈构成，熔断器 FU2 用作控制电路的短路保护，起动按钮 SB 控制交流接触器 KM 线圈通电与断电。当电源接通后，按下按钮 SB，控制回路接通，交流接触器 KM 线圈通电，KM 主触点闭合，此时电动机 M 得电起动运转。松开 SB，控制回路断开，KM 线圈断电，KM 主触点断开复位，电动机 M 也随之失电停转。这种按下按钮，电动机就得电运转；松开按钮，电动机就失电停转的控制方法，称为点动控制。

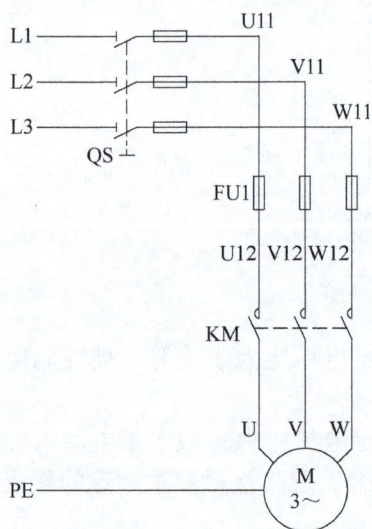

图 1-13　点动主电路原理图

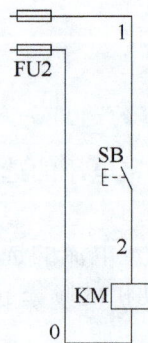

图 1-14　点动控制电路原理图

点动控制电路工作示意图如图 1-15 所示。

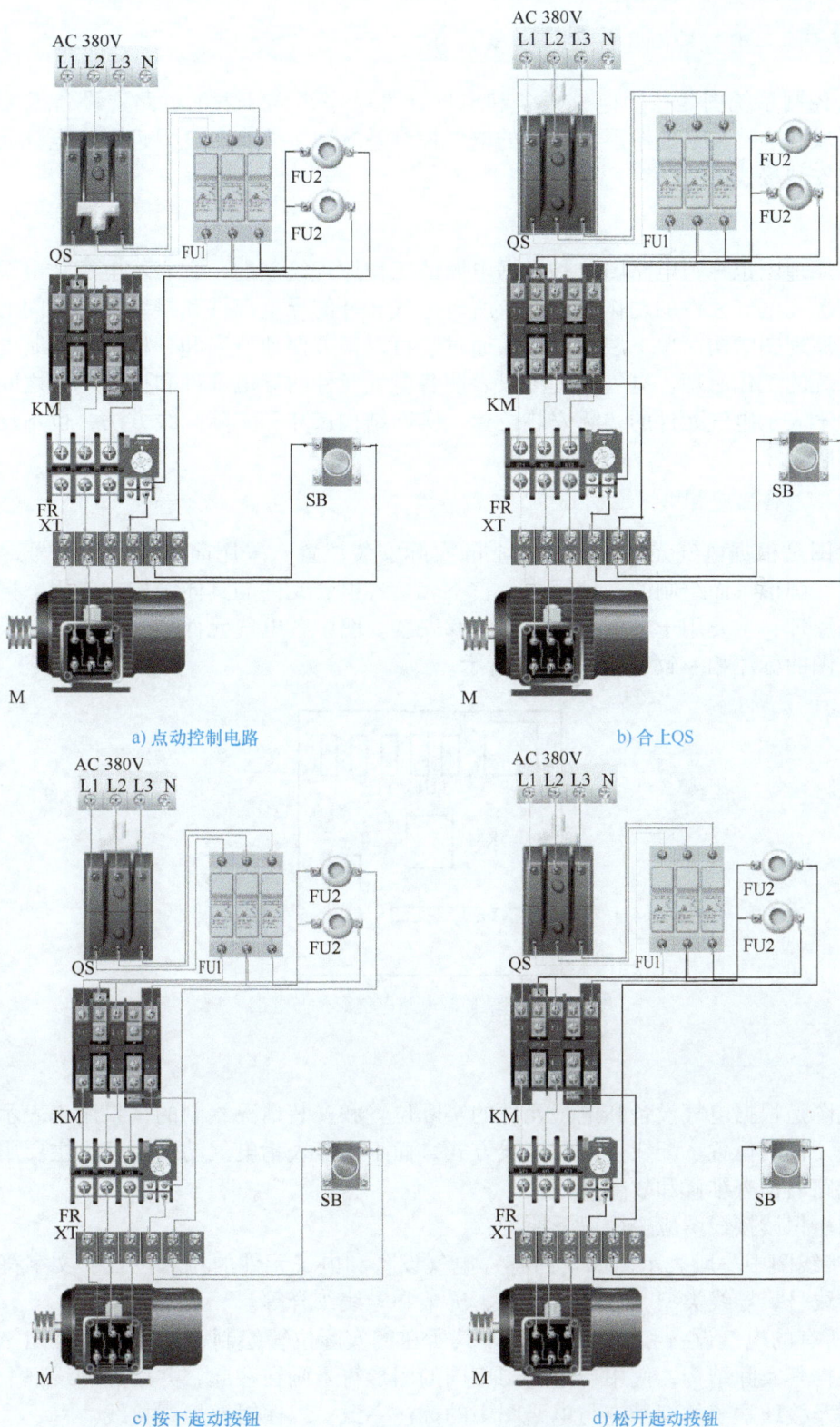

a) 点动控制电路

b) 合上QS

c) 按下起动按钮

d) 松开起动按钮

图 1-15 点动控制电路工作示意图

13

知识卡 9   电气控制系统图（★ ★ ☆）

电气控制系统图是按照电气设备和电气元件顺序，详细表示电路、设备或装置的全部基本组成和连接关系的图形。常见的电气控制系统图主要有电气原理图、电气元件布置图、电气安装接线图三种。

1. 电气原理图

电气原理图也称为电路图，是根据电路的工作原理绘制的，它表示电流从电源到负载的传送情况和电气元件的动作原理以及所有电气元件的导电部件和接线端子之间的相互关系。电气原理图结构简单、层次分明，通过它可以很方便地研究和分析电气控制电路，了解控制系统的工作原理。电气原理图只表明各电气元件的导电部件和接线端子之间的相互关系，并不表示电气元件的实际安装位置、实际结构尺寸和实际配线方法，也不反映电气元件的实际大小。

2. 电气元件布置图

布置图是根据电气元件在控制板上的实际安装位置，采用简化的外形符号，如正方形、矩形、圆形等而绘制的一种简图。它不表达各电气元件的具体结构、作用、接线情况以及工作原理，主要用于电气元件的布置和安装。图中各电气元件的文字符号必须与电路图和接线图的标注相一致，如图 1-16 所示。

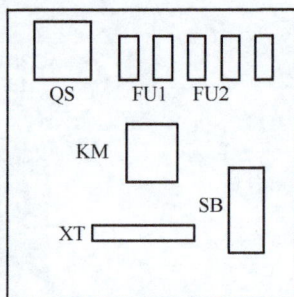

图 1-16   点动控制电路电气元件布置图

3. 电气安装接线图

接线图是根据电气设备和电气元件的实际位置和安装情况绘制的，只用来表示电气设备和电气元件的位置、配线方式和接线方式，而不明显表示电气动作原理，主要用于安装接线、线路的检查维修和故障处理。

绘制、识读接线图应遵循以下原则：

1）接线图中一般表示出如下内容：电气设备和电气元件的相对位置、文字符号、端子号、导线号、导线类型、导线截面积、屏蔽和导线绞合等。

2）所有的电气设备和电气元件都按其所在的实际位置绘制在图纸上，且同一电器的各元件根据其实际结构，使用与电路图相同的图形符号画在一起，并用点画线框上，其文字符号以及接线端子的编号应与电路图中的标注一致，以便对照检查接线。

3）接线图中的导线有单根导线、导线组（或线扎）、电缆之分，可用连续线和中断

14

线来表示。凡导线走向相同的可以合并，用线束来表示，到达接线端子板或电气元件的连接点时再分别画出。在用线束来表示导线组、电缆等时可用加粗的线条表示，在不引起误解的情况下也可采用部分加粗。另外，导线及管子的型号、根数和规格应标注清楚，如图 1-17 所示。

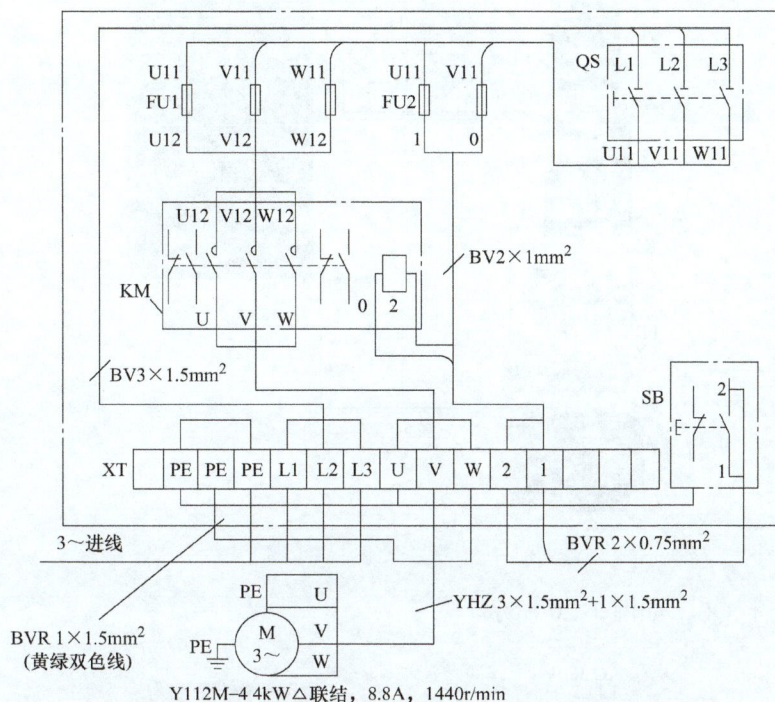

图 1-17　点动控制电路电气安装接线图

技能卡 1　万用表的使用（★★☆）

1. 万用表基本介绍

使用万用表时，将转换开关置于合适档位；使用完毕，使之置于 OFF 档位。图 1-18 所示为一种数字万用表。LCD 显示器显示万用表的读数。万用表面板信息：DCV—直流电压档；ACV—交流电压档；DCA—直流电流档；ACA—交流电流档；Ω—电阻档。万用表插孔：黑表笔插入"COM"插孔；在测量交、直流电压和电阻时，红表笔插入"VΩ"插孔；测量电流时，红表笔插入"ACV"插孔。

2. 测量交流电压

步骤 1：将转换开关置于 ACV750 档的

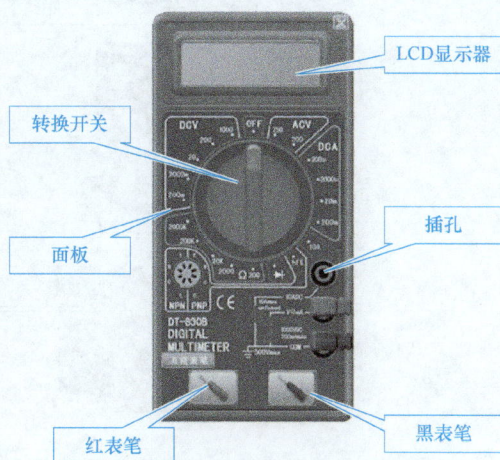

图 1-18　万用表

量程，如图 1-19 所示。

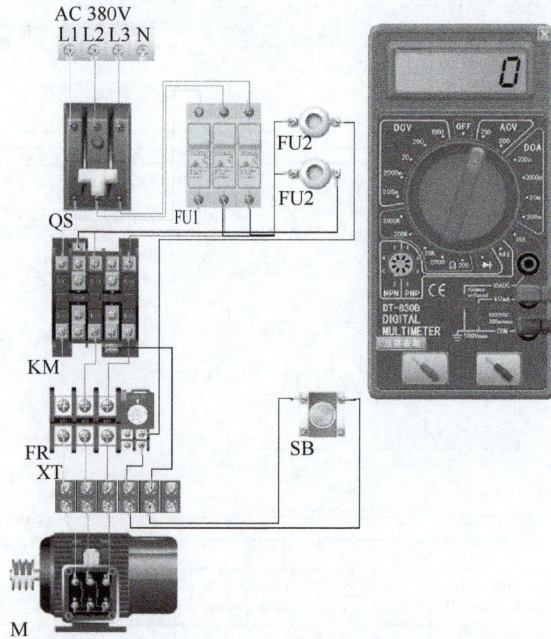

图 1-19　测量交流电压步骤 1

步骤 2：合上 QS，如图 1-20 所示。

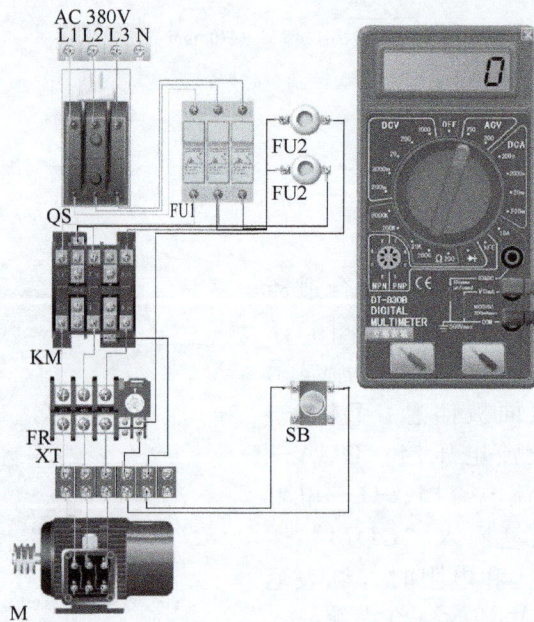

图 1-20　测量交流电压步骤 2

步骤 3：将两表笔分别接至①、②端，读出示数，如图 1-21 所示。

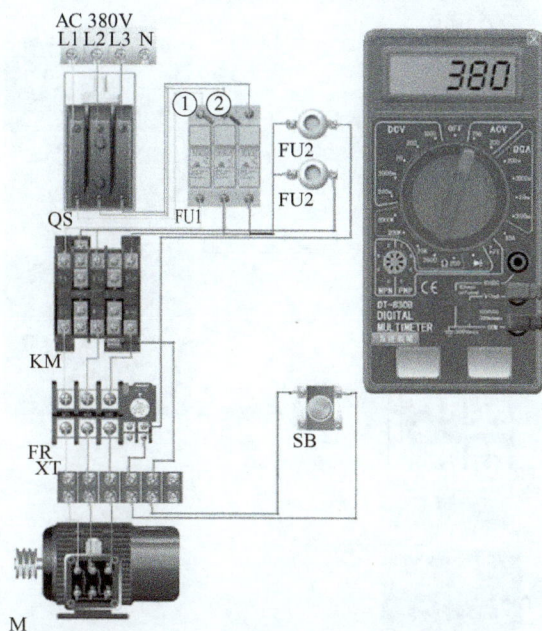

图 1-21　测量交流电压步骤 3

3.测量电阻

步骤 1：测量交流接触器线圈电阻，将转换开关置于 2000Ω 档的量程，如图 1-22
所示。

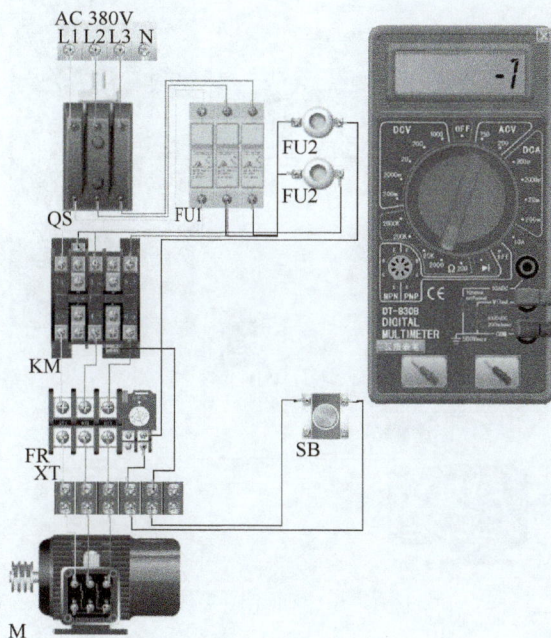

图 1-22　测量电阻步骤 1

步骤 2：断开 QS，如图 1-23 所示。

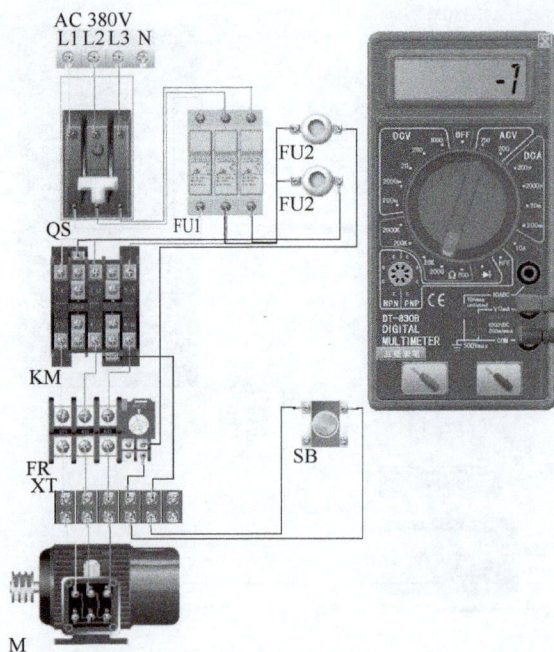

图 1-23　测量电阻步骤 2

步骤 3：将两表笔分别接至①、②端，读出示数，如图 1-24 所示。

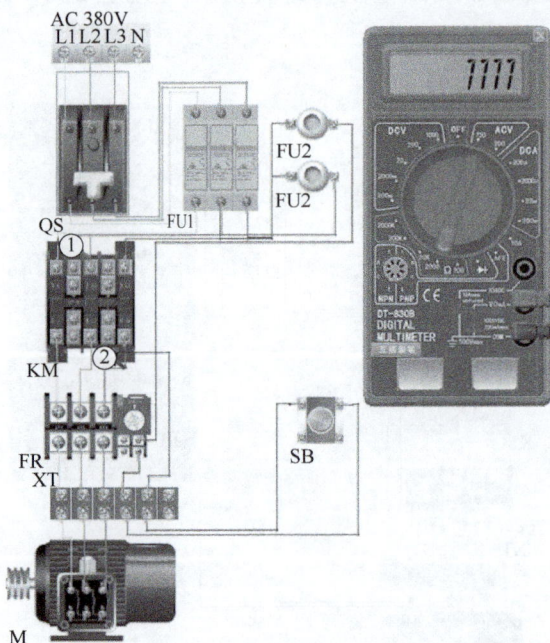

图 1-24　测量电阻步骤 3

❖ 小试牛刀

　　1. HH 系列封闭式负荷开关的罩盖与操作机构设置了联锁装置，保证开关在闭合状态下罩盖＿＿＿＿＿＿＿＿，而当罩盖打开时又＿＿＿＿＿＿＿＿，以确保操作安全。

2. 按钮根据不受外力作用（即静态）时触点的分合状态，分为＿＿＿＿＿＿＿＿、＿＿＿＿＿＿＿＿和复合按钮。

3. 交流接触器的电磁系统主要由＿＿＿＿＿＿＿＿、＿＿＿＿＿＿＿＿和＿＿＿＿＿＿＿三部分组成。

4. 当接触器线圈通电时，先断开＿＿＿＿＿＿＿＿，后闭合＿＿＿＿＿＿＿＿，中间有一个很短的时间差。当线圈断电后，先恢复断开＿＿＿＿＿＿＿＿，后恢复闭合＿＿＿＿＿＿＿＿，中间也存在一个很短的＿＿＿＿＿＿＿。

5. 接触器的主触点一般由三个常开触点组成，用以通断（　　　）。
A. 电流较小的控制电路　　　　　　　　B. 电流较大的主电路
C. 控制电路和主电路

6. 接触器的励磁线圈（　　　）接于电路中。
A. 串联　　　　　　　B. 并联　　　　　　　C. 都可以

7. 如果用于电动机的频繁起动、制动及正反转的场合，应将接触器主触点的额定电流降低一个等级使用。（　　　）

8. 灭弧装置的作用是熄灭触点分断时产生的电弧，以减轻电弧对触点的灼伤，保证可靠地分断电路。（　　　）

◆ 大显身手

根据表 1-4 完成三相异步电动机点动控制电路安装与调试。

表 1-4　任务工单 1

任务名称	三相异步电动机点动控制电路安装与调试
任务描述	一车间有一台 CA6140 型车床需要更换快速移动电动机，电工师傅要实习生小李去仓库找一台型号为 AQS5634、250W、1360r/min 的电动机，并安装一个点动控制电路对电动机进行测试
任务要求	1. 熟悉常用低压电器的结构、选用及安装知识 2. 熟悉三相笼型异步电动机点动控制电路的工作原理及元器件组成 3. 熟练使用常用电器检测仪器、工具 4. 会检测判断低压电器及三相异步电动机是否能正常工作 5. 能根据给定的任务进行资料搜集、知识与经验准备 6. 能正确进行外部接线及线路检查和调试 7. 认真仔细、重视用电安全
工具、仪表和器材	1. 工具：螺钉旋具、试电笔、剥线钳、斜口钳、尖嘴钳、电工刀等 2. 仪表：数字万用表或模拟万用表 3. 器材：刀开关一个、熔断器两组、交流接触器一个、按钮一个、接线端子排一个、三相笼型异步电动机一台、控制板一块和导线若干

1. 绘制安装接线图

三相异步电动机点动控制电路电气安装接线图见图 1-17。电路中的刀开关 QS、两组熔断器 FU1 和 FU2 及交流接触器 KM 均安装在控制板上；控制按钮 SB 和电动机 M 安装在控制板外，通过接线端子排 XT 与控制板上的电气元件进行连接。为了接线美观，绘图时注意使 QS 及 KM 排在一条直线上，并对照原理图上的线号进行标注。

2. 检查电气元件

为了避免电气元件自身的故障对电路造成影响，安装接线前应对所有的电气元件逐个进行检查。

1）外观检查。外壳是否完整，有无碎裂；各接线端子及紧固件是否齐全，有无生锈等现象。

2）触点检查。触点有无熔焊、粘连、变形和严重氧化锈蚀等现象；触点的动作是否灵活，触点的开距是否符合标准；接触压力弹簧是否有效。

3）电磁机构和传动部件检查。动作是否灵活，有无衔铁卡阻、吸合位置不正常等现象。衔铁压力弹簧是否有效。

4）电磁线圈检查。用万用表检查所有电磁线圈是否完好，并记录它们的直流电阻值，以备检查线路和排除故障时作为参考。

5）核对各元器件的规格。

3. 固定电气元件

1）按照接线图规定的位置，将电气元件固定在控制板上。

2）每个元器件的安装位置应整齐匀称，间距合理，便于布线及元器件的更换。

3）紧固各元器件时要用力均匀，紧固程度要适当。

4. 布线

按接线图的走线方法进行板前明线布线和套编码套管，板前明线布线的工艺要求如下：

1）布线通道尽可能少，同路并行导线按主、控制电路分类集中，单层密排，紧贴安装面布线。

2）同一平面的导线应高低一致和前后一致，不能交叉。非交叉不可时，应水平架空跨越，但必须走线合理。

3）布线应横平竖直，分布均匀，变换走向时应垂直。

4）布线时严禁损伤线芯和导线绝缘。

5）在每根剥去绝缘层导线的两端套上编码套管，从一个接线端子（或接线桩）到另一个接线端子的导线连接，必须确保中间无接头。

6）导线与接线端子和接线桩连接时，不得压绝缘层，也不得漏铜过长。

7）一个电气元件接线端子上的连接导线不得多于两根。

8）根据电气接线图检查控制板布线是否正确。

9）连接电动机和按钮金属外壳的保护接地线。

10）连接电源、电动机等控制板外部的导线。

5. 线路检查

1）按电气原理图和安装接线图，从电源端开始，逐段核对接线及接线端子处是否正确，有无漏接、错接之处，检查导线接线端子是否符合要求，压接是否牢固。

2）用万用表检查线路的通断情况，检查时应选用倍率适当的电阻档，并进行校零，以防短路故障发生。对控制电路的检查（可断开主电路），可将万用表表笔分别搭载 U11、

V11 线端上，读数应为"∞"，按下 SB 时，读数应为接触器线圈的电阻值。然后断开控制电路再检查主电路有无开路或短路现象。此时可以用手压下接触器的衔铁来代替接触器得电吸合时的情况，依次测量从电源端 L1、L2、L3 到电动机出线端子 U、V、W 上的每一相电路的电阻值，检查是否存在开路现象。

6. 通电试车

1）空载调试。先拆下电动机，再合上刀开关 QS，按下按钮 SB，接触器 KM 应立即动作，松开 SB 则 KM 立即复位。

2）带负载调试。若空载调试无误后，切断电源，接好电动机，进行带负载试车。合上 QS，按下按钮 SB，接触器 KM 主触点吸合，电动机起动并运行，松开 SB 则 KM 立即复位，电动机停转。

在试车过程中，如出现接触器振动，发出噪声以及电动机嗡嗡响不能起动等现象，应立即停车断电检查，排除故障后再重新试车。

三相异步电动机点动控制电路考核要求及评分标准见表 1-5。

表 1-5　三相异步电动机点动控制电路考核要求及评分标准

测评内容	配分	评分标准	操作时间 /min	扣分	得分
绘制电气安装接线图	10 分	绘制不正确，每处扣 2 分	20		
安装元器件	20 分	1. 不按图安装，每处扣 5 分 2. 元器件安装不牢固，每处扣 2 分 3. 元器件安装不整齐、不合理，每处扣 2 分 4. 损坏元器件，扣 10 分	20		
布线	50 分	1. 导线截面选择不正确，扣 5 分 2. 不按图接线，扣 10 分 3. 布线不符合要求，每处扣 2 分 4. 接点松动，露铜过长，螺钉压绝缘层等，每处扣 2 分 5. 损坏导线绝缘或线芯，每处扣 2 分 6. 漏接接地线，扣 5 分	60		
通电试车	20 分	1. 第一次试车不成功，扣 5 分 2. 第二次试车不成功，扣 5 分 3. 第三次试车不成功，扣 10 分	20		
安全文明操作		违反安全生产规程，扣 5～20 分			
定额时间（2h）	开始时间（　　）	每超过 2min，扣 5 分			
	结束时间（　　）				
合计总分					

❖ 点石成金

1. 三相异步电动机点动控制电路常见故障现象

1）故障 1：接通电源后，按下按钮 SB，电动机不转动，接触器线圈不吸合。

故障分析：根据故障现象分析得出故障范围在控制电路部分，如图 1-25 所示。

排查故障点：

① 通过测量控制电路的电压是否准确，迅速地找出故障点。注意：测量时选用万用表交流电压合适档位，合上 QS 电源。

② 根据故障点的不同情况，采取正确的修复方法，迅速排除故障。

③ 排除故障点后通电试车。

2）故障 2：按下按钮 SB，接触器 KM 线圈吸合，但电动机不转动（或缺相）。

故障分析：根据故障现象分析得出故障范围在主电路部分，如图 1-26 所示。

排查故障点：

① 通过测量控制电路的电压是否准确，迅速地找出故障点。注意：测量时选用万用表交流电压合适档位，合上 QS 电源。

② 根据故障点的不同情况，采取正确的修复方法，迅速排除故障。

③ 排除故障点后通电试车。

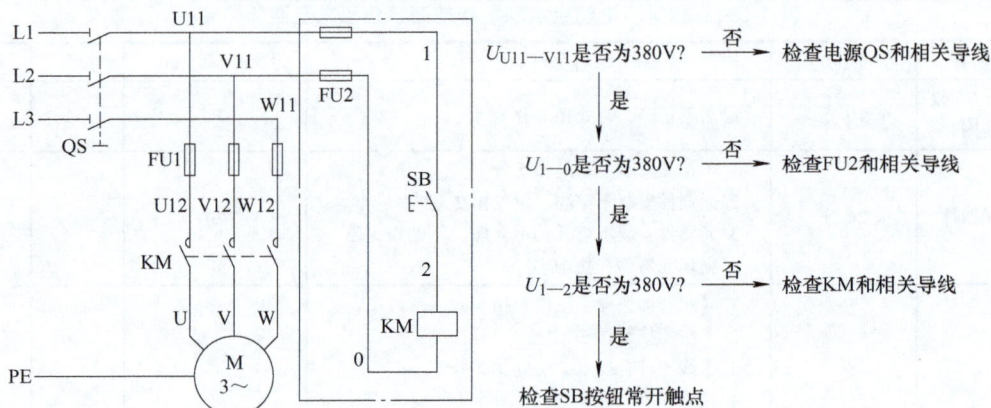

图 1-25　点动控制电路故障 1

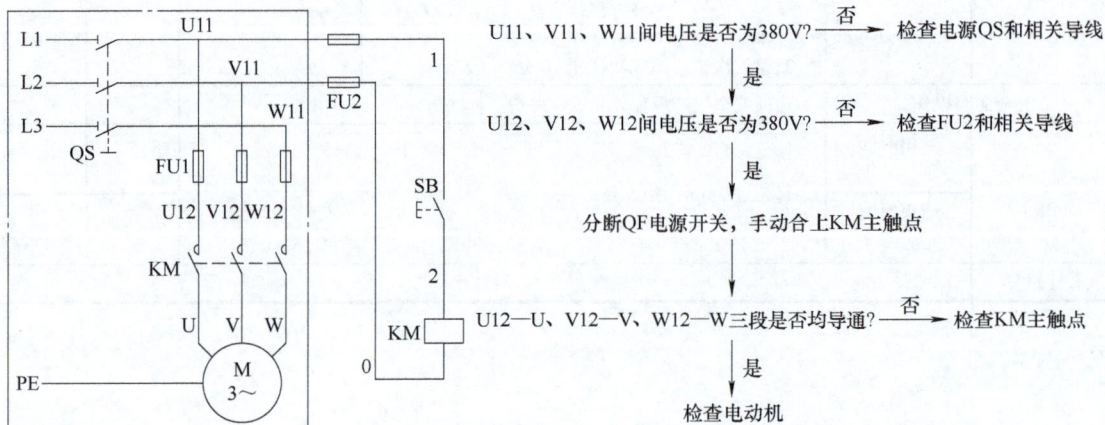

图 1-26　点动控制电路故障 2

2. 缺相故障检测

测量缺相故障，用电阻法较简单，测量时，利用电动机绕组构成的回路进行测量。方法是切断电源后，用万用表测量 U11—V11、U11—W11、V11—W11 之间的电阻。若三次测量电阻值相等且较小，判断 U11、V11、W11 三点至电动机三段电路无故障；若某一相与其他两相间电阻无穷大，则该相断路。由于线路较为简单，故障排除主要在低压电器上。

3. 交流接触器检测

用万用表测量各触点的通断情况，特别注意"常开""常闭"触点的不同。所谓"常开""常闭"是指电磁系统未通电时触点的状态，二者是联动的。当线圈通电时，常闭触点先断开，常开触点后闭合；线圈断电时，常开触点先断开，常闭触点后闭合。"常开""常闭"触点动作的先后顺序不能弄错，否则会影响到电路的分析。此外，交流接触器线圈在其额定电压 85% ～105% 时，能可靠地工作，电压过高，则磁路趋于饱和，线圈电流将显著增大，线圈有被烧坏的危险；电压过低，则吸不牢衔铁，触头跳动，不但影响电路正常工作，而且线圈电流会达到额定电流的几十倍，使线圈过热而烧坏。因此，电压过高或过低都会造成线圈发热而烧毁。

任务 1-2　三相异步电动机长动控制电路安装与调试

◆ 抛砖引玉

点动控制电路中，手必须按在按钮上电动机才能运转，手松开按钮后，电动机则停转。这种控制电路对于生产机械中电动机的短时间控制十分有效，如果生产机械中电动机需要控制时间长，手必须始终按在按钮上，操作人员一只手被固定，不方便进行其他操作，劳动强度大。而现实中的许多生产机械都需要按下按钮起动电动机后，即使松开手，电动机仍继续运行的这种控制方式。CA6140 型车床主轴电动机就是采用这种长动控制方式。本次任务将分析长动控制电路并排除常见故障。

◆ 有的放矢

1. 了解断路器、热继电器的结构、型号、规格及使用方法。
2. 掌握断路器、热继电器的工作原理、图形文字符号及用途。
3. 掌握三相异步电动机长动控制基本电路的工作原理。

◆ 聚沙成塔

▷ 知识卡 10　断路器（★★☆）

1. 功能

断路器是一种能够关合、承载和开断正常回路条件下的电流，并能关合、在规定的时

▷ 知识卡 11 热继电器（★★☆）

1. 功能

热继电器是利用流过继电器的电流所产生的热效应而使其动作的自动保护电器。电动机在运行过程中，难免会遇到过载运行、频繁起动、断相运行、欠电压运行等情况，这样有可能造成电动机的电流超过其额定值。当超过的量不大时，熔断器不会熔断，但时间长了会引起电动机过热，加速电动机绝缘的老化，缩短电动机的使用寿命，严重时甚至会烧毁电动机绕组，因此必须对电动机进行长期过载保护。

2. 结构与工作原理

热继电器的形式有多种，主要有双金属片式和电子式，在机床电路中双金属片式应用最多。按极数划分有单极、两极和三极三种，其中三极的又包括带断相保护装置的和不带断相保护装置的。按复位方式分有自动复位式和手动复位式。目前使用的热继电器有两极和三极两种类型。图 1-30a 所示为两相双金属片式热继电器。它主要由热元件、传动推杆、常闭触点、电流整定旋钮和复位杆组成。热元件由主双金属片和绕在外面的电阻丝组成。主双金属片是由两种膨胀系数不同的金属片用机械辗轧而成。

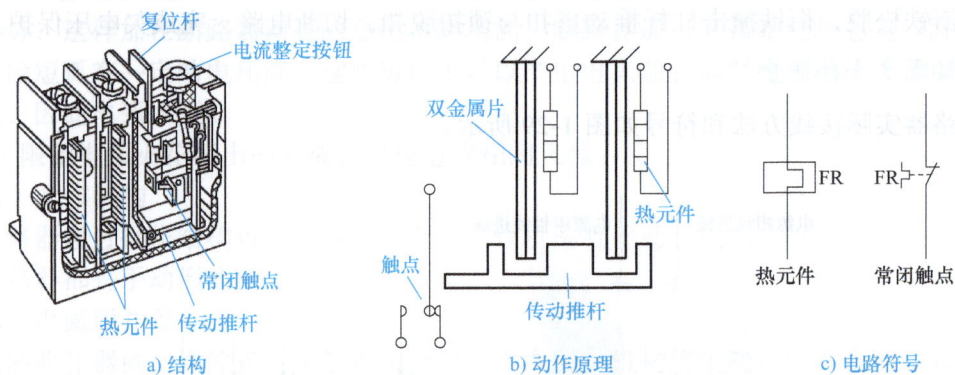

a) 结构   b) 动作原理   c) 电路符号

图 1-30 热继电器的结构、动作原理和电路符号

热继电器使用时，需要将热元件串联在主电路中，常闭触点串联在控制电路中。动作原理如图 1-30b 所示，当电动机过载时，流过电阻丝的电流超过热继电器的整定电流，电阻丝发热增多，温度升高，由于两块金属片的膨胀系数不同而使主双金属片向右弯曲，通过传动推杆推动常闭触点分断，断开控制电路，再通过接触器切断主电路，实现对电动机的过载保护。电源切除后，主双金属片逐渐冷却恢复原位。热继电器的复位杆有手动复位和自动复位两种形式，可根据使用要求通过复位调节螺钉来自由调整选择。热继电器的电路符号如图 1-30c 所示。

热继电器的整定电流是指热继电器连续工作而不动作的最大电流，可通过旋转电流整定旋钮来调节。一般自动复位时间不超过 5min，手动复位时间不超过 2min。超过整定电流，热继电器将在负载未达到其允许的过载极限之前动作。

3. 型号含义及选用

热继电器的型号及表示意义如图 1-31 所示。

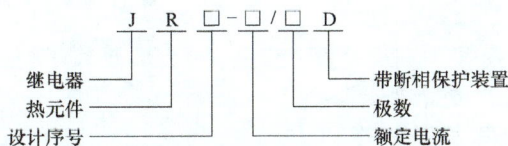

图 1-31　热继电器的型号及表示意义

例如，JRS1–12/3 表示 JRS1 系列额定电流为 12A 的三极热继电器。

热继电器的选择应根据电动机的额定电流来确定其型号及热元件的额定电流等级。需要注意的是热继电器不能做短路保护。

热继电器的选用：

1）根据电动机的额定电流选择热继电器的规格。一般应使热继电器的额定电流略大于电动机的额定电流。

2）根据需要的整定电流值选择热元件的编号和电流等级。一般情况下，热元件的整定电流为电动机额定电流的 0.95～1.05 倍。

3）根据电动机定子绕组的连接方式选择热继电器的结构形式，即定子绕组为丫联结的电动机选用普通三极结构的热继电器，而△联结的电动机选用三极带断相保护装置的热继电器。

知识卡 12　长动控制电路（★★☆）

长动控制电路如图 1-32 所示，其主电路和点动控制的主电路相同，但在控制电路中又串联了一个停止按钮 SB1，在起动按钮 SB2 的两端并接了一对接触器 KM 的辅助常开触点。长动控制电路不但能使电动机连续运转，而且还具有欠电压和失电压（或零电压）保护作用。

1. 工作原理

合上电源开关 QS 后，按下起动按钮 SB2 后，接触器 KM 线圈通电吸合，KM 的 3 个主触点闭合，电动机 M 通电起动，同时与 SB2 并联的 1 个辅助常开触点闭合，形成自锁。松开 SB2 后，接触器 KM 的线圈通过辅助常开触点的闭合仍继续保持通电，从而实现电动机的连续运转。这种依靠接触器自身辅助常开触点使其线圈保持通电的控制方式称为自锁。与起动按钮并联起自锁作用的辅助常开触点称为自锁触点。当需要电动机停转时，只需要按下停止按钮 SB1，则接触器 KM 线圈断电，KM 主触点分断，电动机 M 失电停转。

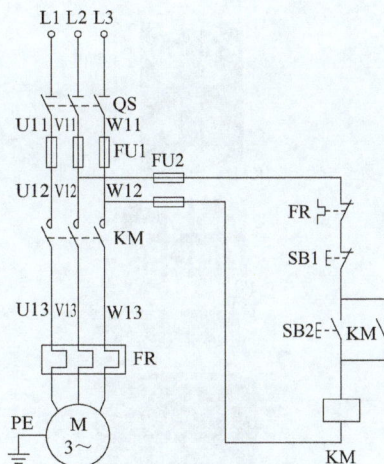

图 1-32　长动控制电路原理图

2. 工作示意图

长动控制电路工作示意图如图 1-33 所示。

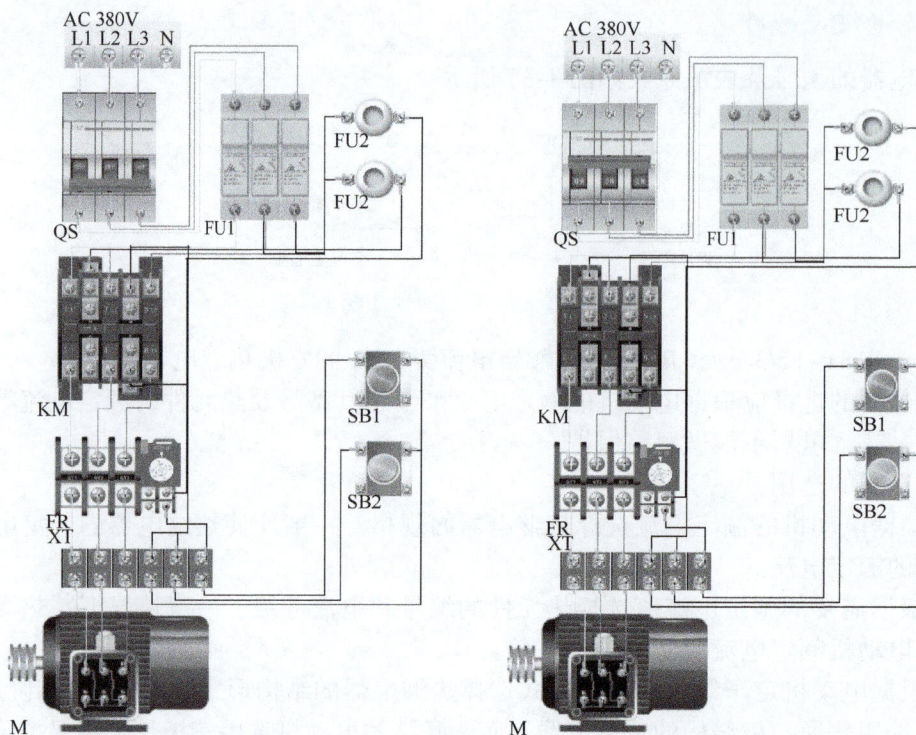

a) 长动控制电路

b) 合上QS

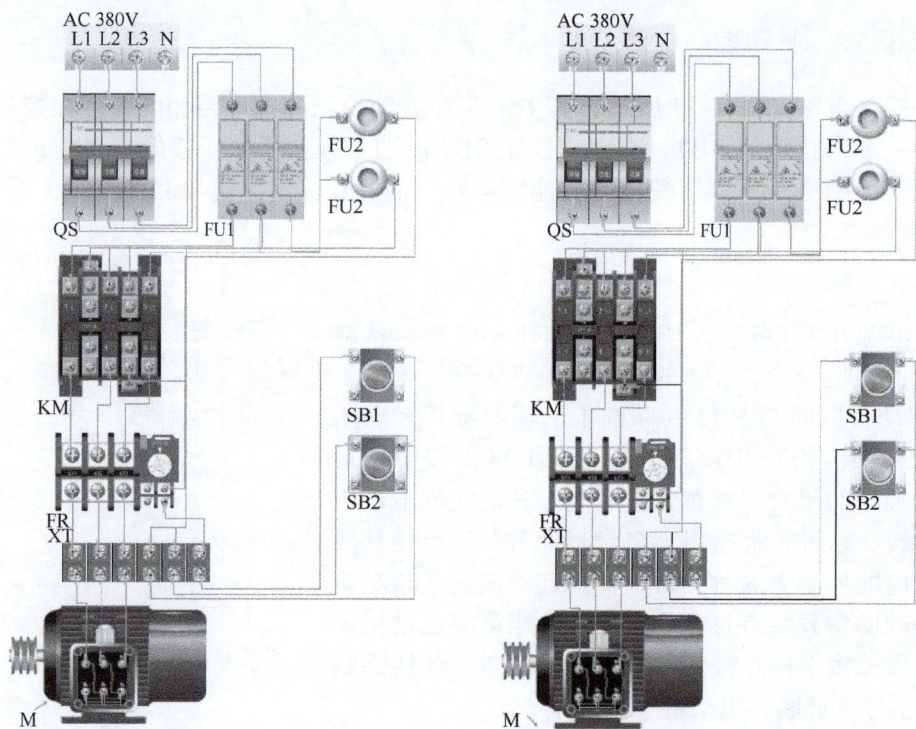

c) 按下起动按钮

d) 松开起动按钮

图 1-33　长动控制电路工作示意图

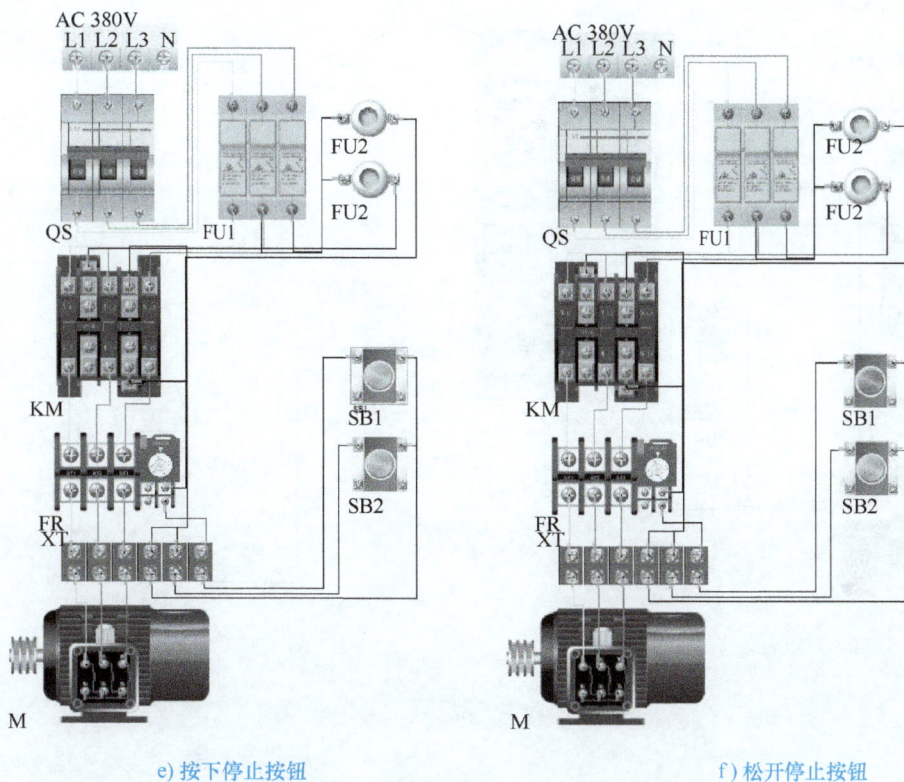

e) 按下停止按钮　　　　　　　　　　　f) 松开停止按钮

图 1-33　长动控制电路工作示意图（续）

技能卡 2　电路的检修方法一（★★★）

测量法是在机床电路的检修中最常用的方法，利用电工工具和仪表对线路进行带电或断电测量，是查找故障点的可靠方法。

1. 电压分阶测量法

测量检查时，首先把万用表的转换开关置于交流 750V 档位。按图 1-34 所示的方法进行测量。先断开主电路，接通控制电路的电源。若按下起动按钮 SB2，接触器 KM 不吸合，则说明控制电路有故障。

检测时，需要两人配合进行。一人先用万用表测量 0 和 1 两点之间的电压，若电压为380V，则说明控制电路的电源电压正常。然后由一人按下 SB2 不放，另一人把黑表棒接到 0 点上，红表棒依次接到 2、3、4 各点上，分别测量出 0—2、0—3、0—4 两点间的电压。电压分阶测量法如图 1-35 所示，步骤如图 1-36 所示。

根据其测量结果即可找出故障点，见表 1-6。由于这种测量方法像下（或上）台阶一样依次测量电压，所以称为电压分阶测量法。

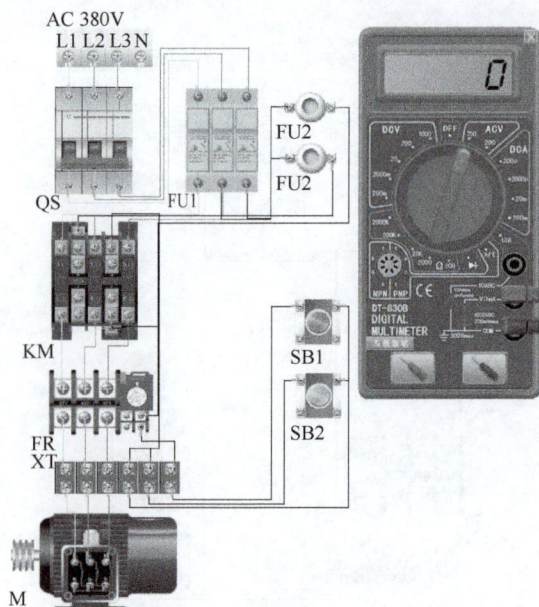

图 1-34 · 万用表置于 AC 750V 档位

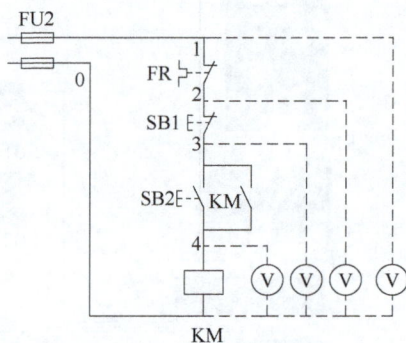

图 1-35 电压分阶测量法

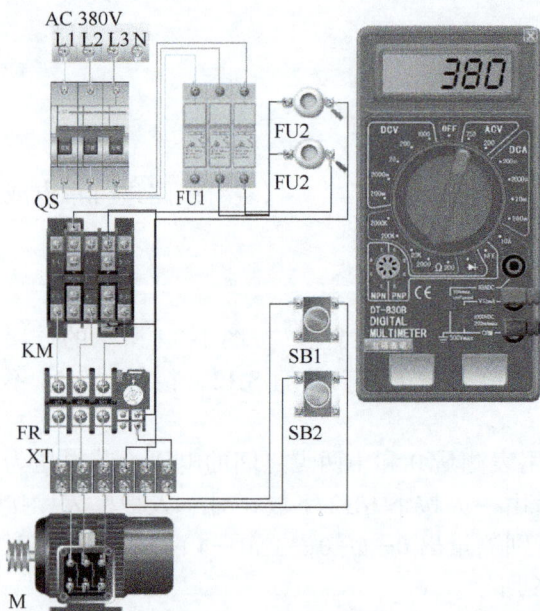

a) 测0—1之间的电压

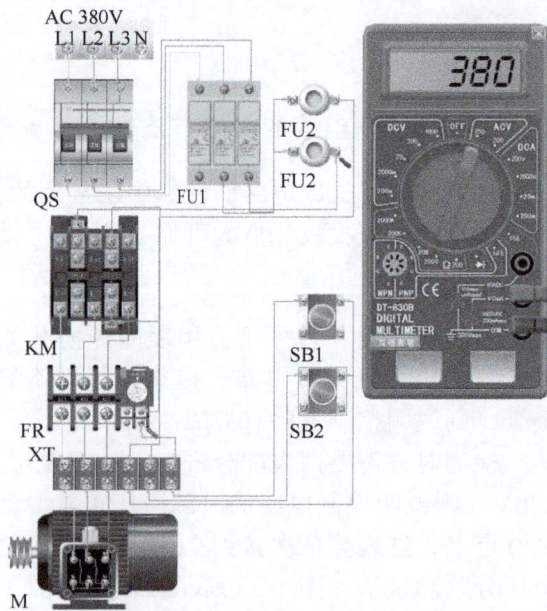

b) 测0—2之间的电压

图 1-36 电压分阶测量法步骤

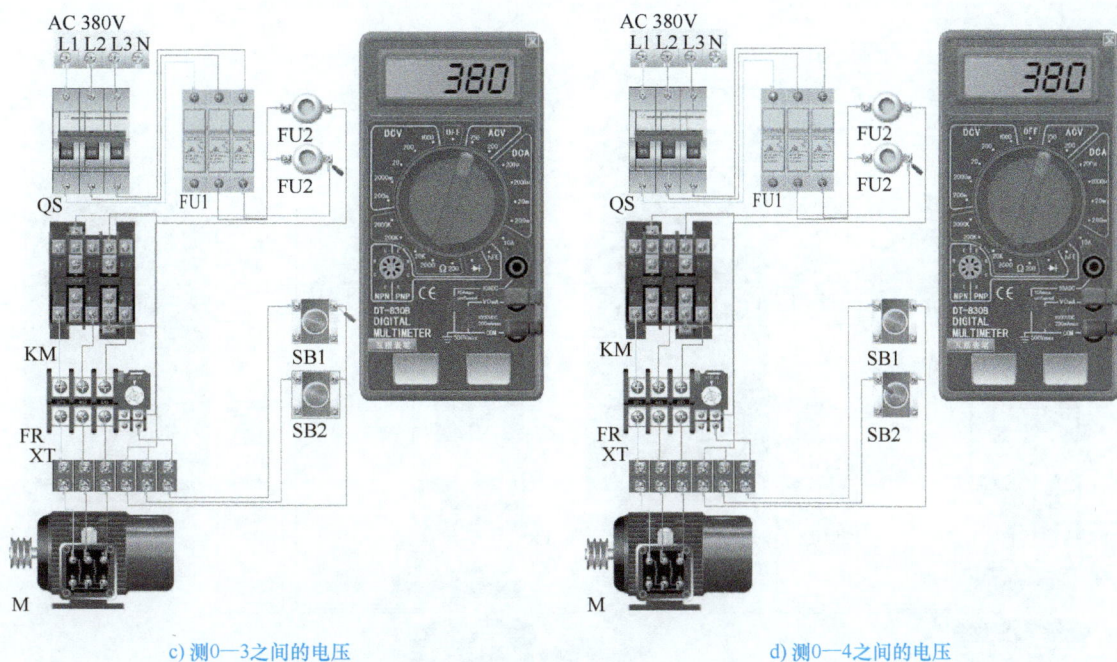

c) 测 0—3 之间的电压   d) 测 0—4 之间的电压

图 1-36 电压分阶测量法步骤（续）

表 1-6 电压分阶测量法查找故障点

故障现象	测试状态	0—2	0—3	0—4	故障点
按下 SB2 时，接触器 KM 不吸合	按下 SB2 不放	0	0	0	FR 常闭触点接触不良
		380V	0	0	SB1 常闭触点接触不良
		380V	380V	0	SB2 接触不良
		380V	380V	380V	KM 线圈断路

2. 电阻分阶测量法

测量检查时，首先把万用表的转换开关置于倍率适当的电阻档位上，然后按图 1-37 所示的方法进行测量。

断开主电路，接通控制电路的电源。若按下起动按钮 SB2 时，接触器 KM 不吸合，则说明控制电路有故障。检测时，也需要两人配合进行。首先切断控制电路的电源，然后由一人按下 SB2 不放，另一人用万用表依次测量出 0—1、0—2、0—3、0—4 两点间的电阻。电阻分阶测量法步骤如图 1-38 所示。根据测量结果找出故障点，见表 1-7。

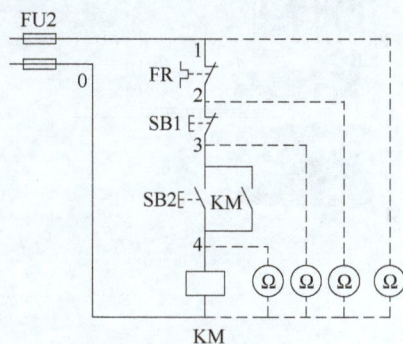

图 1-37 电阻分阶测量法

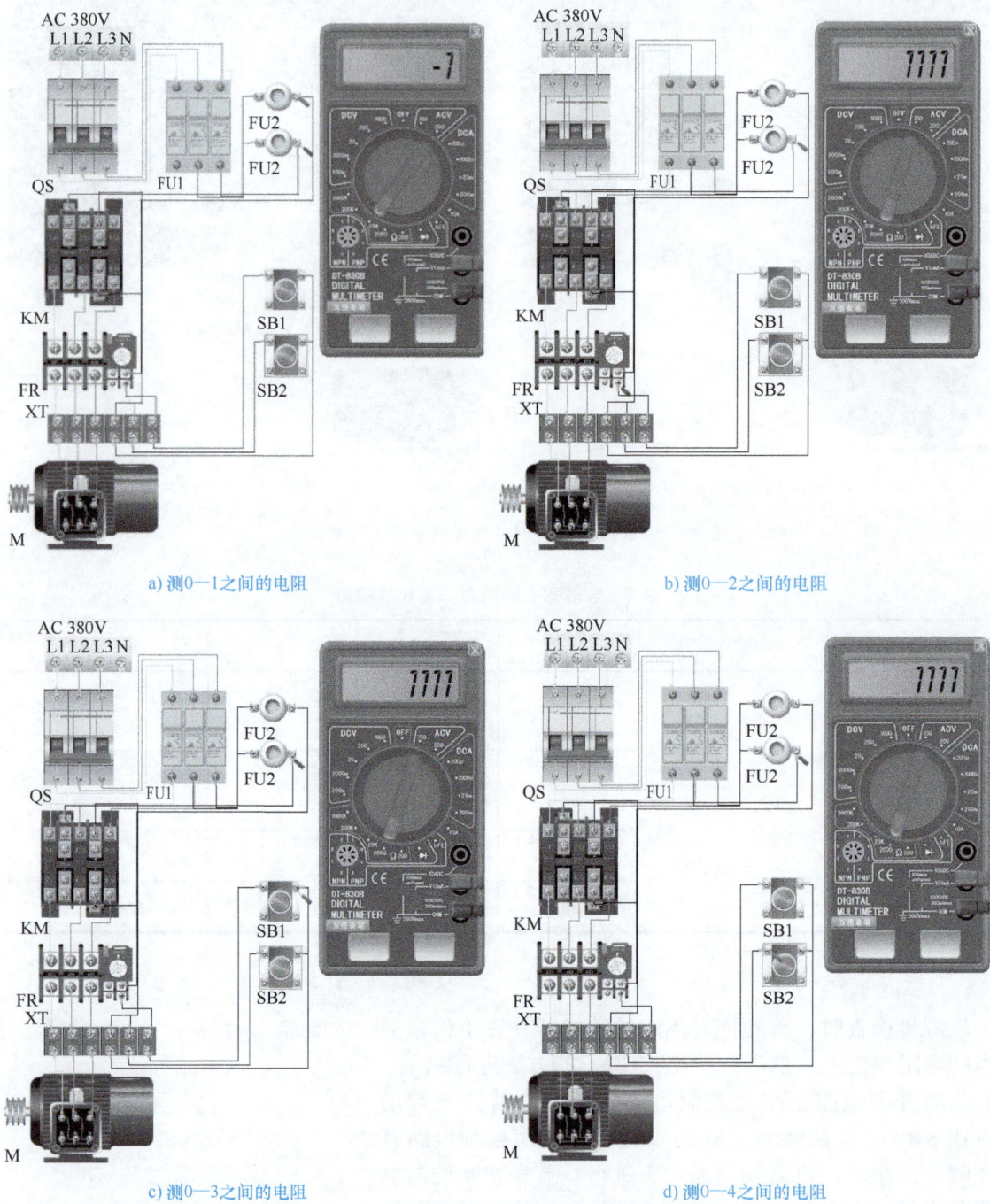

a) 测0—1之间的电阻

b) 测0—2之间的电阻

c) 测0—3之间的电阻

d) 测0—4之间的电阻

图 1-38　电阻分阶测量法步骤

表 1-7　电阻分阶测量法查找故障点

故障现象	测试状态	0—1	0—2	0—3	0—4	故障点
按下 SB2 时，接触器 KM 不吸合	按下 SB2 不放	∞	R	R	R	FR 常闭触点接触不良
		∞	∞	R	R	SB1 常闭触点接触不良
		∞	∞	∞	R	SB2 接触不良
		∞	∞	∞	∞	KM 线圈断路

❖ 小试牛刀

1. 断路器除了具有为用电设备提供电能的作用外，一般还具有_____、_____和_____保护。

2. 在断路器中起断路保护的是_____。

3. 热继电器主要由_____、_____、_____、触点系统、整定调节装置及温度补偿元件等组成。

4. 断路器可以用于三相异步电动机非频繁正、反转控制。　　　　　　　　　（　　）

5. 热继电器是电动机因过热而烧毁的一种保护电器。　　　　　　　　　　　（　　）

6. 热继电器的作用是什么？能不能在控制电路中做短路保护？

7. 在长动控制电路中有哪些保护措施？

8. 什么是自锁控制电路？

❖ 大显身手

根据任务工单 2（见表 1-8）完成三相异步电动机长动控制电路的安装与调试。

表 1-8　任务工单 2

任务名称	三相异步电动机长动控制电路安装与调试
任务描述	一车间有一台 CA6140 型车床的主轴电动机控制电路老化，需要更新，电工师傅打算带着实习生小李一起更换线路，在操作前要求小李先安装一个三相异步电动机的长动控制电路，并对其进行测试
任务要求	1. 熟悉常用低压电器的结构、选用及安装知识 2. 熟悉三相笼型异步电动机长动控制电路的工作原理及元器件组成 3. 熟练使用常用电器检测仪器、工具 4. 会检测判断低压电器及三相异步电动机是否能正常工作 5. 能根据给定的任务进行资料搜集、知识与经验准备 6. 能正确进行外部接线及线路检查和调试 7. 认真仔细、重视用电安全
工具、仪表和器材	1. 工具：螺钉旋具、试电笔、剥线钳、斜口钳、尖嘴钳、电工刀等 2. 仪表：数字万用表或模拟万用表 3. 器材：组合开关一个、熔断器两组、交流接触器一个、热继电器一个、按钮两个、接线端子排一个、三相笼型异步电动机一台、控制板一块和导线若干

1. 绘制安装接线图

电气元件的布局与点动控制电路基本相同，三相异步电动机长动控制电路如图 1-39

所示，仅在接触器 KM 与接线端子排 XT 之间增加热继电器 FR。注意：所有接线端子标注编号，应与原理图一致，不能有误。

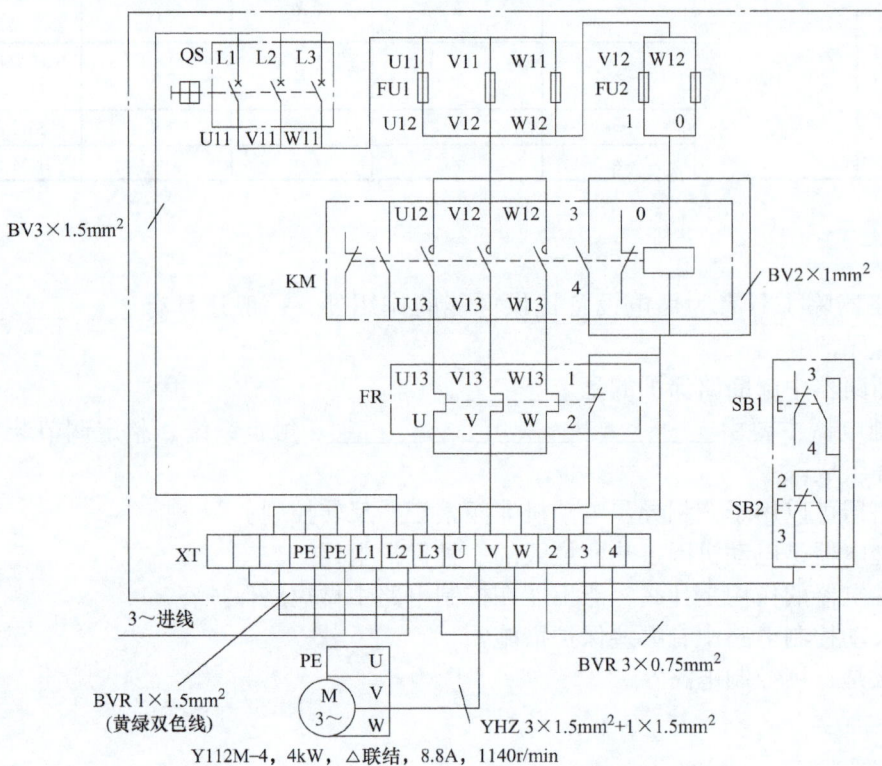

图 1-39　三相异步电动机长动控制电路安装接线图

2. 检查与固定电气元件

除了按点动控制电路有关内容检查外，还要认真检查热继电器。打开其盖板，检查热元件是否完好，用螺钉轻轻拨动导板，观察常闭触点的分断动作。检查中如发现异常，则进行检修或更换。

在固定元器件时，要注意将热继电器水平安装，并将盖板向上以利于散热，保证其工作时保护特性符合要求，其余电气元件的安装固定要求均与点动控制电路相同。

3. 布线

按接线图的走线方法进行板前明线布线和套编码套管，板前明线布线的工艺要求如下：

1）布线通道尽可能少，同路并行导线按主、控制电路分类集中，单层密排，紧贴安装面布线。

2）同一平面的导线应高低一致和前后一致，不能交叉。非交叉不可时，应水平架空跨越，但必须走线合理。

3）布线应横平竖直，分布均匀，变换走向时应垂直。

4）布线时严禁损伤线芯和导线绝缘。

5）在每根剥去绝缘层导线的两端套上编码套管，从一个接线端子（或接线桩）到另一个接线端子的导线连接，必须确保中间无接头。

6）导线与接线端子和接线桩连接时，不得压绝缘层，也不得漏铜过长。

7）一个电气元件接线端子上的连接导线不得多于两根。

8）根据电气接线图检查控制板布线是否正确。

9）连接电动机和按钮金属外壳的保护接地线。

10）连接电源、电动机等控制板外部的导线。

安装接线注意事项：交流接触器的自锁触点应并接在起动按钮的两端，停止按钮应串接在控制电路中。热继电器的热元件应串接在主电路中，其常闭触点应串接在控制电路中，两者缺一不可，否则不能起到过载保护作用。

4. 线路检查

1）按电气原理图和安装接线图从电源端开始，逐段核对接线及接线端子处是否正确，有无漏接、错接之处，检查导线接线端子是否符合要求，压接是否牢固。

2）用万用表检查线路的通断情况。检查时，应选用倍率适当的电阻档，并进行校零，以防短路故障发生。对控制电路的检查（可断开主电路），可将万用表表笔分别搭载U11、V11 线端上，读数应为"∞"，按下 SB2 时，读数应为接触器线圈的电阻值。然后，断开控制电路再检查主电路有无开路或短路现象。

5. 通电试车

1）空载调试。先拆下电动机，再合上组合开关 QS，按下起动按钮 SB2 后松开，接触器 KM 应立即得电动作，并能保持吸合状态；按下停止按钮 SB1，KM 应立即释放。反复操作几次，以检查线路动作的可靠性。

2）带负载调试。若空载调试无误后，切断电源，接好电动机，进行带负载试车。合上QS，按下 SB2 并松开，电动机 M 应起动并连续运行；按下 SB1 时，电动机立即断电停转。在试车过程中，如出现接触器振动、发出噪声以及电动机嗡嗡响不能起动等现象，应立即停车断电检查，排除故障后再重新试车。

三相异步电动机长动控制电路考核要求及评分标准见表 1-9。

表 1-9　三相异步电动机长动控制电路考核要求及评分标准

测评内容	配分	评分标准	操作时间 /min	扣分	得分
绘制电气安装接线图	10 分	绘制不正确，每处扣 2 分	20		
安装元器件	20 分	1. 不按图安装，扣 5 分 2. 元器件安装不牢固，每处扣 2 分 3. 元器件安装不整齐、不合理，每处扣 2 分 4. 损坏元器件，扣 10 分	20		
布线	50 分	1. 导线截面选择不正确，扣 5 分 2. 不按图接线，扣 10 分 3. 布线不符合要求，每处扣 2 分 4. 接点松动，露铜过长，螺钉压绝缘层等，每处扣 2 分 5. 损坏导线绝缘或线芯，每处扣 2 分 6. 漏接地线，扣 5 分	60		

（续）

测评内容	配分	评分标准	操作时间 /min	扣分	得分
通电试车	20 分	1. 第一次试车不成功，扣 5 分 2. 第二次试车不成功，扣 5 分 3. 第三次试车不成功，扣 10 分	20		
安全文明操作		违反安全生产规程，扣 5～20 分			
定额时间 （2h）	开始时间 （　　）	每超过 2min 扣 5 分			
	结束时间 （　　）				
合计总分					

❖ 点石成金

三相异步电动机长动控制电路常见故障现象如下：

1）故障 1：按下按钮 SB2，KM 线圈不吸合。

故障分析：根据工作原理和故障现象分析得出，故障范围在控制电路部分，如图 1-40 所示。

排查故障点：

① 用测量法（电压法）准确、迅速地找出故障点。注意：测量时选用万用表交流电压合适档位，合上 QS 电源。

② 根据故障点的不同情况，采取正确的修复方法，迅速排除故障。

③ 排除故障点后通电试车。

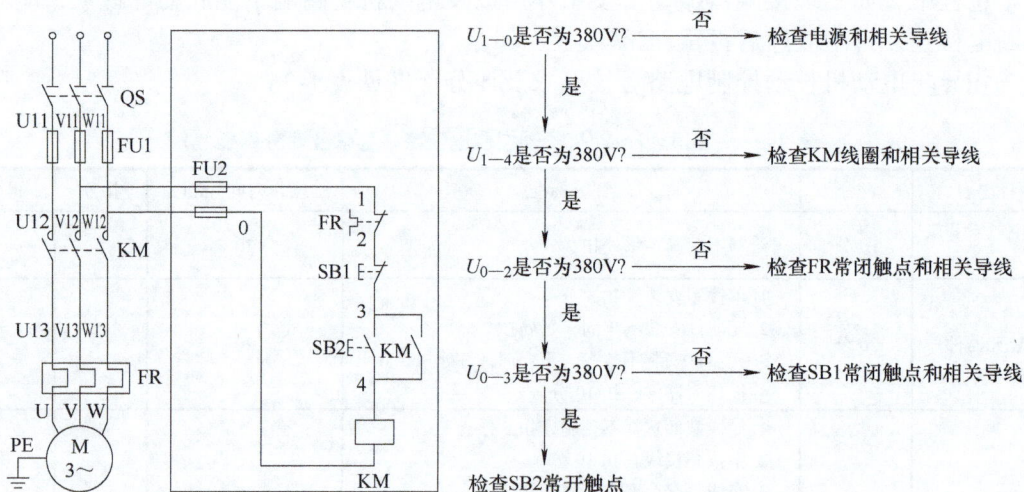

图 1-40　长动控制电路故障 1

2）故障 2：接通电源后，按下按钮 SB2，KM 闭合。放开 SB2，KM 复位。

故障分析：根据故障现象分析得出，故障范围在自锁部分，如图 1-41 所示。

排查故障点：

① 用测量法（电压法）准确、迅速地找出故障点。注意：测量时选用万用表交流电压合适档位，合上 QS 电源。

② 根据故障点的不同情况，采取正确的修复方法，迅速排除故障。

③ 排除故障点后通电试车。

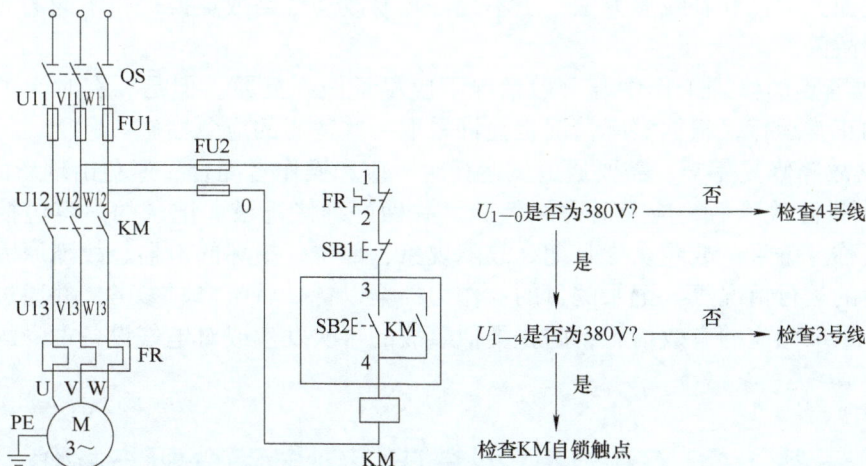

图 1-41　长动控制电路故障 2

3）故障 3：接通电源后，按下按钮 SB2，KM 线圈吸合，但电动机不转动。

故障分析：根据故障现象分析得出，故障范围在主电路，如图 1-42 所示。

排查故障点：

① 用测量法（电压法或电阻测量法）准确、迅速地找出故障点。注意：测量时选用万用表交流电压合适档位，合上 QS 电源。

② 根据故障点的不同情况，采取正确的修复方法，迅速排除故障。

③ 排除故障点后通电试车。

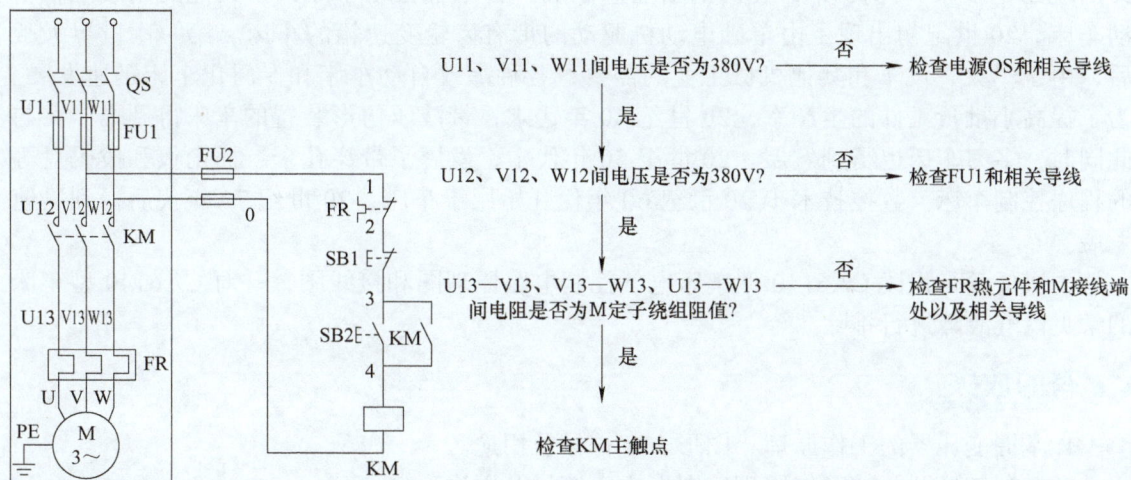

图 1-42　长动控制电路故障 3

当找出电气设备的故障点后，就要着手进行修复、试运转、记录等，然后交付使用，但必须注意如下事项：

① 在找出故障点和修复故障时，应注意不能把找出的故障点作为寻找故障的终点，还必须进一步分析查明产生故障的根本原因。

② 找出故障点后，一定要针对不同故障情况和部位采取相应正确的修复方法，不要轻易采用更换元器件和补线等方法，更不允许轻易改动线路或更换规格不同的元器件，以防产生人为故障。

③ 在故障点的修理工作中，一般情况下应尽量做到复原。但是，有时为了尽快恢复工业机械的正常运行，根据实际情况也允许采取一些适当的应急措施。

④ 电气故障修复完毕，需要通电试运行时，应和操作者配合，避免出现新的故障。

⑤ 每次排除故障后，应及时总结经验，并做好维修记录。记录的内容包括工业机械的型号、名称、编号、故障发生日期、故障现象、部位、损坏的电器、故障原因、修复措施及修复后的运行情况等。记录的目的：作为档案以备日后维修时参考，并通过对历次故障的分析，采取相应的有效措施，防止类似事故的再次发生或对电气设备本身的设计提出改进意见等。

任务 1-3　CA6140 型车床控制电路分析与检修

◆ 抛砖引玉

车床是主要用车刀对旋转的工件进行车削加工的机床。古代的车床是靠手拉或脚踏，脚踏车床通过绳索使工件旋转，并手持刀具进行切削的。1797 年，英国机械发明家莫兹利创制了用丝杠传动刀架的现代车床，并于 1800 年采用交换齿轮，可改变进给速度和被加工螺纹的螺距。1817 年，另一位英国人罗伯茨采用了四级带轮和背轮机构来改变主轴转速。为了提高机械化自动化程度，1845 年，美国的菲奇发明转塔车床。1848 年，美国又出现回轮车床。1873 年，美国的斯潘塞制成一台单轴自动车床，不久他又制成三轴自动车床。20 世纪初出现了由单独电动机驱动的带有齿轮变速箱的车床。第一次世界大战后，由于军火、汽车和其他机械工业的需要，各种高效自动车床和专门化车床迅速发展。为了提高小批量工件的生产率，20 世纪 40 年代末，带液压仿形装置的车床得到推广，与此同时，多刀车床也得到发展。20 世纪 50 年代中，发展了带穿孔卡、插销板和拨码盘等的程序控制车床。数控技术于 20 世纪 60 年代开始用于车床，20 世纪 70 年代后得到迅速发展。

本次任务是识读 CA6140 型车床电气控制电路原理图和接线图，并对 CA6140 型车床的常见电气故障进行排除。

◆ 有的放矢

1. 掌握变压器的工作原理、图形文字符号及用途。
2. 掌握转换开关的工作原理、图形文字符号及用途。
3. 掌握机床电气原理图的识读方法。

4. 了解 CA6140 型车床的功能、主要结构和运动形式。

5. 掌握 CA6140 型车床的控制电路原理及基本操作方法。

❖ 聚沙成塔

知识卡 13　变压器（★☆☆）

变压器是根据电磁感应原理制成的一种电气设备，具有变换电压、变换电流和变换阻抗等功能，因而在各领域中得到广泛应用。变压器是电力系统中不可缺少的一种重要设备。在电力系统中均采用高电压输送电能，再用变压器将电压降低供用户使用。在电子线路中，变压器主要用来传递信号和实现阻抗匹配。此外，还有用于调节电压的自耦变压器、电加工用的电焊变压器和电炉变压器、测量电路用的仪用变压器等。

1. 变压器的结构及符号

虽然变压器种类繁多、形状各异，但其基本结构是相同的。变压器的主要组成部分是铁心和绕组。铁心构成变压器的磁路。按照铁心结构的不同，变压器可分为心式和壳式两种。图 1-43a 为变压器实物图，图 1-43b 为心式铁心的变压器，其绕组套在铁心柱上，容量较大的变压器多为这种结构。图 1-43c 为壳式铁心的变压器，铁心把绕组包围在中间，常用于小容量的变压器中。绕组是变压器的电路部分。与电源连接的绕组称为一次绕组，与负载连接的绕组称为二次绕组。一次绕组与二次绕组及各绕组与铁心之间都进行了绝缘处理。为了减小各绕组与铁心之间的绝缘等级，一般将低电压绕组绕在里层，将高电压绕组绕在外层。大容量的变压器一般都配备散热装置，如三相变压器配备散热油箱、油管等。变压器的图形符号及文字符号如图 1-43d 所示。

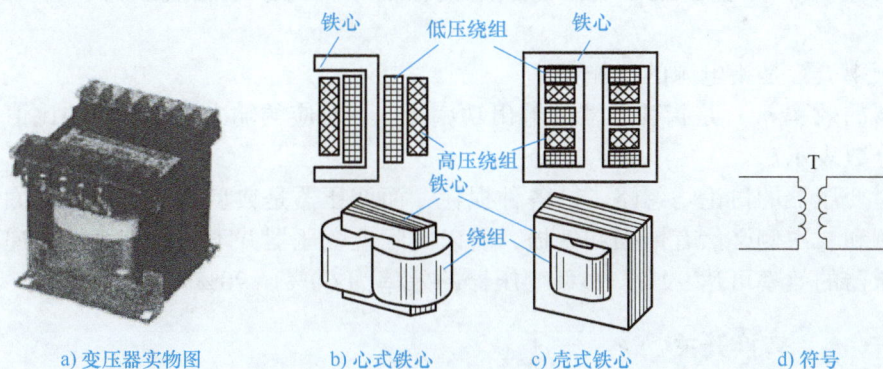

a) 变压器实物图　　　b) 心式铁心　　　c) 壳式铁心　　　d) 符号

图 1-43　变压器实物图及其铁心结构

2. 变压器的工作原理

图 1-44 是单相变压器的原理图。一次绕组匝数为 N_1、二次绕组匝数为 N_2。由于线圈电阻产生的电压降及漏磁电动势都非常小，因此可以忽略。当变压器一次侧接上交流电压 u_1 时，一次绕组中便有电流 i_1 通过，其磁动势 $N_1 i_1$ 产生的磁通 Φ_1 绝大部分通过电磁铁心且闭合，从而在二次绕组中产生感应电动势。当二次侧接负载时，就有电流 i_2 通过，二次侧的磁动势 $N_2 i_2$ 产生的磁通 Φ_2，其绝大部分也通过铁心而闭合。因此，铁心中的磁

通是两者的合成，称为主磁通 Φ，它交链一次、二次绕组，并在其中分别感应出电动势 e_1 和 e_2。变压器提供给负载的电压是 u_2（e_2）。

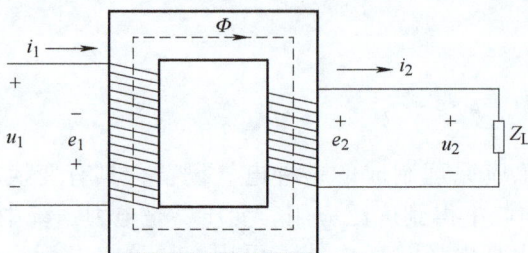

图 1-44　单相变压器原理图

此时，一次、二次电压满足以下关系

$$\frac{U_1}{U_2}=\frac{N_1}{N_2}=K$$

式中，U_1、U_2 为变压器一次、二次电压的有效值；K 为变压器的电压比。

3. 变压器的额定技术指标

一次额定电压 U_{1N}：是指一次绕组应当施加的正常电压。

一次额定电流 I_{1N}：是指在 U_{1N} 作用下一次绕组允许通过的电流。

二次额定电压 U_{2N}：是指一次电压为额定电压 U_{1N} 时，二次侧的空载电压。

二次额定电流 I_{2N}：是指一次电压为额定电压 U_{1N} 时，二次绕组允许长期通过的电流限额。

额定容量 S_N：是指变压器输出的额定视在功率。对于单相变压器，有 $S_N=U_{2N}I_{2N}=U_{1N}I_{1N}$。

额定频率 f_N：是指电源的工作频率。

变压器的效率 η_N：是指变压器的输出功率 P_{2N} 与对应的输入功率 P_{1N} 的比值，通常用小数或百分数表示。

前面对变压器的讨论均忽略了其各种损耗，而变压器是典型的交流铁心线圈电路，运行时一次侧和二次侧必然有铜损和铁损，所以实际上变压器并不是百分百地传递电能。大型电力变压器的效率可达 99%，小型变压器的效率为 60%～90%。

知识卡 14　转换开关（★☆☆）

转换开关是一种可供两路或两路以上电源或负载转换用的开关电器。在开关转轴上装有扭簧储能结构，使开关能快速闭合或分断，以利于灭弧，其分合速度与手柄操作速度无关。在电气设备中，多用于非频繁地接通和分断电路、接通电源和负载、测量三相电压以及控制小容量异步电动机的正反转和星形－三角形起动等。

1. 转换开关结构和符号

转换开关是由多组相同结构的触点组件叠装而成的多回路控制电器，由操作机构、定位装置、触点、接触系统、转轴、手柄等部件组成。图 1-45 是转换开关的结构。转换开关的档位有两档、三档和多档。

转换开关的电气符号如图 1-46 所示。

图 1-45　转换开关的结构

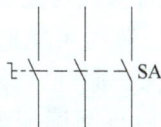

图 1-46　转换开关的电气符号

2. 转换开关的型号和含义

LW6 系列万能转换开关的型号和含义如图 1-47 所示。

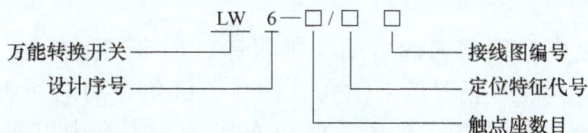

图 1-47　LW6 系列万能转换开关的型号和含义

知识卡 15　机床电气原理图的识读方法（★★☆）

机床电气原理图是用来表明机床电气的工作原理及各电气元件的作用、相互之间关系的一种表示方式。机床线路电气原理图一般由主电路、控制电路、保护电路、配电电路等几部分组成。电气原理图的识读方法如下：

1. 主电路的识读

识读主电路时，应首先了解主电路图区的划分，主电路中有哪些用电设备，各起什么作用，受哪些电器的控制，工作过程及工作特点是什么，如电动机的起动、制动方式、调速方式等，然后再根据生产工艺的要求了解各用电设备之间的联系。在充分了解主电路的控制要求及工作特点的基础上，再阅读控制电路图，如各电动机起动、停止的顺序要求，联锁控制及动作顺序控制的要求等。

2. 控制电路的阅读

控制电路一般是由开关、按钮、接触器、继电器的线圈和各种辅助触点构成。无论简单还是复杂的控制电路，一般均是由各种典型电路，如延时电路、联锁电路、顺序控制电路等组合而成，用以控制主电路中受控设备的起动、运行、停止，使主电路中的设备按设计工艺的要求正常工作。先了解控制电路的图区划分再对控制电路进行分析，对于简单的控制电路，只要依据主电路要实现的功能，结合生产工艺要求及设备动作的先后顺序仔细阅读，依次分析，就可以理解控制电路的内容。对于复杂的控制电路，要按各部分所完成的功能，分割成若干个局部控制电路，然后与典型电路相对照，找出相同之处，本着先简后繁、先易后难的原则逐个理解每个局部环节，再找到各环节的相互关系，综合起来从整体上全面地分析，就可以将控制电路所表达的内容读懂。

3. 保护、配电线路的识读

保护电路图的构成与控制电路基本相同，主要是根据电气原理图要达到的工艺要求，为避免设备出现故障时可能造成的损伤事故所设的各种保护功能。阅读时在图样上找到相应的保护措施及保护原理，然后找出与控制电路的联系加以理解，这样就能掌握电路的各种保护功能，最后再阅读配电电路的信号指示、工作照明、信号检测等方面的电路。当然，对于某些机械、电气、液压配合较紧密的机床设备，只靠阅读电气原理图是不可能全部理解其控制过程的，还应充分了解有关机械传动、液压传动及各种操纵手柄的作用，才能了解全部的工作过程。此外，只有在阅读了一定量的机床线路图基础上，才能熟练、准确地分析电气原理图。

⬧ 知识卡 16　CA6140 型车床的功能、主要结构与运动形式（★☆☆）

车床是一种用途极广且很普遍的金属切削机床，用来车削外圆、内圆、端面、螺纹、定型面，也可以用钻头、铰刀等刀具来钻孔、镗孔、倒角、割槽和切断等。车床的种类很多，有卧式车床、落地车床、立式车床、转塔车床等，生产中以普通卧式车床应用最普遍，数量最多。

普通卧式车床 CA6140 的型号含义：C—类代号（车床类），A—结构特性代号，6—组代号（落地及卧式车床组），1—系代号，40—主参数折算值。CA6140 型车床外形如图 1-48 所示。

CA6140 型车床主要由床身、主轴箱、尾座、方刀架、溜板箱、挂轮架、进给箱、丝杠、光杠等几部分组成，如图 1-49 所示。

图 1-48　CA6140 型车床外形图

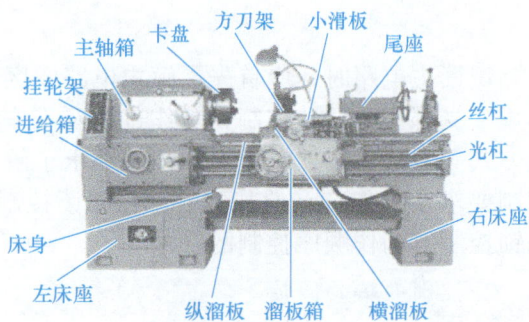

图 1-49　CA6140 型车床结构图

车床加工中有主运动、进给运动、辅助运动。车床的主运动是由主轴电动机通过带传动到主轴变速箱再旋转的，其主传动力是主轴的运动；进给运动是溜板箱带动刀架的直线运动；辅助运动包括溜板箱的快速移动、尾座的移动和工件的夹紧与放松等，刀架快速移动由刀架快速移动电动机带动。CA6140 型车床电气控制电路如图 1-50 所示。

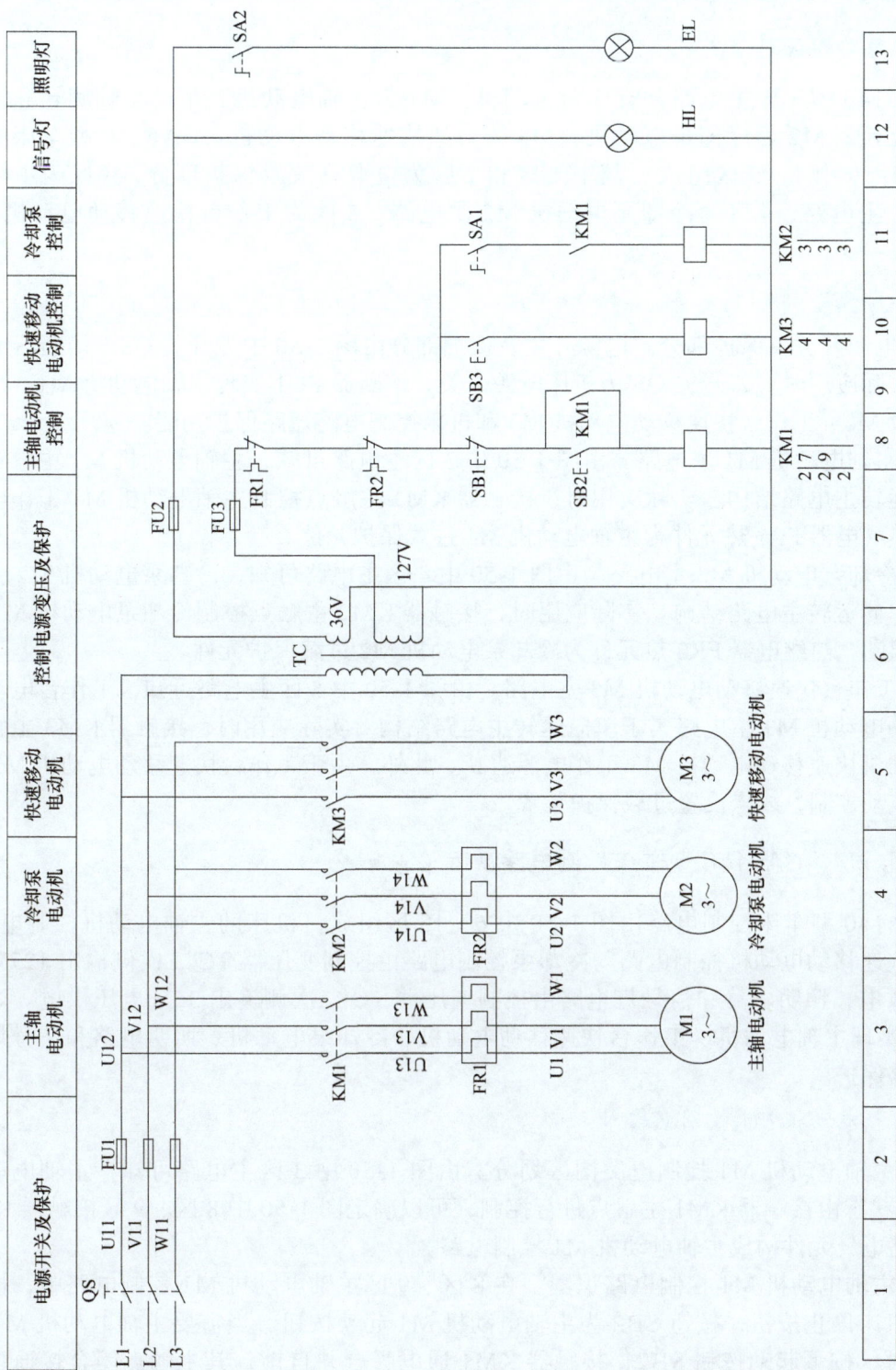

图 1-50　CA6140 型车床电气控制电路图

技能卡 3　CA6140 型车床主电路识读（★★☆）

1. 主电路图区划分

CA6140 型车床主电路共有 3 台电动机：M1 为主轴电动机，带动主轴旋转和刀架做进给运动；M2 为冷却泵电动机；M3 为刀架快速移动电动机。CA6140 型车床主电路由图 1-50 中 1～5 区组成，其中 1 区和 2 区为电源开关及保护部分，3 区为主轴电动机 M1 主电路，4 区为冷却泵电动机 M2 主电路，5 区为工作台快速移动电动机 M3 主电路。

2. 主电路识图

1）电源开关及保护部分。电源开关及保护部分由图 1-50 中刀开关 QS、熔断器 FU1 组成。实际应用时，刀开关 QS 为机床电源开关，熔断器 FU1 实现主轴电动机 M1、冷却泵电动机 M2、工作台快速移动电动机 M3 和机床控制电路短路保护功能。

2）主轴电动机 M1 主电路。由图 1-50 中 3 区主电路可知，主轴电动机 M1 主电路属于单向运转主电路结构。实际应用时，接触器 KM1 主触点控制主轴电动机 M1 工作电源通断，热继电器 FR1 热元件为主轴电动机 M1 过载保护元件。

3）冷却泵电动机 M2 主电路。由图 1-50 中 4 区主电路可知，冷却泵电动机 M2 主电路属于单向运转主电路结构。实际应用时，接触器 KM2 主触点控制冷却泵电动机 M2 工作电源通断，热继电器 FR2 热元件为冷却泵电动机 M2 过载保护元件。

4）工作台快速移动电动机 M3 主电路。由图 1-50 中 5 区主电路可知，工作台电动机快速移动电动机 M3 主电路属于单向运转主电路结构。实际应用时，接触器 KM3 主触点控制电动机快速移动电动机 M3 工作电源通断。此外，由于工作台快速移动电动机 M3 采用短期点动控制，故未设置过载保护装置。

技能卡 4　CA6140 型车床控制电路识读（★★★）

CA6140 型车床控制电路由图 1-50 中 6～13 区组成，机床的主轴电动机控制电路、工作台快速移动电动机控制电路与冷却泵控制电路由控制变压器 TC 二次侧输出 127V 电源电压供电，照明电路和信号灯电路由控制变压器 TC 二次侧输出 36V 电压供电。熔断器 FU2 实现主轴电动机、工作台快速移动电动机、冷却泵电动机、照明电路和信号灯电路的短路保护。

1. 主轴电动机 M1 控制电路

1）主轴电动机 M1 控制电路图区划分。由图 1-50 中 3 区主电路可知，主轴电动机 M1 工作状态由接触器 KM1 主触点进行控制，可以确定图 1-50 中 8 区、9 区接触器 KM1 线圈回路电气元件构成主轴电动机 M1 控制电路。

2）主轴电动机 M1 控制电路识图。在 8 区、9 区主轴电动机 M1 控制电路中，按钮 SB1 为机床停止按钮，按钮 SB2 为主轴电动机 M1 起动按钮。当需要主轴电动机 M1 起动运转时，按下起动按钮 SB2，接触器 KM1 通电吸合并自锁，其主触点闭合接通主轴电动机 M1 工作电源，M1 起动运转。若在主轴电动机 M1 运转过程中，按下机床停止按钮 SB1，则接触器 KM1、KM2 断电释放，主轴电动机 M1 和冷却泵电动机 M2 均停止运转。

2. 冷却泵电动机 M2 控制电路

1）冷却泵电动机 M2 控制电路图区划分。由图 1-50 中 4 区主电路可知，冷却泵电动机 M2 工作状态由接触器 KM2 主触点进行控制，可以确定图 1-50 中 11 区接触器 KM2 线圈回路电气元件构成工作台快速移动电动机 M2 控制电路。

2）冷却泵电动机 M2 控制电路识图。在 11 区冷却泵电动机 M2 控制电路中，手动开关 SA1 为冷却泵电动机 M2 的控制开关。由于在控制回路中串接了 KM1 常开触点，所以只有在主轴电动机起动后，冷却泵电动机才能起动。当需要冷却泵电动机 M2 运转时，旋转手动开关 SA1 接通控制回路，接触器 KM2 通电吸合，其主触点闭合接通 M2 工作电源，M2 起动运转，提供切削液。当加工结束时，旋转手动开关 SA1 断开控制回路，接触器 KM2 断电释放，M2 停止运转。

3. 工作台快速移动电动机 M3 控制电路

1）工作台快速移动电动机 M3 控制电路图区划分。由图 1-50 中 5 区主电路可知，工作台快速移动电动机 M3 工作状态由接触器 KM3 主触点进行控制，可以确定图 1-50 中 10 区接触器 KM3 线圈回路电气元件构成工作台快速移动电动机 M3 控制电路。

2）工作台快速移动电动机 M3 控制电路识图。在 10 区工作台快速移动电动机 M3 控制电路中，按钮 SB3 为工作台快速移动电动机 M3 点动按钮。当需要工作台快速移动电动机 M3 运转时，按下点动按钮 SB3，接触器 KM2 通电吸合，其主触点闭合接通 M3 工作电源，M3 起动运转，驱动工作台快速移动。当工作台快速移动至所需位置时，松开按钮 SB3，接触器 KM3 断电释放，M3 停止运转，从而实现点动控制功能。

4. 信号灯和照明电路

CA6140 型车床信号灯 HL 和工作照明电路由图 1-50 中 12、13 区对应电气元件组成，工作照明灯 EL 受照明灯控制开关 SA2 控制。

技能卡 5　CA6140 型车床常见电气故障分析（★★★）

1. 主轴电动机起动后不能自锁

故障现象：当按下起动按钮后，主轴电动机能起动运转，但松开起动按钮后，主轴电动机也随之停止。

原因分析：造成这种故障的原因是接触器 KM1 的自锁触点的连接导线松脱或接触不良。

2. 主轴电动机不能停止

故障现象：CA6140 型车床主轴电动机能够起动运转，但却不能停止。

原因分析：运动正常却不能停止，多数原因为 KM1 的主触点发生熔焊和停止按钮击穿所致。

3. 主轴电动机运行中停车

故障现象：CA6140 型车床主轴能够正常起动，但是在运行过程中发生停车。

原因分析：热继电器 FR1 动作，动作原因可能是电源电压不平衡或过低，整定值偏小，负载过重，连接导线接触不良。

4. 刀架快速移动电动机不能运转

故障现象：CA6140 型车床主轴运动正常，但按下快速运动按钮时没有反应。

原因分析：SB3 按钮触点本身是否接触不良；导线与 SB3 触点的连接是否接触不良；KM3 线圈是否接通；KM3 主触点是否接触不良或快速移动电动机本身有故障。

5. 照明灯不亮

故障现象：转动旋钮开关 SA2，照明灯 EL 不亮。

故障原因：灯泡损坏；FU2 熔断；SA2 触点接触不良；TC 二次绕组断线或接头松落。

◆ 小试牛刀

1. CA6140 型车床的电气保护措施有_____、_____、_____。

2. CA6140 型车床的运动形式包括_____、_____。

3. CA6140 型车床电动机没有反转控制，而主轴有反转要求，是靠_____实现的。

4. CA6140 型车床的过载保护采用_____，短路保护采用_____，失电压保护采用_____。

5. CA6140 型车床主轴缺相运行，会发出"嗡嗡"声，输出转矩下降，可能_____。

6. CA6140 型车床在车削过程中，若控制主轴电动机的接触器有一个主触点接触不良，会出现什么现象？如何解决？

7. CA6140 型车床主轴电动机 M1 起动后不能自锁，试分析其故障原因。

8. CA6140 型车床刀架快速移动电动机 M3 不能起到，试分析其原因。

◆ 大显身手

根据任务工单 3（见表 1-10）完成 CA6140 型卧式车床电气故障排除。

表 1-10　任务工单 3

任务名称	CA6140 型卧式车床电气故障排除
任务描述	一车间有一台 CA6140 型卧式车床，主轴电动机不能起动。试分析故障产生的可能原因，并采取相应措施排除故障
任务要求	1. 根据 CA6140 型车床电气原理图分析其电气控制原理 2. 熟悉 CA6140 型车床常见的电气故障分析方法 3. 根据给定的任务，为完成任务而搜集其他资料，进行知识与经验准备 4. 会检测判断低压电器及三相异步电动机是否能正常工作 5. 熟练使用常用电器检测仪器工具

（续）

任务要求	6. 以小组为单位，分析讨论主轴电动机不能起动的各种可能的原因 7. 准确地判断并成功地动手排除故障 8. 认真仔细，重视用电安全
工具、仪表	1. 工具：试电笔、电工刀、尖嘴钳、斜口钳、螺钉旋具等 2. 仪表：万用表、兆欧表、钳形电流表

排除故障的参考措施与步骤如下：

1）检查接触器 KM1 是否吸合，如果接触器是吸合的，则故障发生在电源电路和主电路上，可按下列步骤检修。

① 合上到开关 QS，用万用表检测接触器受电端 U12、V12、W12 之间的电压，如果是 380V 则电源正常。如果某两点之间无电压，再测量 L1、L2、L3 之间的电压，若无，则说明电源有故障；若有电压，则说明刀开关接触不良或连接短路。

修复措施是查明损坏原因，重新连接导线和更换刀开关。

② 断开组合开关，用万用表电阻档测量交流接触器 KM1 主触点间的阻值，如果阻值较小且相等，说明所测电路正常；否则，依次检查 FR1、电动机 M1 以及它们之间的连线。

修复措施，查明损坏原因，修复和连接它们之间的连线，排除线路故障或更换同规格、同型号的热继电器 FR1、电动机 M1。

③ 检查接触器 KM1 主触点是否良好，如果接触不良或烧坏，应更换动、静触头或相同规格的接触器。

④ 检查电动机机械部分是否良好，如果外部机械有问题，可配合机修钳工进行维修；如果电动机内部轴承损坏，应更换轴承。

2）检查接触器 KM1 不吸合，可按下列步骤检修：

首先检查 KM3 是否吸合，若吸合，说明 KM1 和 KM3 的公共控制电路部分正常，故障范围在 KM1 线圈部分支路。若 KM3 也不吸合，就要检查照明灯和信号灯是否亮，若照明灯和信号灯亮，说明故障范围在控制电路上。若 HL、EL 都不亮，说明电源部分有故障，但不能排除控制电路也有故障。

按表 1-11 完成任务实施、检查与评价。

表 1-11　任务实施、检查与评价表

序号	检查内容	检查记录	评价	分值 / 分
1	严格执行与职业相关的保证工作安全和防止意外的规章制度			10
2	熟练使用常用工具与测量仪器			5
3	准确地标出故障线段，指出可能的故障点，说出判断理由			10
4	在规定的时间内，按要求完成故障排除任务			25
5	试车成功，方案得到成功验证			20

（续）

序号	检查内容		检查记录	评价	分值 / 分
6	能独立完成任务				10
7	职业素养	遵守时间：是否不迟到、不早退、中途不离开现场			5
		6S：现场是否符合 6S 管理要求，实训器材、参考资料是否按规定摆放，地面、门窗是否干净			5
		团结协作：组内是否配合良好，是否积极投入到本任务中			5
		语言能力：是否积极回答问题，条理是否清晰			5
总评			评价人：		

❖ 点石成金

识读电路图的基本步骤：

1）熟悉机床硬件设备设施，为识读电路做准备。先了解机床设备的基本结构、运行情况、工艺要求和操作方法，以便对生产机械的结构及其运行情况，有一个总体的了解，进一步明确该机床对电力拖动的控制要求，为分析电路图做好前期准备。

2）识读电路图与机床电器实物之间的对应关系。对现场设备进行查勘，熟悉设备内外组成元件的外形尺寸、位置、工作状态，并将实物与电路图建立对应关系，为更好、更快地识读电路图打下坚实基础。

3）认真阅读设备产品说明书、操作手册及维护保养手册。进一步了解设备的工作原理、动作顺序，对该电路图的类型、性质、用途有清晰的认识。结合已有的电工电子知识，对电路图的类型、性质、作用有一个明确的认识，从整体上理解图样的概况和电路图要表述的重点。

4）看系统图和框图。系统图和框图表示了整体系统的基本组成、相互关系和主要特征，查看系统图和框图有助于对整体系统进行全面了解。

5）看电路图联系主电路，分析控制电路。主电路采用从下往上看，即从用电设备开始，经控制元件依次往电源看，从每台电动机、电磁阀等执行电器的控制要求去分析起动控制、方向控制、调速控制和制动控等内容。

控制电路采用从上往下、从左往右的原则，先从控制电源入手，看电源的性质、电压等级。再看控制电路如何影响主电路，细分到每一条回路，一条回路控制一个用电器。然后了解清楚每条回路、每一个触点的作用及其相互间的联系和制约。

最后分析辅助控制电路、联锁保护环节等，将电路化整为零，分析局部功能，将各部分归纳起来，全面掌握。

6）电路图与接线图、土建图、管线图等对照。识读图样不能孤立地看电路图，现代化大型电气设备的正常运行离不开土建、气路管线、液压管线、通信线路等工程的配合。

项目闯关

☑ 关卡一　CA6140 型基本电气操作

　　任务情境：小李是新入职的维修电工，车间 CA6140 型车床由他负责维修，一天师父指导他进行 CA6140 型车床的电气操作。假如你是小李，请你按照车床电气操作流程练习操作。练习完毕后，通过现场演示或口述的方式模拟操作过程，完成考核。考核评分标准见表 1-12。

表 1-12　CA6140 型车床电气操作考核评分标准

序号	考核内容	考核要求	评分标准	配分	扣分	得分
1	开车前的准备		1. 不会用专用工具打开电箱门，扣 5 分 2. 不检查电动机起动器及断路器，扣 5 分 3. 未关好卡盘防护罩、前防护罩、传动带罩门，扣 5 分 4. 未将操作手柄处于中间位置，扣 5 分	20 分		
2	开机		1. 电源开关锁 SA4 未旋至 1 位置，扣 5 分 2. 总电源开关 QF 未至 ON 位置，扣 5 分	10 分		
3	主轴电动机的起动及停止	按照流程操作，不缺步、不跳步；注重细节，操作过程细致，不出错	1. 不能起动主轴电动机，扣 5 分 2. 不能停止主轴电动机，扣 5 分	10 分		
4	冷却泵的起动及停止		1. 不能起动冷却泵，扣 5 分 2. 不能停止冷却泵，扣 5 分	10 分		
5	快速电动机的起动及停止		1. 不能起动快速电动机，扣 5 分 2. 不能停止快速电动机，扣 5 分	10 分		
6	紧急停止及解除		1. 不能起动紧急停止状态，扣 5 分 2. 不能解除紧急停止状态，扣 5 分	10 分		
7	机床照明和保护		1. 不能打开照明灯，扣 5 分 2. 不能关闭照明灯，扣 5 分	10 分		
8	关机		1. 不断开总电源，扣 10 分 2. 未将电源开关锁旋至 0 处，扣 5 分 3. 未将钥匙拔出，扣 5 分	20 分		
9	定额工时	0.5h	每超过 1min（不足 1min 以 1min 计），扣 5 分			
起始时间			合计	100 分		
结束时间			教师签字	年　　月　　日		

附　CA6140A 型车床电气操作流程

1. 开车前的准备

1）用专用工具打开电箱门，检查电动机起动器 QF1、QF2 及断路器 QF5、QF6、QF7、QF8 是否接通，检查各接线端子及接地端子是否连接可靠，将有松动的端子紧固牢。检查完毕，关好电箱门。

2）关好卡盘防护罩、前防护罩、传动带罩门。

3）使操作手柄处于中间位置。

2. 开机

将挂轮保护罩前侧面上开关面板上的电源开关锁 SA4 旋至 1 位置，向上扳动，总电源开关 QF0 至 ON 位置接通电源。床鞍上标度盘照明灯 HL 亮。

3. 主轴电动机起动及停止

按床鞍按钮板上绿色起动按钮 SB2，接触器 KM1 得电吸合，主电动机 M1 旋转。按红色急停按钮 SB1，KM1 失电释放，主电动机 M1 停止旋转。

4. 冷却泵的起动及停止

将挂轮保护罩前侧面上开关面板上的黑色旋钮 SA1 旋至 1 位置，KM7 得电吸合，冷却泵 M2 旋转；旋至 0 位置，KM7 失电释放，冷却泵 M2 停止旋转。

手刹车机床，为防止冷却泵过载运行，电路中设置电动机起动器 QF2，出厂前其整定值已根据冷却泵电动机铭牌所示的电流进行设定，一般情况下不用调整，特殊情况可由经授权的专业人员进行微量调整。

5. 快速电动机的起动及停止

将快速进给手柄扳到所需方向，按住快速进给手柄内的快速按钮 SB3，KM3 得电吸合，快速电动机旋转，即可向该快速方向快速移动。松开 SB3，KM3 失电释放，快速电动机 M3 停止旋转。为防止快速电动机短路，电路中设置电动机起动器 QF1 进行短路保护。

6. 紧急停止及解除

按下带自锁的紧急停止按钮 SB1，所有电动机均停止运转，机床处于紧急停止状态。按箭头方向旋转停止按钮 SB1，急停按钮将复位，紧急停止状态解除。注意，按下急停按钮后，机床内某些电气元件仍带电，只有关闭总电源开关 QF0，机床内除总电源开关输入端的接线端子 L1、L2、L3 带电外，其余均不带电。

7. 机床照明

按挂轮保护罩前侧面上开关面板上的白色按钮 SB5，照明灯亮，再按一下，照明灯灭。照明电路短路保护通过断路器 QF6 实现。

8. 控制回路及变压器 TC 的保护

控制变压器 TC 一次侧的短路保护由总电源开关 QF0 实现，二次侧控制电路的短路保护由断路器 QF6 实现。

9. 关机

如机床停止使用，为人身和设备安全需断开总电源开关 QF0，并应将挂轮保护罩前侧面上开关面板上的电源开关锁 SA4 旋至 0 处，将钥匙拔出收好。

✅ 关卡二　CA6140 日常维保操作

任务情境：又到了设备点检的日期了，小李又要跟着师父学习如何对 CA6140 型车床进行日常保养操作。请你按照点检标准练习操作，练习完毕后，并通过现场演示或口述的方式模拟操作过程，完成考核。考核评分标准见表 1-13。

表 1-13　CA6140 型车床电气操作考核评分标准

序号	考核内容	考核要求	评分标准	配分	扣分	得分
1	机床操作		检查手柄 / 手轮、按钮及指示灯，缺一项扣 1 分	25 分		
2	机床动作	按照标准对机床设备进行点检	观察各轴运动、刀架运动、尾座运动是否正常，缺一项扣 1 分	25 分		
3	机床状态		检查传动带是否松动，齿轮、电动机等运动部件是否有噪声，油温、油管、电动机是否温度过高，缺一项扣 1 分	25 分		
4	机床油路		油箱、管路是否泄漏，油箱、切削液箱液位是否低于 1/3，缺一项扣 1 分	25 分		
5	定额工时	0.5h	每超过 1min（不足 1min 以 1min 计），扣 5 分			
起始时间			合计	100 分		
结束时间			教师签字		年　月　日	

✅ 关卡三　CA6140 典型故障检修

任务情境：一车间一台 CA6140A 型卧式车床出现故障。当合上电源总开关 QF0 后，合上断路器 QF7，信号灯 HL 不亮；合上断路器 QF6，按下 SB5，照明灯不亮；合上断路器 QF5，按下 SB2，交流接触器 KM1 不吸合，按下 SB3 交流接触器 KM3 不吸合，合上旋钮开关 SA1，交流接触器 KM7 不动作。用万用表检测主电路和控制电路后，发现主电路和控制电路的电压均为零。请参考 CA6140A 型车床电路图（见图 1-51）、CA6140A 型车床电气元件明细表（见表 1-15）、CA6140A 型车床电气控制电路故障检修要求及评分标准（见表 1-16）、机床电气维修工操作规程以及 CA6140A 型车机床电气操作部分内容，完成 CA6140A 型卧式车床检修的闯关任务。

附 车床日常点检标准（见表 1-14）

表 1-14 设备点检标准

点检部位图示：V带① 加油处② 主轴箱油 进给箱油③④

编制：

设备名称	点检项目	点检方法	点检频次	点检标准（设备型号 CA6140A）	责任人（设备编号 392542161002）	设备责任人（点检部位图示）
机床操作	操作手柄、手轮	目视、触摸	日	操作手柄、手轮灵敏可靠，定位准确	操作人员	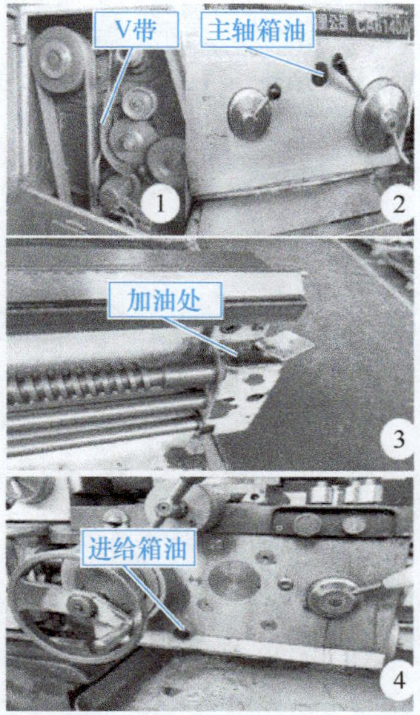
	按钮、指示灯	目视	日	各按钮灵敏可靠，各指示灯显示正确	操作人员	
	各轴	目视	日	主轴正反转、停车、换挡正确，X、Z 轴运动正常	操作人员	
机床动作	刀架	目视	日	刀架运转正常	操作人员	
	尾座	目视	日	尾座移动、定位、锁紧动作灵活，无异常	操作人员	
松动	V 带	目视	日	V 带张紧力是否合适，表面是否存在裂纹，带轮运转是否正常（图1）	操作人员	
泄露	油箱、管路	目视	日	各油箱、管路是否存在漏油现象	操作人员	
声音	齿轮箱	耳听	日	齿轮箱工作时是否存在异常响声	操作人员	
	电动机	耳听	日	各电动机工作时是否存在异常响声	操作人员	
温度	油箱、管路	目视、触摸	日	油箱正常工作温度应低于 50℃，用手触摸油管是否存在发烫现象	操作人员	
	电动机	触摸	日	用手触摸各电动机，是否存在发烫现象	操作人员	
振动	各运动部件	目视、感觉	日	观察各运动部件工作时是否存在振动现象	操作人员	
油量	油箱	目视	周	油量是否低于 1/3 液位，少则添加 46# 液压油（图2、3、4）	操作人员	
切削液量	切削液箱	目视	周	切削液量是否低于 1/3 液位，少则添加	操作人员	

52

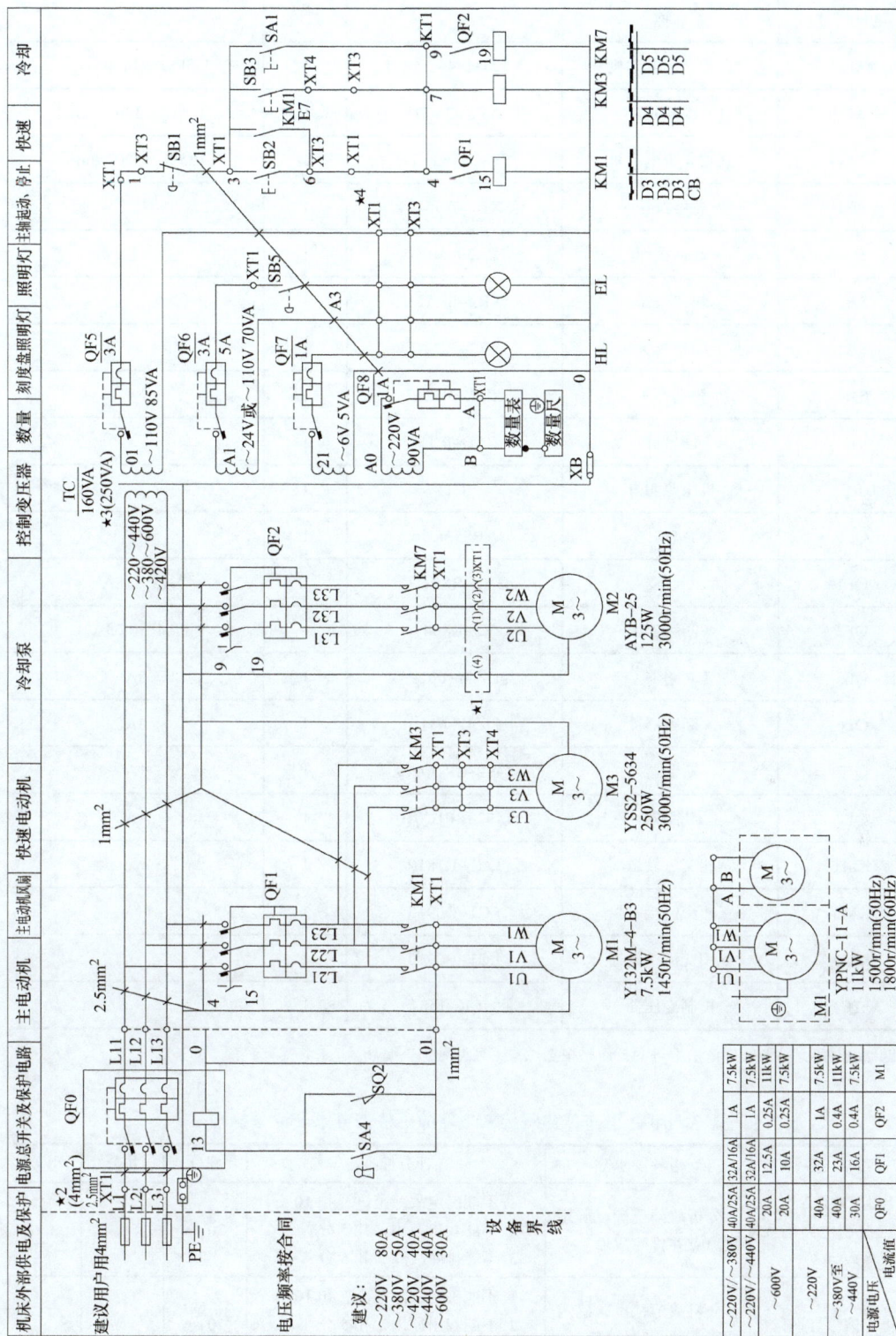

图 1-51　CA6140A 型车床电路图

表 1-15　CA6140A 型车床电气元件明细表

序号	电气代号	名称	型号	数量	技术参数
1	M1	三相异步电动机	Y123M-4-B3 TH	1	7.5kW、1450r/min
2	M2	冷却泵	AYB-25 TH	1	125W、3000r/min
3	M3	三相异步电动机	YSS2-5634 TH	1	125W、3000r/min
4	SB1	急停按钮	XB2-BS542	1	
5	SB2	起动按钮	LA39-10/G	1	
6	SB3	快速按钮	XB2-EA121	1	
7	SA1	旋钮开关	XB2-BD217	1	
8	SA4	钥匙开关	XB2-BG217	1	
9	HL	信号灯	ZSD-0 TH	1	
10	EL	机床照明灯	JC11	1	
11	QF0	电源总开关	ABS53a/40	1	40A
12	QF1	断路器	GV2-RS21-C	1	13～18A
13	QF2	断路器	GV2-RS04-C	1	0.4～0.63A
14	QF5	断路器	DZ47-631P	1	3A
15	QF6	断路器	DZ47-631P	1	3A
16	QF7	断路器	1492-SP1C010	1	1A
17	QF8	断路器	1492-SP1C010	1	1A
18	KM1	三相交流接触器	LC1-D1810	1	
19	KM3	三相交流接触器	LC1-D0910	1	
20	KM7	三相交流接触器	LC1-D0910	1	
21	TC	控制变压器	JBK-160	1	

注：接触器编号不是按照顺序依次编号的，而是根据厂家系列型号统一编号。

表 1-16　CA6140A 型车床电气控制电路故障检修要求及评分标准

序号	考核内容	考核要求	评分标准	配分	扣分	得分
1	合上 QF0，主电路、控制电路均无电压输入	分析故障范围，确定故障点并排除故障	1. 不能确定故障范围，扣10分 2. 不能找出原因，扣5分 3. 不能排除故障，扣5分	20分		
2	机床信号灯不亮	分析故障范围，确定故障点并排除故障	1. 不能确定故障范围，扣10分 2. 不能找出原因，扣5分 3. 不能排除故障，扣5分	20分		

（续）

序号	考核内容	考核要求	评分标准	配分	扣分	得分
3	按下 SB2，M1 起动运转；松开 SB2，M1 随之停转	分析故障范围，确定故障点并排除故障	1. 不能确定故障范围，扣 10 分 2. 不能找出原因，扣 5 分 3. 不能排除故障，扣 5 分	20 分		
4	M1 起动后，按下 SB1，M1 不能停止运转	分析故障范围，确定故障点并排除故障	1. 不能确定故障范围，扣 10 分 2. 不能找出原因，扣 5 分 3. 不能排除故障，扣 5 分	20 分		
5	按下 SB3，M3 运转，但有嗡嗡响声	分析故障范围，确定故障点并排除故障	1. 不能确定故障范围，扣 10 分 2. 不能找出原因，扣 5 分 3. 不能排除故障，扣 5 分	20 分		
6	安全文明生产	按生产操作规程	违反安全文明生产规程，扣 10～30 分			
7	定额工时	4h	每超过 5min（不足 5min 以 5min 计），扣 5 分			
起始时间			合计	100 分		
结束时间			教师签字	年　月　日		

故障 1：请排除故障使 CA6140A 型车床合上电源总开关 QF0 后，主电路、控制电路具有电压输入。

故障 2：排除故障 1 后，发现合上电源总开关 QF0 后，合上断路器 QF7，信号灯仍然不亮，但是合上断路器 QF6，按下 SB5，照明灯点亮，请根据故障现象分析原因并排除故障。

故障 3：排除故障 2 后，合上电源总开关 QF0，再合上断路器 QF5，按下 SB2，交流接触器 KM1 通电吸合，主轴电动机 M1 旋转，但是松开 SB2，交流接触器 KM1 立即断电释放，主轴电动机 M1 立即停止旋转，请根据故障现象分析原因并排除故障。

故障 4：排除故障 3 后，合上 QF0、QF5，按下 SB2 再松开，主轴电动机 M1 起动并连续运转，但是发现按停止按钮 SB1 无反应，主轴电动机 M1 不能停止运转，请根据故障现象分析原因并排除故障。

故障 5：完成故障 4 后，合上 QF0、QF5，再按下 SB3，交流接触器 KM3 通电吸合，快速移动电动机 M3 旋转，但电动机在旋转的时候发出嗡嗡的响声，请根据故障现象分析原因并排除故障。

附　机床电气维修工操作规程

1）机床电气维修必须停电进行，严禁带电作业。

2）检修用照明灯应使用 36V 安全电压，灯头应有护罩。

3）使用吊装工具时，先检查设备是否良好，不准超负荷起吊，不准歪拉斜吊，吊物下不准站人。

4）拆装电动机端盖、带轮、轴及轴承时，应用铜棒、木榔头、拉钩等专用工具，不准直接用铁锤、扁铲等敲打。

5）带有放大环节的设备电器，应调试后试车。试车前应采取安全措施，认真检查机械部分各限位器、过电压继电器、过电流继电器等是否安全可靠。

6）试车时，应注意观察电动机转向、声音等是否正常。工作人员要避开联轴器的旋转方向。工作结束后，要检查清理现场，断开电源，方可离去。

7）用汽油清洗电气零件时，严禁动用明火。

"中国铁建技术能手"成长记

彭曙微，特种装备总厂装配车间生产调度员，中国铁建重工集团"十佳青年技术能手"，担任公司首任喷射台车生产班班长，半年内将新设备产量翻了 5 倍多；担任调试发货班班长，推进"专业化""数字化""国际化"的"三化"班组建设，打造党员先锋团队，当年完成发货量达到 537 台；先后荣获企业"革新能手""工人先锋号""青年岗位能手""青年文明号"等荣誉称号。

项目 2

X62W 型铣床控制系统分析与检修

项目导航

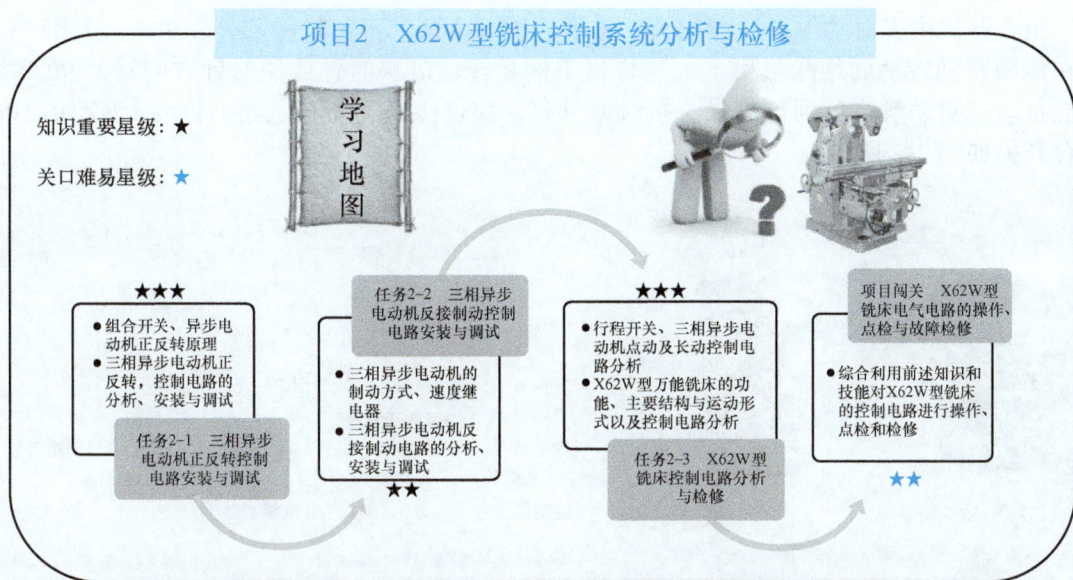

图 2-1　X62W 型铣床电气控制系统分析学习地图

任务 2-1　三相异步电动机正反转控制电路安装与调试

❖ 抛砖引玉

　　正转控制电路只能使电动机朝一个方向旋转，同时带动生产机械的运动部件也朝一个方向运动。所以要满足生产机械运动部件能向正反两个方向运动，就要求电动机能实现正反转控制。以 X62W 型万能铣床为例，进给电动机控制回路中设置有正反转电路，工作台的上、下，左、右，前、后的进给运动均通过进给电动机的正反转来实现。本次任务主要是学习三相异步电动机的正反转控制电路。

◆◆ 有的放矢

1. 了解组合开关的结构、型号、规格及使用方法。
2. 掌握三相异步电动机正反转的工作原理、电气元器件及电路图识读。
3. 掌握三相异步电动机正反转控制电路的互锁和工作原理。

◆◆ 聚沙成塔

📄 知识卡 17 组合开关（★☆☆）

组合开关实际上是一种转换开关，其特点是体积小，触点对数多，接线方式灵活，操作方便，在机床电气设备中用作电源引入开关，也可以用于三相异步电动机非频繁的正/反转控制。

1. 组合开关的结构与型号

组合开关由多对动触头、静触头、方形转轴、手柄、定位机构和外壳组成。其静触头装在能随转轴转动的绝缘垫板上，这样当手柄和转轴沿顺时针或逆时针方向转动 90° 时，就能带动三对动触头分别与静触头接触或分离，实现接通和断开电路的目的。HZ10–10/3 组合开关如图 2-2 所示。

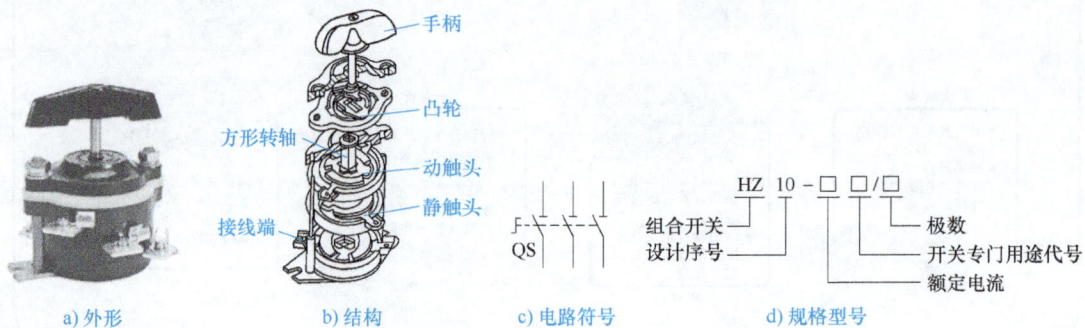

图 2-2 HZ10–10/3 组合开关

2. 组合开关的主要技术数据及选用

组合开关可分为单极、双极和多极三类，主要参数有额定电压、额定电流、极数等，额定电流有 10A、20A、40A、60A 几个等级。组合开关应根据电源种类、电压等级、所需触点数、接线方式和负载容量进行选用。在用于控制小型异步电动机的运转时，开关的额定电流一般取电动机额定电流的 1.5～2.5 倍。

3. 组合开关的安装与使用

1）HZ10 系列组合开关应安装在控制箱（或壳体）内，其操作手柄最好伸出在控制箱的前面或侧面。开关为断开状态时应使手柄在水平位置。HZ3 系列组合开关外壳上的接地螺钉应可靠接地。

2）若需在箱内操作，开关最好装在箱内右上方，并且不要在它的上方安装其他电器，如果要安装则应采取隔离或绝缘措施。

3）组合开关的通断能力较低，故不能用来分断故障电流。

4）当操作频率过高或负载功率因数较低时，应降低开关的容量使用，以延长其使用寿命。

🔷 知识卡 18　异步电动机正反转控制电路（★★★）

1. 工作原理

异步电动机要实现正反转控制，将其电源的相序中任意两相对调即可，即换相。例如：V 相不变，将 U 相与 W 相对调，为了保证两个接触器动作时能够可靠调换电动机的相序，接线时应使接触器的上口接线保持一致，在接触器的下口调相。由于将两相相序进行了对调，所以两个 KM 线圈不能同时得电，否则会发生严重的相间短路故障，因此必须采取保护措施。其接法如图 2-3 所示。

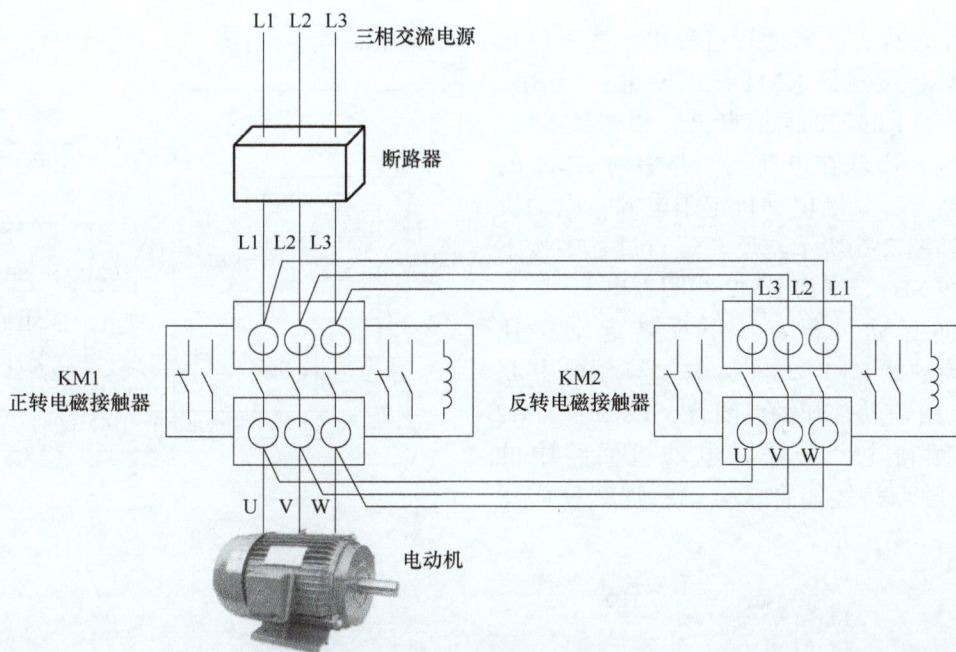

图 2-3　电动机正反转换相接线方法

2. 接线与分析

异步电动机正反转接线电路如图 2-4 所示，在主回路中，采用两个接触器，即正转接触器 KM1 的主触点和反转接触器 KM2 的主触点。当接触器 KM1 的主触点接通时，进入到电动机的三相电源的相序是 U–V–W；当接触器 KM1 的主触点断开，接触器 KM2 的主触点接通时，进入到电动机的三相电源的相序就变成了 W–V–U，电动机就向相反方向转动。

正向起动过程：按下正转起动按钮 SB2，接触器 KM1 线圈得电，与 SB2 并联的 KM1 的辅助常开触点闭合，以保证 KM1 线圈持续通电，所以 KM1 的主触点可以持续闭合，电动机连续正向运转。电动机正向起动过程示意图如图 2-5 所示。

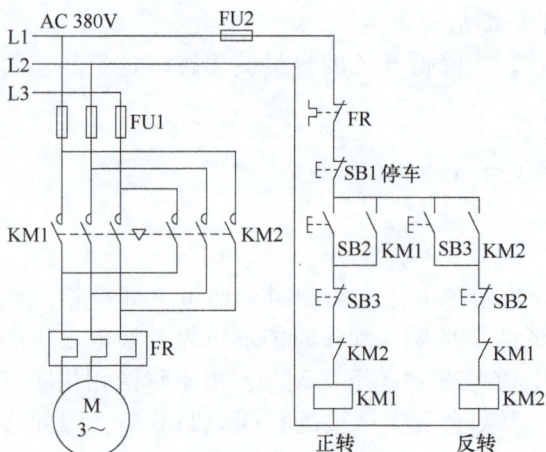

图 2-4　异步电动机正反转接线电路图

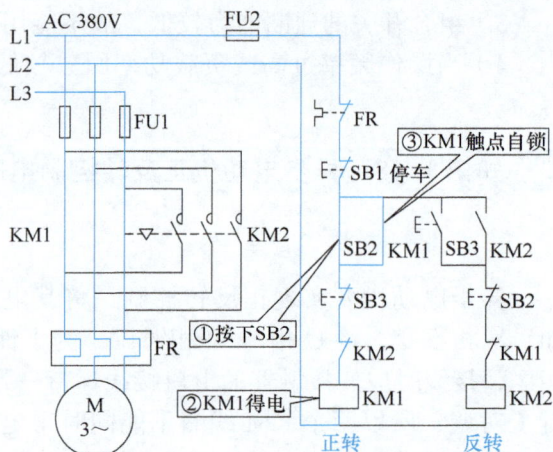

图 2-5　电动机正向起动过程示意图

停止过程：正转运行过程中，按下停止按钮 SB1，接触器 KM1 线圈断电，与 SB2 并联的 KM1 的辅助触点断开，以保证 KM1 线圈失电，串联在电动机回路中的 KM1 的主触点断开，切断电动机定子电源，电动机停转，如图 2-6 所示。反转运行过程中按下停止按钮 SB1，则为 KM2 线圈断电。

反向起动过程：按下反转起动按钮 SB3，接触器 KM2 线圈通电，与 SB3 并联的 KM2 的辅助常开触点闭合，以保证 KM2 线圈持续得电，串联在电动机回路中的 KM2 主触点持续闭合，电动机连续反向运转，如图 2-7 所示。

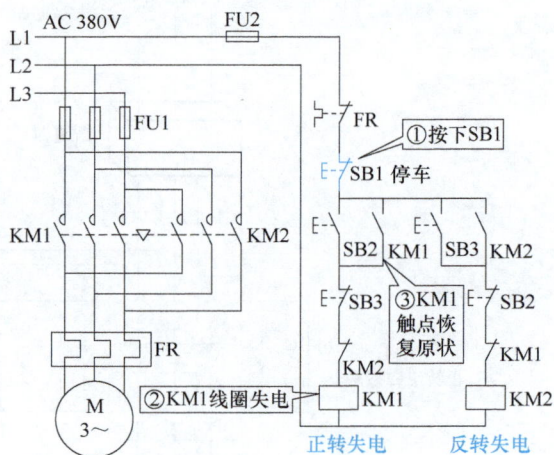

图 2-6　电动机停止过程示意图

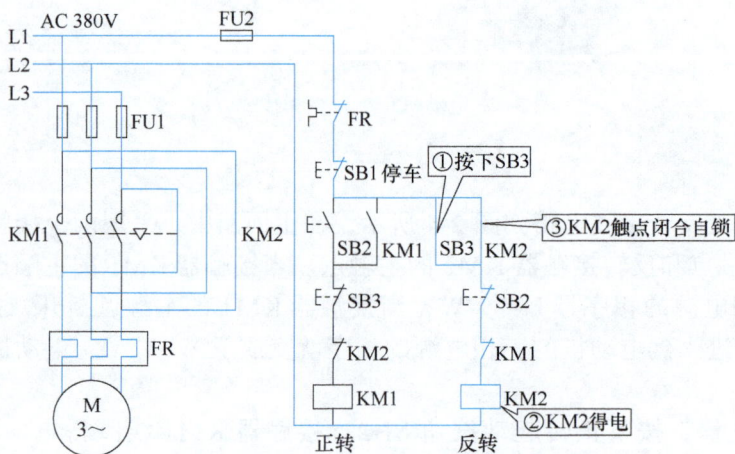

图 2-7　电动机反向起动过程示意图

知识卡 19　联锁（互锁）（★★★）

正反向换向过程：正反转控制回路接触器 KM1 和 KM2 不能同时接通电源，否则它们的主触点同时闭合，U、W 两相电源短路，如图 2-8 所示。

所以在 KM1 和 KM2 线圈各自支路中相互串联对方的一对辅助常闭触点，以保证接触器 KM1 和 KM2 不会同时接通电源，KM1 和 KM2 的这两对辅助常闭触点在线路中所起的作用称为联锁或互锁；这两对辅助常闭触点就叫联锁或互锁触点。

1. 按钮互锁

在控制回路中，按下正转起动按钮 SB2 的同时，在反转控制回路中，按钮 SB2 的常闭触点同时动作，断开反转控制电路，可以防止接触器 KM1 和 KM2 同时得电；同理，反转起动按钮 SB3，在正转控制回路中也有按钮 SB3 的常闭触点同时动作，同样是防止接触器 KM1 和 KM2 同时得电。按钮互锁示意图如图 2-9 所示。

该方法是通过按钮常开触点和常闭触点金属片的杠杆作用，使得一个接触器合上时，另一个被机构卡住而无法同时合上，可以防止正反转同时得电，因此称为机械互锁。其特点是可靠性高，但比较复杂，通常互锁的两个装置要在近邻位置安装。

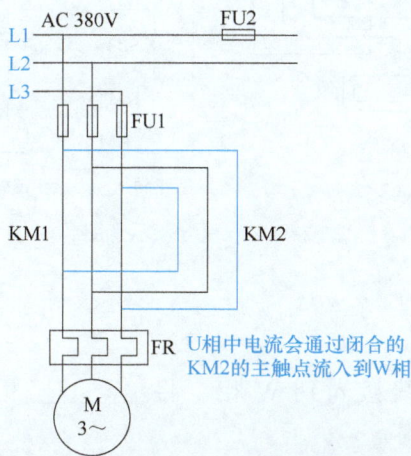

图 2-8　接触器同时得电短路示意图　　　　图 2-9　按钮互锁示意图

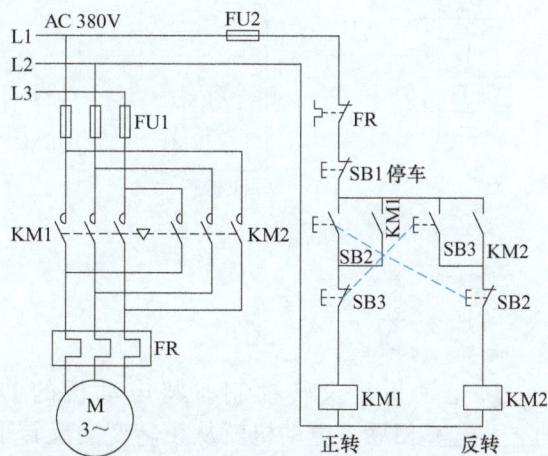

2. 接触器互锁

在控制回路中，正转回路线圈 KM1 上方串有 KM1 的自锁常开触点，同时在其线路上，有 KM2 的常闭触点，KM2 线圈得电时，KM2 常闭触点动作，线圈 KM1 不可能得电；同理，反转回路线圈 KM2 前端也串有 KM1 的常闭触点。接触器触点互锁示意图如图 2-10 所示。

采用接触器互锁的正反转控制电路的优点是工作安全可靠，但缺点是操作不方便，因为电动机从正转变为反转时，必须先按下停止按钮后，按下反转起动按钮，才能实现反转过程。为了克服此线路的不足，可采用双重互锁来完成正反转控制电路。

该方法是通过继电器、接触器的触点实现互锁，正转运动时，正转接触器的触点切断反转回路；反转运动时，反转接触器的触点切断正转回路，因此称为电气互锁。电气互锁比较容易实现，灵活简单，互锁的两个装置可在不同位置安装，但可靠性相对机械互锁稍差。

3.双重互锁

上述机械互锁和电气互锁在同一电路中同时使用，即称为双重互锁电路。双重互锁示意图如图 2-11 所示。

采用双重互锁的正反转线路兼有两种互锁控制线路的优点，线路操作方便，工作安全可靠，因此在电力拖动中被广泛采用。

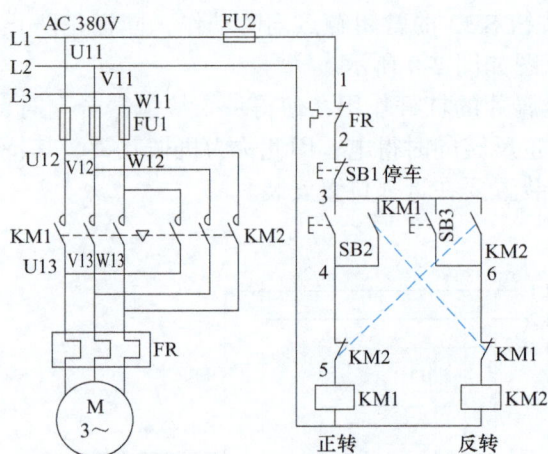

图 2-10　接触器触点互锁示意图　　　　图 2-11　双重互锁示意图

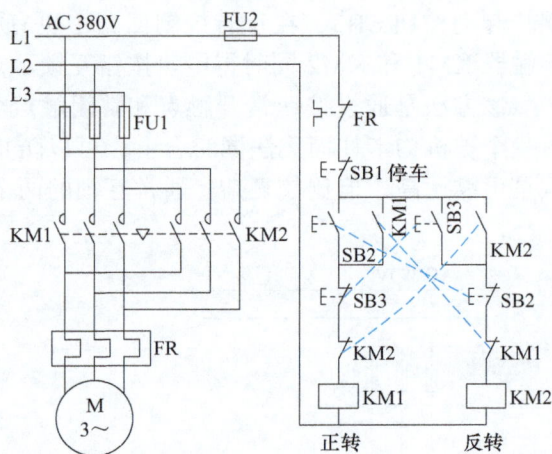

◆ 小试牛刀

1.电动机正反转控制，将电动机的 U 相导线接入到 W 相，将_____相接入到_____相后，电动机就从正转变为反转了。

2.在三相异步电动机工作时，与三相电源直接相连的是_____。

3.为了避免正反转控制电路中两个接触器同时得电，线路中采取的措施是_____控制。

4.断路器上的蓝色按钮的作用是_____。

5.在操作接触器互锁正反转控制电路时，要使电动机从正转变为反转，正确的方法是（　　　）。

A.可直接按下反转起动按钮

B.可直接按下正转起动按钮

C.必须先按下停止按钮，再按下反转起动按钮

6.两个接触器控制电路的互锁保护一般采用的是（　　　）

A.串联对方控制电器的常开触点

B. 串联对方控制电器的常闭触点

C. 串联自己的常开触点

7. 在用于控制小型异步电动机的运转时，组合开关的额定电流一般取电动机额定电流的 1.5～2.5 倍。　　　　　　　　　　　　　　　　　　　　　　　　（　　）

8. 电动机正反转互锁控制电路正转运行过程中不能按反转按钮，否则容易引起电动机两相短路。　　　　　　　　　　　　　　　　　　　　　　　　　　　　（　　）

9. 在异步电动机的正反转电路中，正转起动工作正常，反转也能起动，但方向与正转相同的原因是什么？

◆ 大显身手

根据任务工单 4（见表 2-1）完成三相异步电动机正反转控制电路的安装与调试。

表 2-1　任务工单 4

任务名称	三相异步电动机正反转控制电路安装与调试
任务描述	一车间有台机床的主轴电动机正反转控制电路只带了电气互锁，为了安全与方便操作，要求将其改为同时具有电气互锁和机械互锁的正反转控制电路。分析改变连接的可行性，并做出具体的修改
任务要求	1. 熟悉常用低压电器的结构、选用及安装知识 2. 熟悉三相笼型异步电动机正反转控制电路的工作原理及元器件组成 3. 熟练使用常用电器检测仪器、工具 4. 会检测判断低压电器及三相异步电动机是否能正常工作 5. 能根据给定的任务进行资料搜集、知识与经验准备 6. 能正确进行外部接线及线路检查和调试 7. 认真仔细、重视用电安全
工具、仪表和器材	1. 工具：螺钉旋具、试电笔、剥线钳、斜口钳、尖嘴钳、电工刀等 2. 仪表：数字万用表或模拟万用表 3. 器材：组合开关一个，熔断器两组，交流接触器两个，热继电器一个，按钮三个，接线端子排一个，三相笼型异步电动机一台，控制板一块和导线若干

1. 绘制安装接线图

三相异步电动机正反转控制电路原理图如图 2-11 所示，电气安装接线可参考图 2-12。

2. 检查与固定电气元件

1）电气元件的技术数据（如型号、规格、额定电压、额定电流等）应完整并符合要求，外观无损伤。

2）电气元件的电磁机构动作是否灵活，有无衔铁卡阻等不正常现象，用万用表检测电磁线圈的通断情况以及各触点的分合情况。

3）接触器的线圈电压和电源电压是否一致。

4）对电动机的质量进行常规检查（每相绕组的通断、相间绝缘、相对地绝缘）。

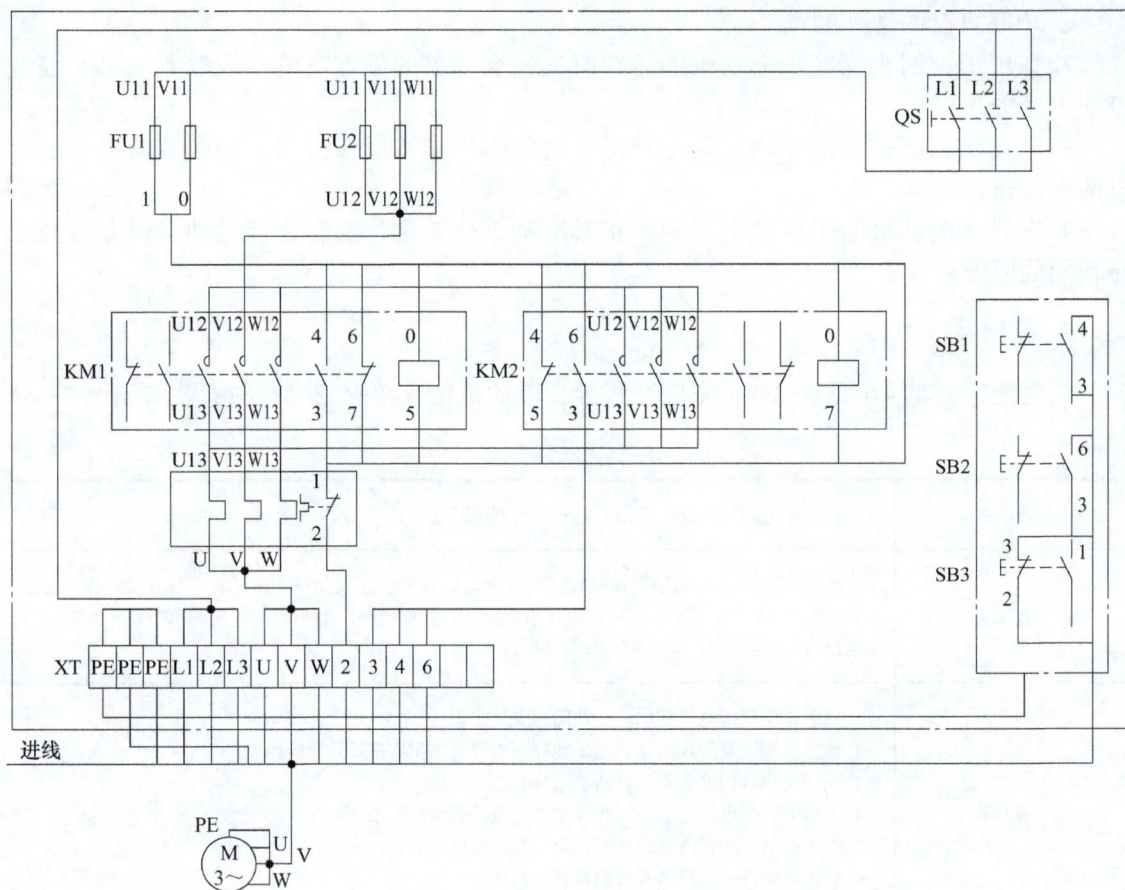

图 2-12　三相异步电动机正反转控制电路安装接线图

3. 布线

按接线图的走线方法进行板前明线布线和套编码套管。板前明线布线的工艺要求如下：

1）布线通道尽可能少，同路并行导线按主、控制电路分类集中，单层密排，紧贴安装面布线。

2）同一平面的导线应高低一致和前后一致，不能交叉。非交叉不可时，应水平架空跨越，但必须走线合理。

3）布线应横平竖直，分布均匀，变换走向时应垂直。

4）布线时严禁损伤线芯和导线绝缘。

5）在每根剥去绝缘层导线的两端套上编码套管，从一个接线端子（或接线桩）到另一个接线端子的导线连接，必须确保中间无接头。

6）导线与接线端子或接线桩连接时，不得压绝缘层，也不得漏铜过长。

7）一个电气元件接线端子上的连接导线不得多于两根。

8）根据电气接线图检查控制板布线是否正确。

9）连接电动机和按钮金属外壳的保护接地线。

10）连接电源、电动机等控制板外部的导线。

安装接线注意事项：按钮内接线时，用力不可过猛，以防螺钉打滑；按钮内部的接线不要接错，起动按钮选用绿色或黑色按钮，必须接常开触点；停止按钮选用红色按钮，必须接常闭触点。电路中的两个接触器的主触点必须换相，否则不能反转。

4. 线路检查

1）按电气原理图和安装接线图从电源端开始，逐段核对接线及接线端子处是否正确，有无漏接、错接之处，检查导线接线端子是否符合要求，压接是否牢固。

2）用万用表检查线路的通断情况。检查时，应选用倍率适当的电阻档，并进行校零，以防短路故障发生。

检查控制电路时（可断开主电路），将万用表表笔分别搭在 FU2 的出线端和中性线上，读数应为"∞"。按下正转起动按钮 SB2 或反转起动按钮 SB3 时，读数应为接触器 KM1 或 KM2 线圈的电阻值；用手压住 KM1 或 KM2 的衔铁，使 KM1 或 KM2 常开触点闭合，读数也应为接触器 KM1 或 KM2 线圈的电阻值。同时按下 SB2 和 SB3，或者同时压住 KM1 和 KM2 的衔铁，万用表读数应为"∞"。

检查主电路时（可断开控制电路），可以用手压住接触器的衔铁来代替接触器得电吸合时的情况进行检查。依次测量从电源端 L1、L2、L3 到电动机出线端 U、V、W 间每一相线路的电阻值，检查是否存在开路现象。

5. 通电试车

1）空载调试。先拆下电动机，再合上组合开关 QS，按下正转起动按钮 SB2，观察接触器 KM1 线圈是否吸合，然后按下反转起动按钮 SB3，观察接触器 KM2 线圈是否吸合。在 KM1、KM2 线圈通电的状态按下停止按钮 SB1，观察 KM1、KM2 线圈是否断电。若正常，可带负载调试

2）带负载调试。若空载调试无误后，切断电源，接好电动机，进行带负载试车。组合开关 QS 引入三相电源，按下正转起动按钮 SB2，观察电动机的运行情况，然后按下反转按钮 SB3，再观察电动机的运行情况。操作过程中如果出现不正常现象，应立即断开电源，分析故障原因，仔细检查线路。

在试车过程中，如出现接触器振动、发出噪声以及电动机嗡嗡响不能起动等现象，应立即停车断电检查，排除故障后再重新试车。

三相异步电动机正反转控制电路考核要求及评分标准见表 2-2。

表 2-2　三相异步电动机正反转控制电路考核要求及评分标准

测评内容	配分	评分标准	操作时间 /min	扣分	得分
绘制电气安装接线图	10 分	绘制不正确，每处扣 2 分	20		
安装元器件	20 分	1. 不按图安装，扣 5 分 2. 元器件安装不牢固，每处扣 2 分 3. 元器件安装不整齐、不合理，每处扣 2 分 4. 损坏元器件，扣 10 分	20		

（续）

测评内容	配分	评分标准	操作时间 /min	扣分	得分
布线	50 分	1. 导线截面选择不正确，扣 5 分 2. 不按图接线，扣 10 分 3. 布线不符合要求，每处扣 2 分 4. 接点松动，露铜过长，螺钉压绝缘层等，每处扣 2 分 5. 损坏导线绝缘或线芯，每处扣 2 分 6. 漏接地线，扣 5 分	60		
通电试车	20 分	1. 第一次试车不成功，扣 5 分 2. 第二次试车不成功，扣 5 分 3. 第三次试车不成功，扣 10 分	20		
安全文明操作		违反安全生产规程，扣 5～20 分			
定额时间 （2h）	开始时间 （　　）	每超过 2min，扣 5 分			
	结束时间 （　　）				
合计总分					

◆ 点石成金

1. 电动机正反转控制的实际应用

电动机在日常使用中需要正反转，例如行车、木工用的电刨床、台钻、刻丝机、甩干机、车床等都要用到电动机正反转。一些电动机设备要求在运行过程中延时自动换向，这就需要将时间继电器加入到电动机正反转控制回路中实现该功能；一些电动机设备要求完全停车后才能进行换向，在正反转控制回路中可以加入时间继电器来实现该过程，或者用速度传感器来设计控制回路。

2. 电动机正反转控制电路典型故障

故障现象：在实际应用过程中电动机只能进行正转起动和运行，不能进行反转起动和运行，停止按钮正常。

故障范围：根据故障现象分析得出，故障范围主要集中在反转控制回路或者是 KM2 接触器。

排查故障点（见图 2-13）：

① 按下反转起动按钮 SB3 后，观察并检测 KM2 线圈是否得电，线圈是否吸合，如果不能吸合，接触器 KM2 故障。

② 如果吸合，使用万用表检测接触器 KM2 主触点和辅助触点是否存在故障，并迅速对故障进行维修。

③ 排除故障后，通电试车。

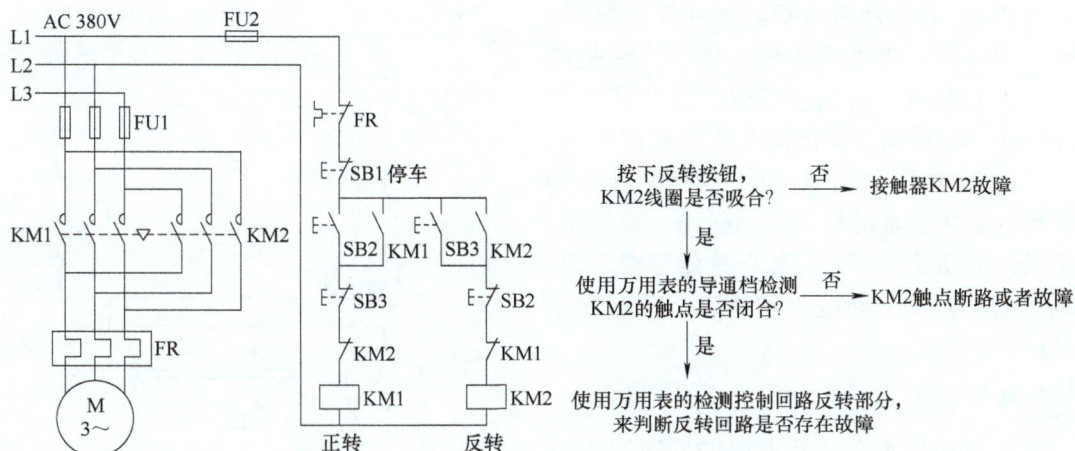

图 2-13　电动机正反转控制电路典型故障

任务 2-2　三相异步电动机反接制动控制电路安装与调试

❖ 抛砖引玉

　　电动机自由停车的时间较长，随惯性大小而有所不同，而生产机械设备要求能够迅速、准确地停车，如卧式车床、镗床的主电动机都需要快速停车；起重机为使重物停位准确及现场安全的要求，也必须采用快速、可靠的制动方式。以 X62W 型万能铣床为例，主轴电动机在加工时，工件比较大，加工时其转动惯量也比较大，停车时，不易立即停止转动。为了提高工作效率，采用反接制动，通过在主电路正转运行结束时，将电路反接制动达到快速降低电动机速度的目的。本次任务主要是掌握三相异步电动机的制动方式和反接制动控制电路的分析。

❖ 有的放矢

　　1. 了解速度继电器的结构、型号、规格及使用方法。
　　2. 掌握异步电动机的制动方式、工作原理及使用场合。
　　3. 掌握反接制动的基本线路、工作原理及应用。

❖ 聚沙成塔

▣ 知识卡 20　异步电动机的制动方式（★☆☆）

常用的异步电动机的制动方式有机械制动和电气制动两种方式。

1. 机械制动

机械制动是指当电动机的定子绕组断电以后，使用机械装置使电动机立即停转，常用的如电磁抱闸、电磁离合器等电磁铁制动器。

图 2-14 是电磁抱闸断电制动控制电路，断开开关电源，电动机失电，同时电磁抱闸线圈 YB 也失电，衔铁在弹簧拉力作用下与铁心分开，并使制动器的闸瓦紧紧抱住闸轮，电动机被制动而停转。这种电磁抱闸断电制动控制电路在起重机械上广泛应用，如行车、卷扬机、电动葫芦等，其优点是能准确定位，可防止电动机突然断电时重物自行坠落而造成事故。

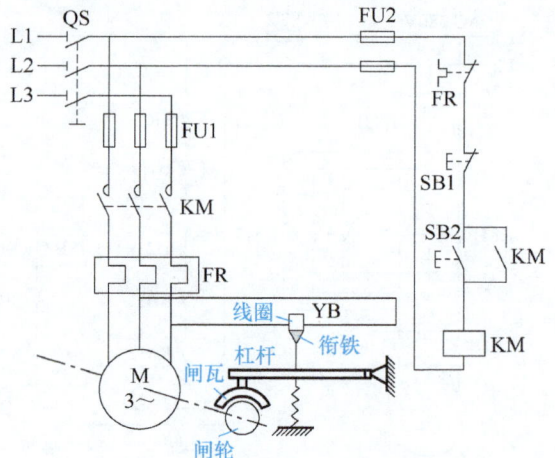

图 2-14　电磁抱闸断电制动控制电路

2. 电气制动

电气制动是指在切断电源的同时给电动机一个和实际转向相反的电磁力矩，使电动机迅速停止的方法。最常用的方法是反接制动和能耗制动。

（1）反接制动的原理　在使电动机停止时，对电动机施加起一个反转作用的制动力，当电动机的转速接近于零时，还应当立即切断反接制动电源，否则电动机会反转。实际控制中采用速度继电器来自动切除制动电源。图 2-15 就是典型的反接制动控制电路。

（2）能耗制动的原理　能耗制动是电动机切断交流电源的同时给定子绕组的任意二相加一直流电源，以产生静止磁场，依靠转子的惯性转动切割该静止磁场而产生制动力矩的方法。能耗制动平稳、准确、能量消耗小，但需附加直流电源装置，设备投资较高，制动力较弱，在低速时制动力矩小。能耗制动主要用于容量较大的电动机制动或制动频繁的场合，如磨床、立式铣床等的控制，不适用于紧急制动停车。

能耗制动原理如图 2-16 所示，先断开电源开关 QS1，切断电动机的交流电源，这时转子仍沿原方向惯性运转；随后立即合上开关 QS2，并将 QS1 向下合闸，电动机 V、W 两相定子绕组通入直流电，使定子中产生一个恒定的静止磁场，这样做惯性运转的转子因切割磁力线而在转子绕组中产生感应电流，其方向可以用右手定则判断出来，上面的感应电流向内，下面的感应电流向外。绕组中一旦产生了感应电流，又立即受到静止磁场的作用，产生电磁转矩，用左手定则判断，可知转矩的方向正好与电动机的转向相反，电动机受制动迅速停转。

能耗制动的电气控制原理图如图 2-17 所示，按下起动按钮 SB2，KM1 线圈通电，KM1 主触点吸合，KM1 自锁触点闭合，KM1 互锁触点断开，电动机起动运行。当按下停止按钮 SB1，KM1 线圈失电，KM1 自锁触点复位，KM1 互锁触点复位。当 KM1 互锁触点复位时，接通 KM2 线圈回路，KM2 主触点闭合，KM2 自锁触点闭合，同时 KT 线圈得电。当 KM2 主触点闭合时，在电动机 V、W 相上形成一段直流电路进行能耗制动。当设置时间到时，KT 延时断开触点动作切断 KM2 线圈回路，KM2 线圈失电，KM2 主触点分断，KM2 自锁触点分断，结束能耗制动控制。

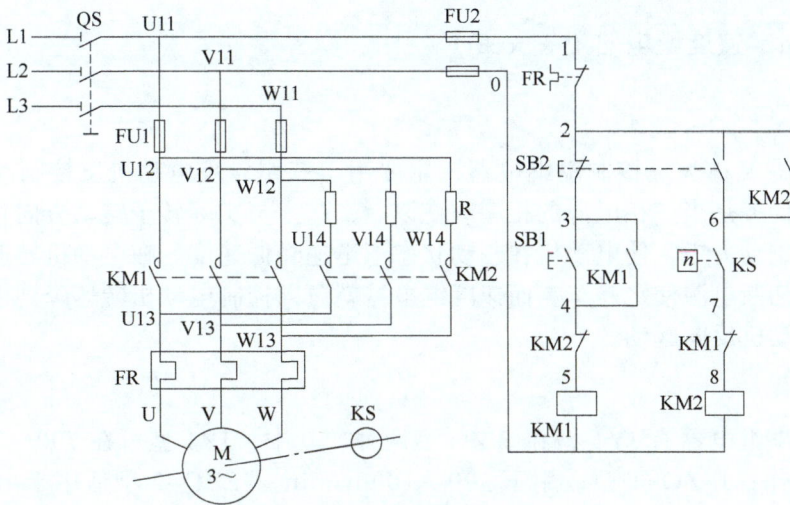

图 2-15　反接制动控制电路

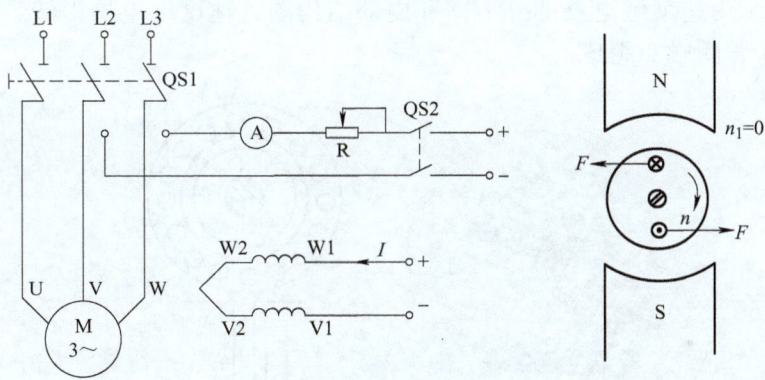

图 2-16　能耗制动原理示意图

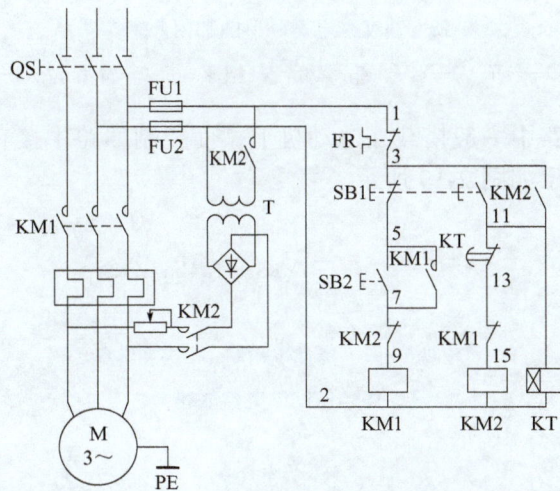

图 2-17　能耗制动的电气控制原理图

知识卡 21 速度继电器（★★★）

1. 功能

速度继电器又称为反接制动继电器，主要用于三相异步电动机反接制动的控制电路中，它的主要任务是当三相电源的相序改变以后，产生与实际转子转动方向相反的旋转磁场，从而产生制动力矩，使电动机在制动状态下迅速降低速度。在电动机转速接近零时立即发出信号，切断电源使之停车。而速度继电器就可以控制电动机转速降到很低时立即切断电流防止电动机反向起动。

2. 结构和符号

常用的速度继电器有 JY1 型和 JFZO 型两种。其中，JY1 型可在 700～3600r/min 范围内可靠地工作；JFZO-1 型适用于 300～1000r/min，JFZO-2 型适用于 1000～3600r/min。一般速度继电器的转轴在 130r/min 左右即能动作，在 100r/min 时触点即能恢复到正常位置。可以通过螺钉的调节来改变速度继电器动作的转速，以适应控制电路的要求。

图 2-18 所示为速度继电器的外形图和内部结构图，速度继电器由转子、定子和两个常开触点、两个常闭触点组成。

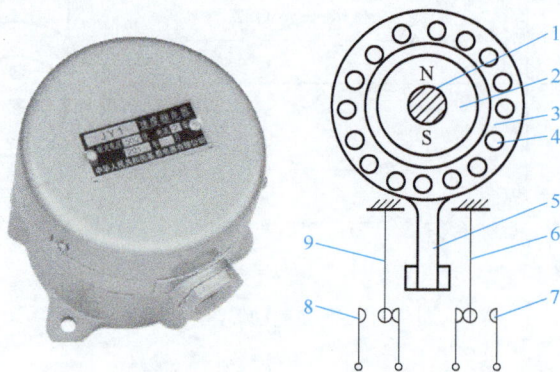

图 2-18 速度继电器外形图和内部结构图

1—转轴 2—转子 3—定子 4—绕组 5—摆锤 6、9—簧片 7、8—静触头

速度继电器在主电路中一般搭载在电动机上，而控制回路中接有速度继电器的常开触点或常闭触点，符号表示如图 2-19 所示。

a) 转子   b) 常开触点   c) 常闭触点

图 2-19 速度继电器的符号

3. 工作原理

速度继电器的工作原理如图 2-20 所示，当电动机正转运行，且速度达到 120r/min 以

上时，速度继电器摆锤在电动机正转运行作用下向左偏转，触碰左侧 KS-1 簧片动作，左侧 KS-1 的常开触点闭合，常闭触点断开，KS-2 不动作；当电动机反转运行，且速度达到 120r/min 以上时，速度继电器摆锤在电动机反转作用下向右偏转，触碰右侧 KS-2 簧片动作，右侧 KS-2 的常开触点闭合，常闭触点断开，KS-1 不动作。

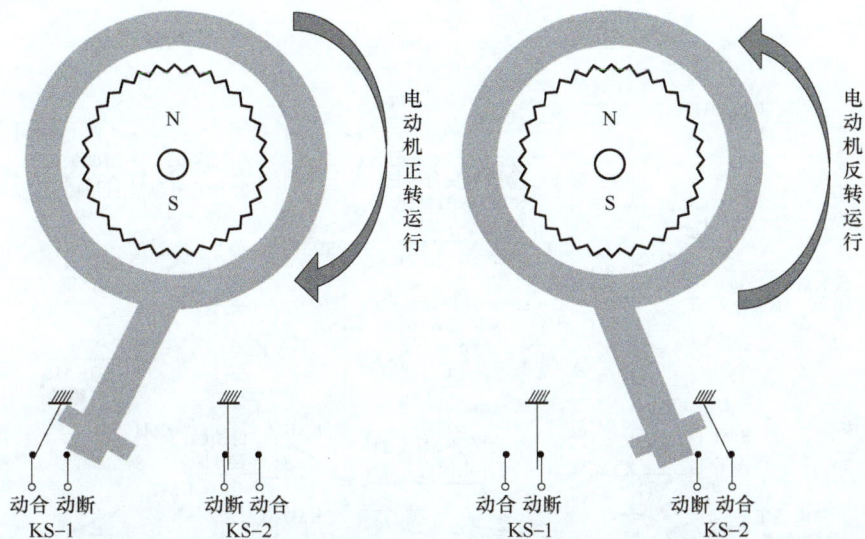

图 2-20　速度继电器的工作原理示意图

4. 应用

速度继电器常用在异步电动机反接制动控制电路环节中。

整个运行过程分成单向起动和反接制动两个部分，单向起动原理示意图如图 2-21 所示，反接制动原理示意图如图 2-22 和图 2-23 所示。

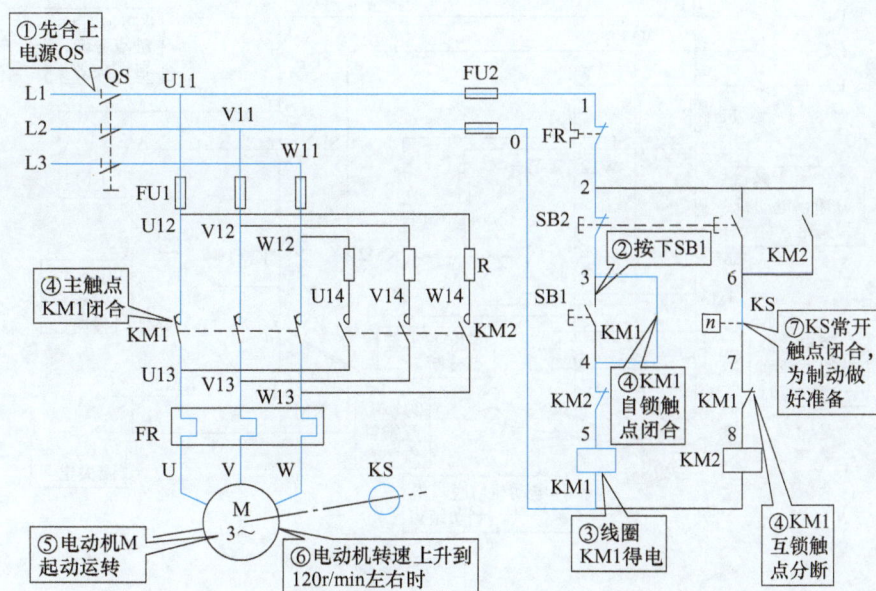

图 2-21　单向起动原理图

当电动机正常运转需制动时，将三相电源相序切换，然后在电动机转速接近零时将电源及时切掉。控制电路是采用速度继电器来判断电动机的零速点并及时切断三相电源的。速度继电器 KS 的转子与电动机的轴相连，当电动机正常运转时，速度继电器的常开触点闭合，当电动机停车转速接近零时，KS 的常开触点断开，切断接触器的线圈电路。

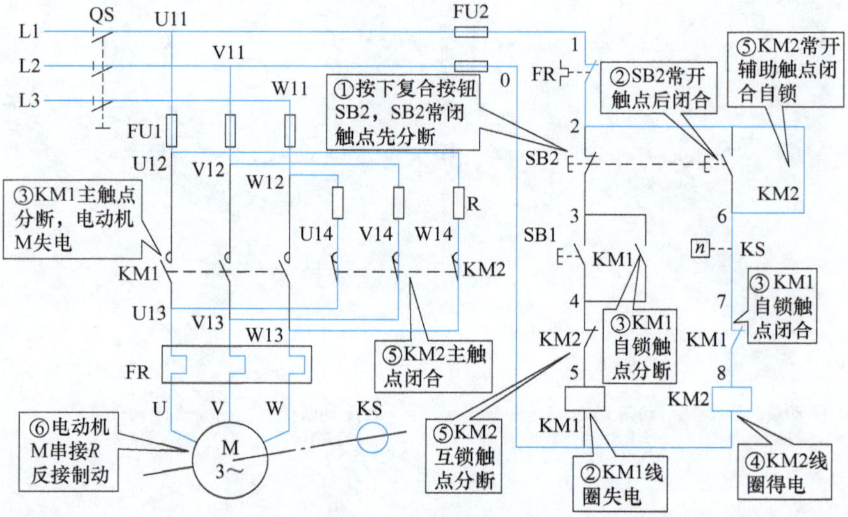

图 2-22　反接制动原理图 1

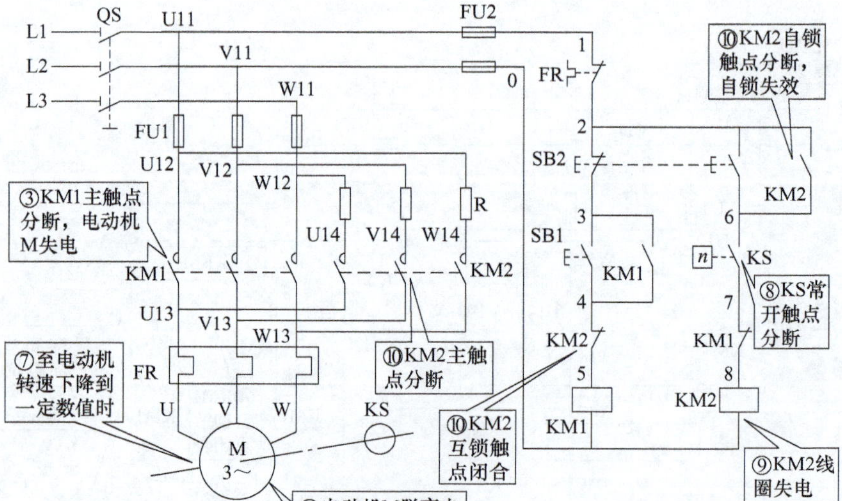

图 2-23　反接制动原理图 2

技能卡 6　速度继电器的安装与检修（★ ☆ ☆）

1. 安装

速度继电器的转轴应与电动机同轴连接，使两轴的中心线重合。速度继电器的轴可用联轴器与电动机的轴连接，如图 2-24 所示。

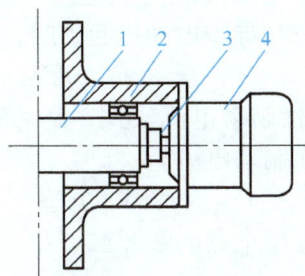

图 2-24　速度继电器与电动机连轴

1—电动机轴　2—电动机轴承　3——联轴器　4—速度继电器

安装注意事项：

1）速度继电器安装接线时，应注意正反向触点不能接错，否则，不能实现反接制动控制。

2）速度继电器的金属外壳应可靠接地。

3）安装完毕后，应当通电试车，若制动不正常，可检查速度继电器是否符合规定要求。若需调节速度继电器的调整螺钉时，必须切断电源，以防止出现相对地短路而引起事故。

2. 检修

速度继电器故障检修是根据实际的现象分析故障的原因，常见的故障见表 2-3。

表 2-3　速度继电器常见故障

故障现象	可能的原因
反接制动时速度继电器失效，电动机不制动	1. 触点接触不良 2. 弹性动触片断裂或失去弹性 3. 笼型绕组开路 4. 胶木摆杆断裂
电动机不能正常制动	速度继电器的弹性动触片调整不当
制动效果不显著	1. 速度继电器的整定转速过高 2. 速度继电器永磁转子磁性减退 3. 限流电阻 R 阻值太大
制动时电动机振动过大	由于制动太强，限流电阻 R 阻值太小，造成制动时电动机振动过大
制动后电动机反转	由于制动太强，速度继电器的整定速度太低，电动机反转

❖ 小试牛刀

1.电气制动常用的方法有_____制动、_____制动、_____制动和电容制动等。

2.速度继电器主要用于笼型异步电动机_____控制电路中，当电动机的转速下降到接近_____时能自动及时切断电源。

3.反接制动时，主回路中实际上是改变电动机电源的_____，当电动机转速接近零时，必须立即切断电源，否则，电动机会_____。

4.对于_____以上容量的三相异步电动机起动时，都采取减压起动方式。

A.1kW   B.5kW   C.10kW

5.进行反接制动时，由于反接制动电流较大，制动时必须在电动机每相定子绕组中串接一定的_____，以限制反接制动电流。

A.电阻   B.电容   C.电感

6.反接制动控制电路中，速度继电器的常开触点在_____下动作。

A.13r/min   B.130r/min   C.1300r/min

7.能耗制动通常用于大容量的电动机，要求制动平稳和制动频繁的场合。   (   )

8.电动机不能正常制动的原因是速度继电器的弹性动触片调整位置不对引起的。

(   )

❖ 大显身手

根据任务工单 5（见表 2-4）完成三相异步电动机反接制动控制电路的安装与调试。

表 2-4　任务工单 5

任务名称	三相异步电动机反接制动控制电路安装与调试
任务描述	一车间有台机床的主轴电动机反接制动电路是由时间继电器控制的，为了更加准确地实现制动控制，要求将其改为由速度继电器控制的反接制动控制电路。请分析改变连接的可行性，并做出具体的修改
任务要求	1.熟悉常用低压电器的结构、选用及安装知识 2.熟悉三相笼型异步电动机反接制动控制电路的工作原理及元器件组成 3.熟练使用常用电器检测仪器、工具 4.会检测判断低压电器及三相异步电动机是否能正常工作 5.能根据给定的任务进行资料搜集、知识与经验准备 6.能正确进行外部接线及线路检查和调试 7.认真仔细、重视用电安全
工具、仪表和器材	1.工具：螺钉旋具、试电笔、剥线钳、斜口钳、尖嘴钳、电工刀等 2.仪表：数字万用表或模拟万用表 3.器材：组合开关一个，熔断器两组，交流接触器两个，热继电器一个，速度继电器一个，电阻箱一个，按钮两个，接线端子排一个，三相笼型异步电动机一台，控制板一块和导线若干

1.绘制安装接线图

三相异步电动机反接制动控制电路原理图见图 2-15，电气安装接线可参考图 2-25。

2. 检查与固定电气元件

1）用万用表检查各元器件触点的通断情况是否良好。

2）检查熔断器的熔体是否完好。

3）检查按钮中的螺钉是否完好，螺纹是否失效。

4）检查接触器线圈的额定电压与电源电压是否相符。

5）注意检查速度继电器与传动装置的紧固情况，用手转动电动机轴检查传动机构有无卡阻等不正常情况。

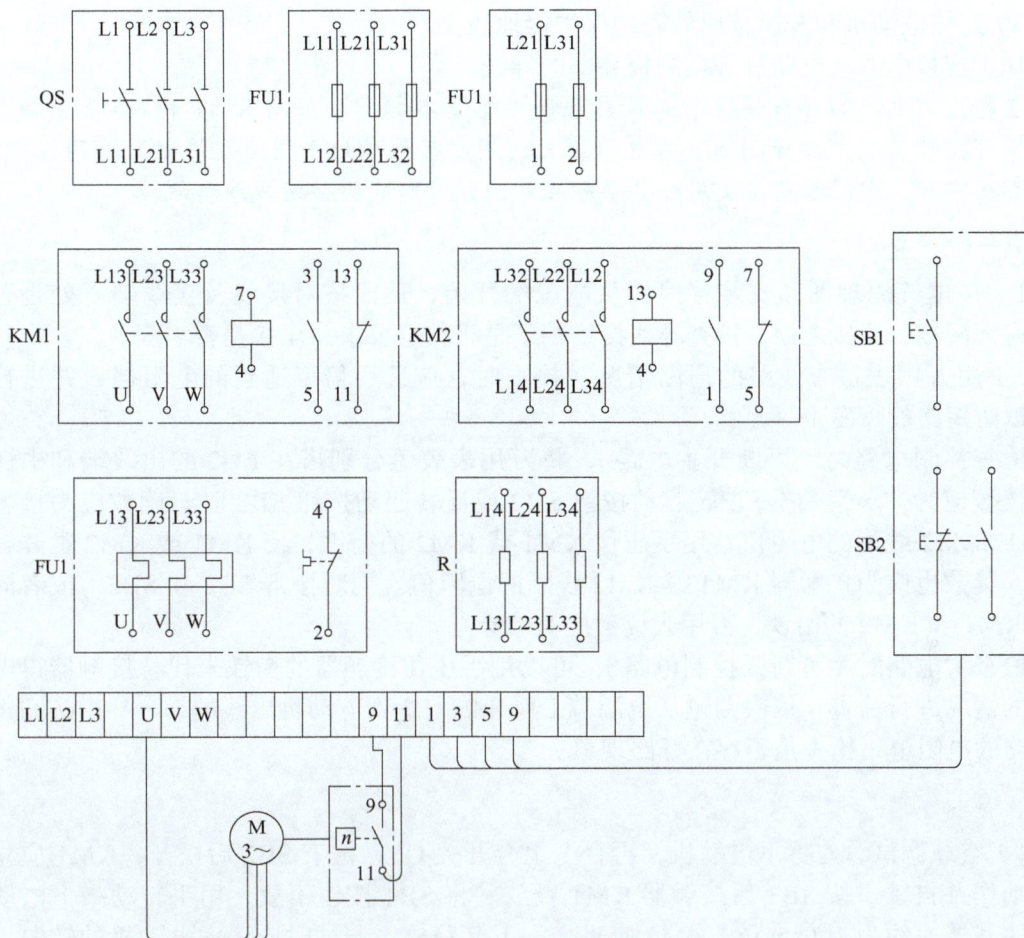

图 2-25　三相异步电动机反接制动控制电路安装接线图

3. 布线

按接线图的走线方法进行板前明线布线和套编码套管。板前明线布线的工艺要求如下：

1）布线通道尽可能少，同路并行导线按主、控制电路分类集中，单层密排，紧贴安装面布线。

2）同一平面的导线应高低一致和前后一致，不能交叉。非交叉不可时，应水平架空跨越，但必须走线合理。

3）布线应横平竖直，分布均匀，变换走向时应垂直。

4）布线时严禁损伤线芯和导线绝缘。

5）在每根剥去绝缘层导线的两端套上编码套管，从一个接线端子（或接线桩）到另一个接线端子的导线连接，必须确保中间无接头。

6）导线与接线端子或接线桩连接时，不得压绝缘层，也不得漏铜过长。

7）一个电气元件接线端子上的连接导线不得多于两根。

8）根据电气接线图检查控制板布线是否正确。

9）连接电动机和按钮金属外壳的保护接地线。

10）连接电源、电动机等控制板外部的导线。

注意：主电路的接线情况与正反转控制电路基本相同。注意 KM1 和 KM2 主触点的相序不可接错。接线端子排 XT 与电阻箱之间用护套线。JY1 型速度继电器有两组触点，每组都有常开、常闭触点，使用公共动触点，应注意防止错接造成线路故障。

4. 线路检查

1）按电气原理图和安装接线图从电源端开始，逐段核对接线及接线端子处是否正确，有无漏接、错接之处，检查导线接线端子是否符合要求，压接是否牢固。

2）用万用表检查线路的通断情况。检查时，应选用倍率适当的电阻档，并进行校零，以防短路故障发生。

检查控制电路时（可断开主电路），将万用表表笔分别搭在 FU2 的出线端和中性线上，读数应为"∞"。按下正转起动按钮 SB2 或反转起动按钮 SB3 时，读数应为接触器 KM1 或 KM2 线圈的电阻值；用手压住 KM1 或 KM2 的衔铁，使 KM1 或 KM2 常开触点闭合，读数也应为接触器 KM1 或 KM2 线圈的电阻值。同时按下 SB2 和 SB3，或者同时压住 KM1 和 KM2 的衔铁，万用表读数应为"∞"。

检查主电路时（可断开控制电路），可以用手压住接触器的衔铁来代替接触器得电吸合时的情况进行检查。依次测量从电源端 L1、L2、L3 到电动机出线端 U、V、W 间每一相线路的电阻值，检查是否存在开路现象。

5. 通电试车

1）空载调试。先拆下电动机，再合上组合开关 QS，按下 SB2 后松开，KM1 应立即得电动作并自锁。按 SB1 后接触器 KM1 释放。将 SB1 按住不放，用手转动一下电动机轴，使其转速约为 100r/min，KM2 应吸合一下又释放。调试时应注意电动机的转向，若转向不对则制动电路不能工作。

2）带负载调试。若空载调试无误后，切断电源，接好电动机，进行带负载试车。合上 QS，按下 SB1，电动机应得电起动，轻按 SB2，KM1 释放，电动机断电减速而停转。在转速下降过程中注意观察 KS 触点的动作。再次起动电动机将 SB1 按到底，电动机应制动，在 1～2s 内停转

在试车过程中，如出现接触器振动、发出噪声以及电动机嗡嗡响不能起动等现象，应立即停车断电检查，排除故障后再重新试车。

三相异步电动机反接制动控制电路考核要求及评分标准见表 2-5。

表 2-5　三相异步电动机反接制动控制电路考核要求及评分标准

测评内容	配分	评分标准	操作时间 /min	扣分	得分
绘制电气安装接线图	10 分	绘制不正确，每处扣 2 分	20		
安装元器件	20 分	1. 不按图安装，扣 5 分 2. 元器件安装不牢固，每处扣 2 分 3. 元器件安装不整齐、不合理，每处扣 2 分 4. 损坏元器件，扣 10 分	20		
布线	50 分	1. 导线截面选择不正确，扣 5 分 2. 不按图接线，扣 10 分 3. 布线不符合要求，每处扣 2 分 4. 接点松动，露铜过长，螺钉压绝缘层等，每处扣 2 分 5. 损坏导线绝缘或线芯，每处扣 2 分 6. 漏接接地线，扣 5 分	60		
通电试车	20 分	1. 第一次试车不成功，扣 5 分 2. 第二次试车不成功，扣 5 分 3. 第三次试车不成功，扣 10 分	20		
安全文明操作		违反安全生产规程，扣 5~20 分			
定额时间（2h）	开始时间（　　）	每超过 2min，扣 5 分			
	结束时间（　　）				
合计总分					

◆ 点石成金

三相异步电动机反接制动控制电路典型故障如下：

1）故障 1：按下停止按钮 SB2 后，KM1 线圈断电，但电动机没有制动。

故障范围：根据故障现象分析得出，KM1 线圈断电，说明正转控制回路没有问题，故障出现在反接制动控制回路中，但是需要逐个排查，如图 2-26 所示。

排查故障点：

① 首先观察制动开始时，接触器 KM2 线圈是否有吸合，来判断 KM2 线圈是否损坏。

② 然后检测按钮 SB2 常开触点是否接触不良，使用万用表的导通档检测按下 SB2 后常开触点通断情况，来判断按钮是否接触不良。

③ 在通电试车情况下，检测接触器 KM1 常闭触点和接触器 KM2 常开触点，是否存在接触不良，同样使用万用表的导通档。

④ 检测速度继电器 KS 常开触点接触不良问题。

⑤ 最后没有排查出故障点，则检查速度继电器与电动机连接是否良好。

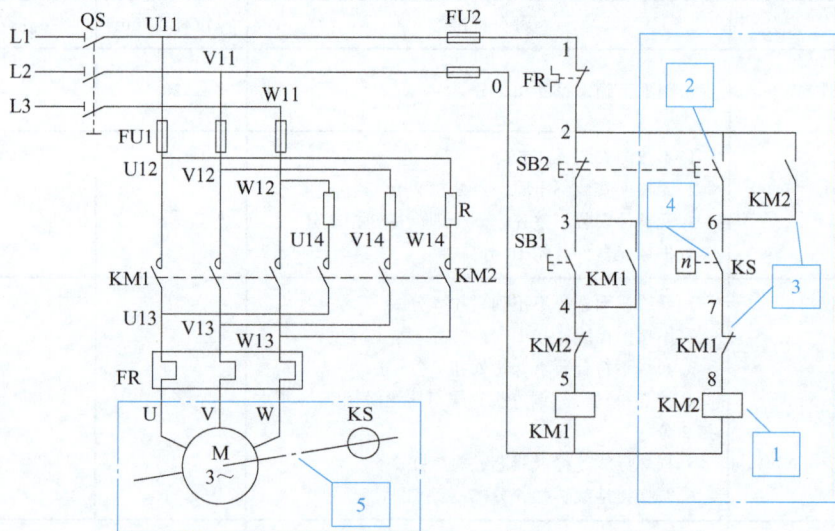

图 2-26　反接制动控制电路故障范围

2）故障 2：使用的两台带反接制动的电动机，在进行制动时，第一台电动机的制动效果不显著，第二台电动机制动后反转。

故障范围：根据表 2-3 速度继电器的常见故障，推测第一台电动机可能故障原因是速度继电器整定速度过高、永磁转子磁性减退或者是限流电阻值太大；第二台电动机可能故障的原因是制动太强，速度继电器整定速度太低，电动机反转。

下面进行故障点排查。

对于第一台电动机：

① 首先调松速度继电器的整定弹簧，观察制动效果是否有明显改善。

② 如若制动效果改善不明显，则减小限流电阻 R 阻值，调整后再观察其变化，若制动效果仍然不明显，则更换速度继电器。

对于第二台电动机：

① 调紧调节螺钉，用来调高整定速度。

② 更换胶木摆杆旁的簧片，簧片的作用是使速度继电器的触点动作，簧片弹力不够，制动后速度继电器触点不能动作，因此更换簧片。

任务 2-3　X62W 型铣床控制电路分析与检修

❖ 抛砖引玉

铣床是一种用途广泛的机床，在铣床上可以加工平面（水平面、垂直面）、沟槽（键槽、T 形槽、燕尾槽等）、分齿零件（齿轮、花键轴、链轮）、螺旋形表面（螺纹、螺旋槽）及各种曲面。此外，铣床还可用于对回转体表面、内孔加工及进行切断工作等。铣床在工作时，工件装在工作台上或分度头等附件上，铣刀旋转为主运动，辅以工作台或铣头的进给运动，工件即可获得所需的加工表面。由于是多刃断续切削，因而铣床的生产率较高。简单来说，铣床是可以对工件进行铣削、钻削和镗孔加工的机床。按布局形式和适用范围可以分为：

1）升降台铣床：有万能式、卧式和立式等，主要用于加工中小型零件，应用最广。

2）龙门铣床：包括龙门镗铣床、龙门铣刨床和双柱铣床，均用于加工大型零件。

3）单柱铣床和悬臂铣床：前者的水平铣头可沿立柱导轨移动，工作台做纵向进给；后者的立铣头可沿悬臂导轨水平移动，悬臂也可沿立柱导轨调整高度。两者均用于加工大型零件。

4）工作台不升降铣床：有矩形工作台式和圆形工作台式两种，是介于升降台铣床和龙门铣床之间的一种中等规格的铣床。其垂直方向的运动由铣头在立柱上升降来完成。

5）仪表铣床：一种小型的升降台铣床，用于加工仪器仪表和其他小型零件。

6）工具铣床：用于模具和工具制造，配有立铣头、万能角度工作台和插头等多种附件，还可进行钻削、镗削和插削等加工。

7）其他铣床：如键槽铣床、凸轮铣床、曲轴铣床、轧辊轴颈铣床和方钢锭铣床等，是为加工相应的工件而制造的专用铣床。

X62W 型铣床属于升降台铣床，应用十分广泛，本次任务是掌握该铣床控制电路的原理、分析及检修。

❖ 有的放矢

1. 了解行程开关的结构、型号、规格及使用方法。
2. 掌握电动机点动及长动控制电路的工作原理。
3. 掌握 X62W 型铣床主回路的工作原理和故障分析。
4. 掌握冷却泵和快速移动电动机控制电路的工作原理和故障分析及故障排除。

❖ 聚沙成塔

知识卡 22　行程开关（★☆☆）

行程开关又称限位开关，是一种利用生产机械某些运动部件的碰撞使其触点动作来实现接通或分断控制电路，达到一定的控制目的。通常，这类开关被用来限制机械运动的位置或行程，使运动机械按一定位置或行程自动停止、反向运动、变速运动或自动往返运动等，因此它是一种自动控制电器。

1. 结构和符号

机床中常用的行程开关有 LX19 和 JLXK1 等系列，各系列行程开关的基本结构大体相同，都是由操作机构、触点系统和外壳组成。当运动部件的挡铁碰压行程开关的滚轮时，上转臂连同转轴一起转动，使弹簧和套架推动小滑轮向右滑动；当小滑轮向右滑动中达到一定位置时，触点推杆随之与触点碰撞，使其常开触点闭合。整个运行过程如图 2-27 所示。

JLXK1 系列行程开关的外形结构如图 2-28 所示。

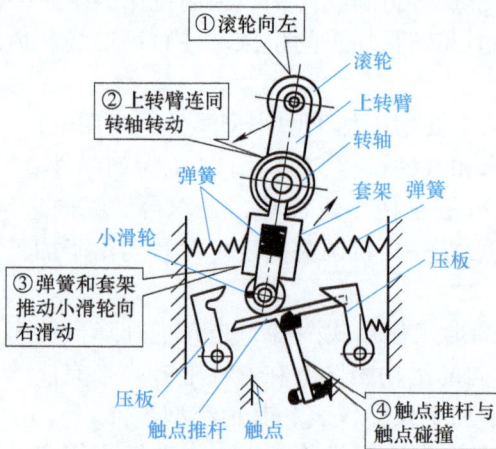

图 2-27　行程开关结构和动作原理

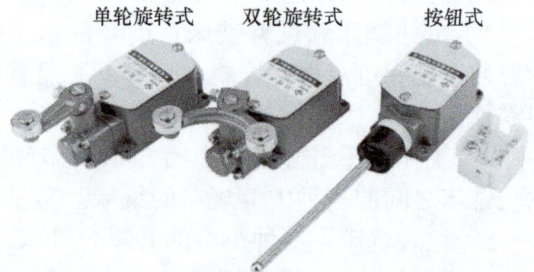

图 2-28　JLXK1 系列行程开关

行程开关的符号如图 2-29 所示。

图 2-29　行程开关的符号

2. 型号及含义

LX19 系列行程开关适用于交流 50Hz、额定电压 380V 或直流电压 220V 的控制电路，控制运动机构的行程和变换其运动方向或速度。

JLXK1 系列行程开关具有瞬时换接动作机构，适用于交流 50Hz、额定电压 380V 或直流电压 220V 的电路中，用于机床自动控制、限制运动机构动作或程序控制。

常用的 LX19 系列和 JLXK1 系列行程开关的型号及含义，如图 2-30 所示。

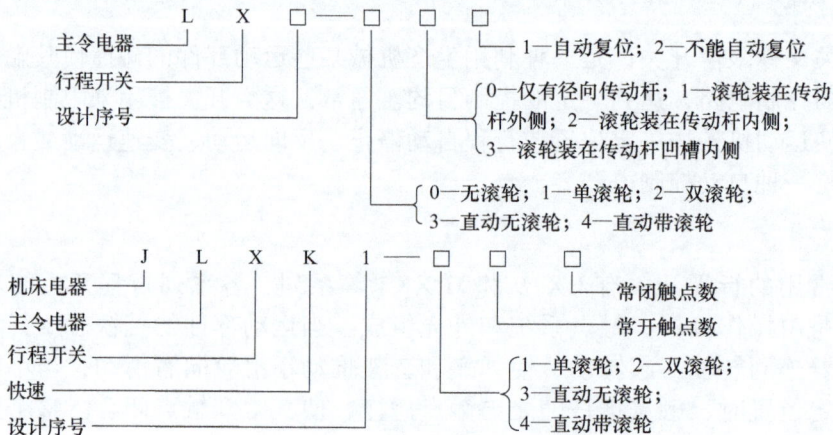

图 2-30　行程开关的型号及含义

3. 安装与调试

1）安装行程开关时，其位置要准确，安装要牢固；滚轮的方向不能装反，挡铁与其碰撞的位置应符合控制电路的要求，并确保能可靠地与挡铁碰撞。

2）在使用行程开关时，要定期检查和保养，除去油垢及粉尘，清理触点，并检查其动作是否灵活、可靠，及时排除故障，防止因行程开关触点接触不良或接线松脱产生误动作，从而导致设备和人身安全事故。

3）常见的行程开关故障见表 2-6。

表 2-6　行程开关故障对照表

故障现象	可能的原因	处理方法
挡铁碰撞行程开关后，触点不动作	（1）安装位置不准确 （2）触点接触不良或接线松脱 （3）触点弹簧失效	（1）调整安装位置 （2）清理刷触点或紧固接线 （3）更换弹簧
杠杆已经偏转，或无外界机械力作用，但触点不复位	（1）复位弹簧失效 （2）调节螺钉太长，顶住开关按钮 （3）内部撞块卡阻	（1）更换弹簧 （2）检查调节螺钉 （3）清理内部杂物

4. 应用

工厂车间行车常采用的位置控制电路图如图 2-31 所示，该电路采用了行程开关来使行车停车或变换。右下角是行车过程示意图，行车向前运行的终点是行程开关 SQ1，向后运行的终点是行程开关 SQ2。当安装在行车前后的挡铁 1 或者挡铁 2 撞击行程开关的滚轮时，行程开关的常闭触点分断，切断控制电路，行车自动停止。

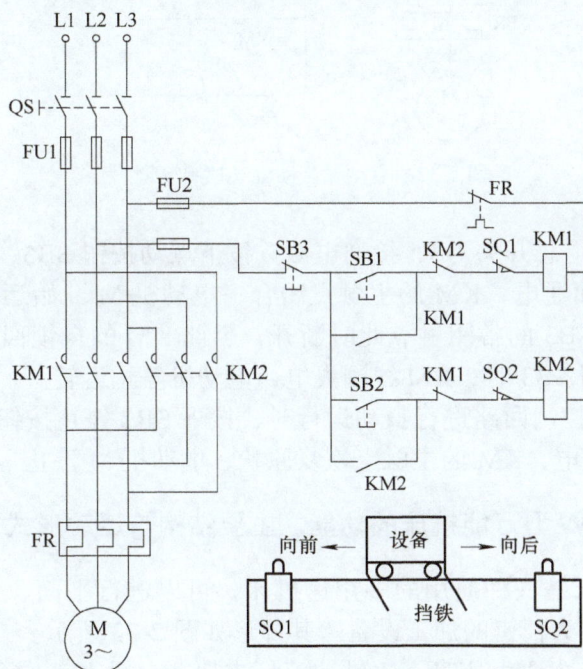

图 2-31　位置控制电路图

想一想：根据前面所学习的电动机正反转电路来分析主电路和控制电路的运行过程（KM1 线圈控制行车正转，KM2 线圈控制行车反转），如果要设计行车碰撞到 SQ1 和 SQ2 行程开关后，不停车，而是立刻反转行车，整个电路要如何调整和修改才能实现？

知识卡 23　三相异步电动机点动及长动控制电路分析（★☆☆）

在前面的内容中我们已经了解什么是点动控制电路，什么是长动控制电路，在实际应用过程中，还会经常使用到点动及长动控制电路来控制电气设备的短时控制或者是长时控制。图 2-32 就是一个点动及长动电气控制原理图。图中，SB1 为长动按钮，SB3 为点动按钮，SB2 为停止按钮。

工作原理分析如下：

1）长动运行。先合上总开关 QS，接通电源。按下长动按钮 SB1，KM 接触器线圈得电、KM 的常开触点闭合，由于 SB3 按钮的常闭触点未动作，KM 自锁，因此 KM 线圈一直得电，KM 的主触点闭合，电动机 M 长动运行。

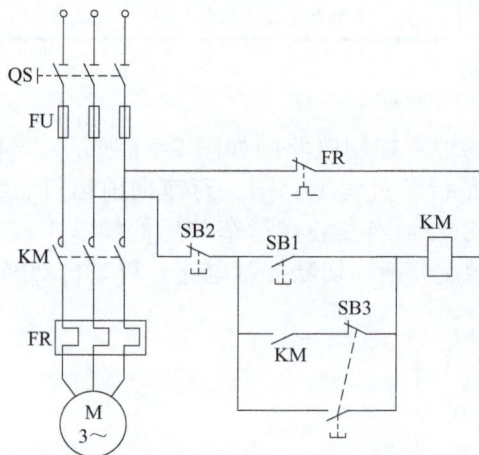

图 2-32　点动及长动电气控制原理图

2）点动运行。合上总开关 QS，接通电源。按下点动按钮 SB3，KM 接触器线圈通过 SB3 的常开触点闭合而通电，KM 的主触点闭合，电动机 M 开始运转，同时辅助常开触点也闭合，但是由于 SB3 的常闭触点此时断开，因此 KM 的自锁回路不能保持持续得电状态，当松开点动按钮 SB3 时，KM 线圈失电，电动机停止运转。

3）停止运行。在控制回路进行长动运行时，按下 SB2 停止按钮，KM 的自锁回路断开，KM 线圈因此而失电，KM 的主触点恢复原状，电动机 M 停止运转。

知识卡 24　X62W 型万能铣床的功能、主要结构与运动形式（★☆☆）

X62W 型万能铣床是一种通用的多用途机床，可以进行平面、斜面、螺旋面及成形表面的加工，是一种较为精密的加工设备。其外形如图 2-33 所示。

X62W 型万能铣床主要由床身、主轴、刀杆支架、悬梁、工作台、回转盘、横溜板、升降台和底座等部分组成。箱形的床身固定在底座上，床身内装有主轴的传动机构和变速操纵机构。在床身的顶部有水平导轨，上面装着带有一个或两个刀杆支架的悬梁。其结构图如图 2-34 所示。

图 2-33　X62W 型万能铣床外形图

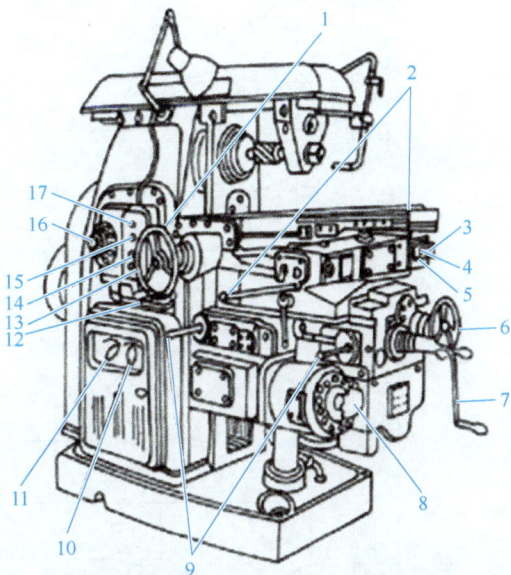

图 2-34　X62W 型万能铣床整体结构图

1、2—纵向工作台进给手动手轮和操纵手柄
3、15—主轴停止按钮　4、17—主轴起动按钮
5、14—工作台快速移动按钮　6—工作台横向进给手动手轮
7—工作台升降进给手动摇把　8—自动进给变速手柄
9—工作台升降、横向进给手柄　10—油泵开关
11—电源开关　12—主轴瞬时冲动手柄　13—照明开关
16—主轴调速转盘

　　X62W 型万能铣床共有三种运动：主运动，即主轴带动刀杆和铣刀的旋转运动。进给运动，即加工中心工作台带动工件纵向、横向和垂直方向共三个方向的移动及圆形工作台的旋转运动。辅助运动，即工作台带动工件在纵向、横向和垂直三个方向的快速移动。

　　根据加工工艺的要求，铣床应具有以下电气控制要求：

　　1）为防止刀具和铣床的损坏，要求只有主轴旋转后才允许有进给运动和进给方向的快速移动。

　　2）为了减小加工工件表面的粗糙度，只有进给停止后主轴才能停止或同时停止。

　　3）6 个方向的进给运动中，同时只能有一种运动产生。

　　4）主轴运动和进给运动采用变速盘来进行速度选择，为保证变速齿轮进入良好啮合状态，两种运动都要求变速后做瞬时点动。

　　5）当主轴电动机或冷却泵电动机过载时，进给运动必须立即停止，以免损坏刀具和铣床。

　　6）要求有冷却系统、照明设备及各种保护措施。

　　X62W 型万能铣床电气控制电路如图 2-35 所示。

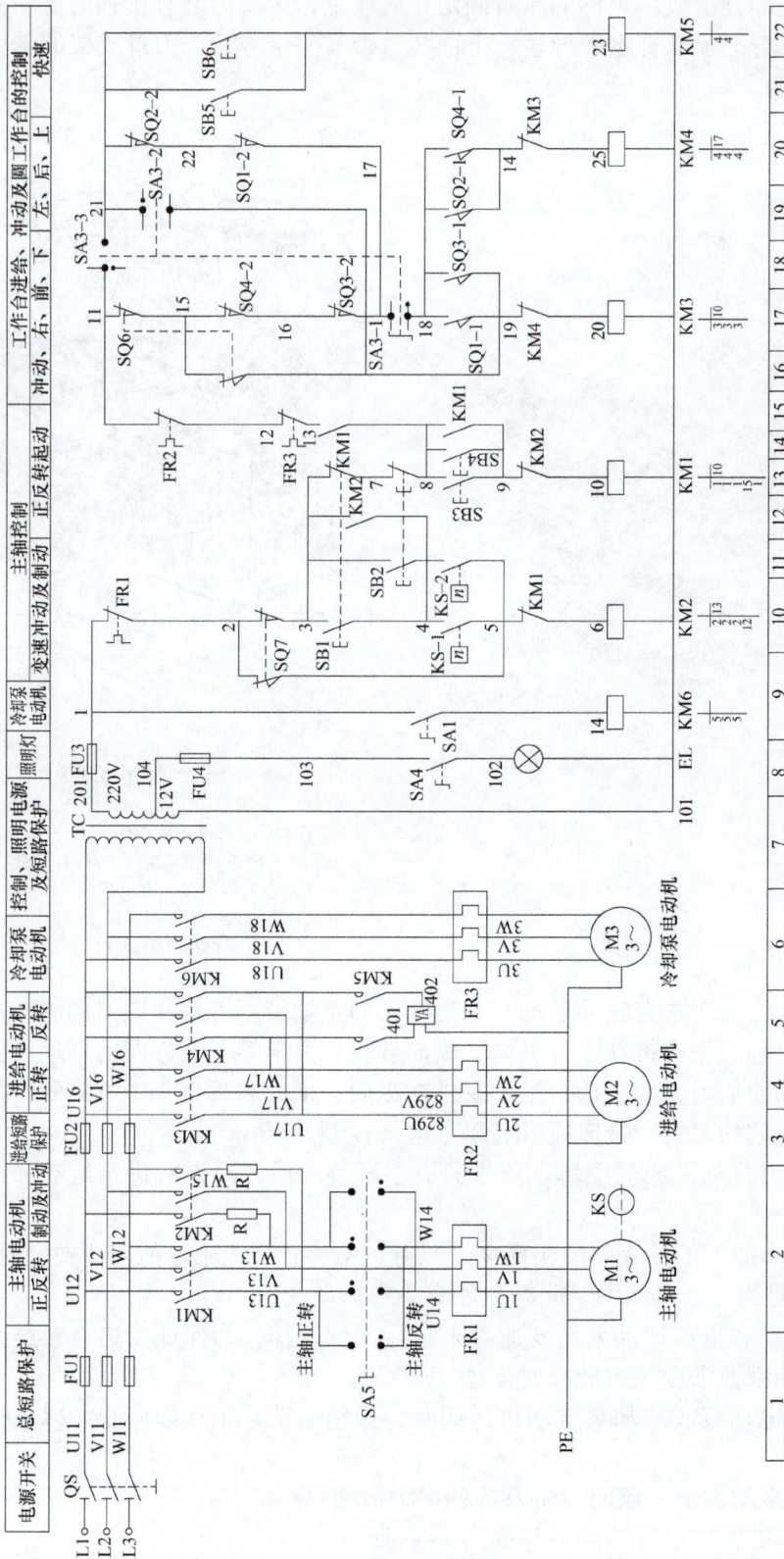

图 2-35　X62W 型万能铣床电气控制电路图

1. 主电路图区划分

X62W 型万能铣床主电路共有 3 台电动机：M1 为主轴电动机，M2 为进给电动机，M3 为冷却泵电动机。X62W 型万能铣床主电路由图 2-35 中 1～6 区组成，其中 1 区和 3 区为电源开关及保护部分，2 区为主轴电动机 M1 主电路，4 区、5 区为进给电动机 M2 主电路，6 区为冷却泵电动机 M3 主电路。

2. 主电路识图

1）电源开关及保护部分。电源开关及保护部分由图 2-35 中刀开关 QS，熔断器 FU1、FU2 组成。实际应用时，刀开关 QS 为机床电源开关，熔断器 FU1 用于机床主电路总的短路保护，熔断器 FU2 用于进给电动机 M2、冷却泵电动机 M3 和机床控制电路短路保护。

2）主轴电动机 M1 主电路。由图 2-35 中 2 区主电路可知，主轴电动机 M1 通过转换开关 SA5 与接触器 KM1 配合，能进行正反转控制，而与接触器 KM2、制动电阻 R 级速度器配合，能实现串电阻瞬时冲动和正反转反接制动控制，并能通过机械进行变速。转换开关有顺铣、停、逆铣三个转换位置，分别控制 M1 主轴电动机正转、停、反转。热继电器 FR1 实现对 M1 主轴电动机的过载保护。

3）进给电动机 M2 主电路。由图 2-35 中 4 区、5 区主电路可知，进给电动机 M2 能进行正反转控制，通过接触器 KM3、KM4 与行程开关及 KM5 牵引磁铁 YA 配合，能实现进给变速时的瞬时冲动、六个方向的常速进给和快速进给控制。热继电器 FR2 实现对 M2 进给电动机的过载保护。

4）冷却泵电动机 M3 主电路。由图 2-35 中 6 区主电路可知，工作台电动机快速移动电动机 M3 主电路属于单向运转主电路结构。实际应用时，接触器 KM6 主触点控制冷却泵电动机 M3 工作电源通断，热继电器 FR3 热元件为冷却泵电动机 M3 过载保护元件。热继电器 FR3 实现对 M3 冷却泵电动机的过载保护。

X62W 型万能铣床控制电路由图 2-35 中 9～22 区组成，机床的主轴电动机 M1 控制电路、进给电动机 M2 控制电路、冷却泵电动机 M3 控制电路与照明电路由控制变压器 TC 二次侧输出 220V 电源电压供电，信号灯电路由控制变压器 TC 二次侧输出 12V 电压作为信号灯电源。熔断器 FU3 实现主轴电动机、进给电动机、冷却泵电动机、照明电路的短路保护。熔断器 FU4 实现信号灯电路的短路保护。

1. 主轴电动机 M1 控制电路

1）主轴电动机 M1 控制电路图区划分。由图 2-35 中 2 区主电路可知，主轴电动机 M1 工作状态由接触器 KM1 主触点进行控制，可以确定图 2-35 中 10～15 区接触器 KM1、KM2 线圈回路电气元件构成主轴电动机 M1 控制电路。

2）主轴电动机 M1 控制电路识图。在 10～15 区主轴电动机 M1 控制电路中，按钮

SB1、SB2 为机床停止按钮，按钮 SB3、SB4 为主轴电动机 M1 起动按钮，分别装在机床两边实现两地控制，方便操作。KM1 是主轴电动机起动接触器，KM2 是反接制动和主轴变速冲动接触器。SQ7 是与主轴变速手柄联动的瞬时动作行程开关。KS 是速度继电器。

① 主轴电动机的起动。起动主轴电动机前，先合上电源开关 QS，再把主轴转换开关 SA5 扳到所需要旋转的方向，然后按起动按钮 SB3（或 SB4），接触器 KM1 得电动作，其主触点闭合，主轴电动机 M1 起动。

② 主轴电动机的停车制动。当铣削完毕，需要主轴电动机 M1 停车，电动机 M1 运转速度在 120r/min 以上时，速度继电器 KS 常开触点闭合（10 区或 11 区），为停车制动做好准备。当要 M1 停车时，按下停止按钮 SB1（或 SB2），KM1 断电释放，由于 KM1 主触点断开，电动机 M1 断电做惯性运转，紧接着接触器 KM2 线圈通电吸合，串电阻 R 反接制动。当转速下降至 100r/min 以下时，速度继电器 KS 常开触点断开，接触器 KM2 断电释放，停车反接制动结束。

③ 主轴的冲动控制。冲动控制是利用变速手柄与冲动行程开关 SQ7 通过机械联动机构进行控制的。变速时先下压变速手柄，然后拉到前面，当快要落到第二道槽时，转动变速盘选择需要的转速。此时凸轮压下弹簧杆，使冲动行程开关 SQ7 常闭触点先断开，切断 KM1 线圈的回路，电动机 M1 断电。同时，SQ7 常开触点后接通，KM2 线圈得电动作，M1 被反接制动。当手柄拉到第二道槽时，SQ7 不受凸轮控制而复位，M1 停转。接着把手柄从第二道槽推回原始位置时，突然又瞬时压动行程开关 SQ7，使 M1 反向瞬时冲动一下，以利于变速后的齿轮啮合。

但要注意，不论是开车还是停车时，都应以较快的速度把手柄推回原始位置，以免通电时间过长，引起 M1 转速过高而打坏齿轮。

2. 工作台进给电动机 M2 控制电路

1）工作台进给电动机 M2 控制电路图区划分。由图 2-35 中 4 区、5 区主电路可知，工作台进给电动机 M2 工作状态由接触器 KM3、KM4 主触点进行正反转控制，KM5 主触点进行快速移动控制，可以确定图 2-35 中 16～20 区接触器 KM3、KM4、KM5 线圈回路电气元件构成工作台进给电动机 M2 控制电路。

2）工作台进给电动机 M2 控制电路识图。工作台的纵向、横向和垂直运动都由进给电动机 M2 驱动，接触器 KM3 和 KM4 使 M2 实现正反转，用以改变进给运动方向。其控制电路采用了纵向运动机械操作手柄联动的行程开关 SQ1、SQ2 和横向及垂直运动机械操作手柄联动的行程开关 SQ3、SQ4 组成复合联锁控制，即在选择三种运动形式的六个方向移动时，只能进行其中一个方向的移动，以确保操作安全。当这两个机械操作手柄都在中间位置时，各行程开关都处于未压合的原始状态。需要注意的是 M2 电动机在主轴电动机 M1 起动后才能进行工作。

① 圆工作台的运动控制。铣床如需铣削螺旋槽、弧形槽等曲线时，可在工作台上安装圆工作台及其传动机械，圆工作台的回转运动也由进给电动机 M2 驱动。圆工作台工作时应先将进给手柄都扳到中间位置，转换开关 SA3 扳到"接通"位置，此时 SA3-1 断开、SA3-2 闭合、SA3-3 断开。准备就绪后，按下主轴起动按钮 SB3（或 SB4），则接触器 KM1 与 KM3 相继吸合。主轴电动机 M1 与进给电动机 M2 相继起动并运转，进给电

动机仅以正转方向带动圆工作台做定向回转运动。需要注意的是，圆工作台与工作台进给之间有互锁控制，当圆工作台工作时，不允许工作台在纵向、横向、垂直方向有任何运动，若误操作而搬动进给运动操作手柄中的任何一个，M2 立即停止转动。

② 工作台的运动控制。对工作台进行运动控制时需要将控制圆工作台的转换开关 SA3 扳到"断开"位置，此时 SA3-1 闭合、SA3-2 断开、SA3-3 闭合。

工作台的纵向（左右）运动控制：工作台的纵向运动由进给电动机 M2 驱动，由纵向操纵手柄来控制。手柄有三个位置：向左、向右和零位。当操作手柄扳至向左位置，手柄的联动机械在接通纵向离合器的同时压合 SQ1，SQ1-1 接通，SQ1-2 断开（此时其他控制进给运动的行程开关都处于原始位置），使 KM3 吸合，M2 正转，工作台向左进给运动。当操作手柄扳至向右位置，手柄的联动机械在接通纵向离合器的同时压合 SQ2，SQ2-1 接通，SQ2-2 断开（此时其他控制进给运动的行程开关都处于原始位置），使 KM4 吸合，M2 反转，工作台向右进给运动。在工作台上设置有一块挡铁，当工作台纵向运动到极限位置时，挡铁撞到位置开关，工作台停止运动，从而实现了纵向终端保护。

工作台的垂直（上下）和横向（左右）运动控制：工作台的垂直和横向运动由进给电动机 M2 驱动，由垂直和横向操纵手柄来控制。手柄有五个位置：上、下、前、后和中间位置，这五个位置是联锁的。将十字操作手柄扳至向后（或向上）位置，手柄的联动机械在接通横向进给（或垂直进给）离合器的同时压合 SQ3，SQ3-1 接通，SQ3-2 断开，使 KM4 吸合，M2 正转，工作台向后（或向上）运动。将操作手柄扳至向前（或向下）位置，手柄的联动机械在接通横向进给（或垂直进给）离合器的同时压合 SQ4，SQ4-1 接通，SQ4-2 断开，使 KM4 吸合，M2 反转，工作台前（或向下）运动。将操纵十字手柄扳到中间位置，行程开关 SQ3、SQ4 复位，M2 断电停转。工作台的上下、前后终端保护是利用装在床身导轨旁与工作台座上的挡铁实现。

③ 进给电动机变速时的冲动控制。变速时，为使齿轮易于啮合，进给变速与主轴变速一样，设有变速冲动环节。当需要进行进给变速时，应将转速盘的蘑菇形手轮向外拉出并转动转速盘，把所需进给量的标尺数字对准箭头，然后再把蘑菇形手轮用力向外拉到极限位置，并随即推向原位，在操纵手轮的同时，其连杆机构二次瞬时压下行程开关 SQ6，使 KM3 瞬时吸合，M2 做正向瞬时运动。

由于进给变速瞬时冲动的回路要经过 SQ1~SQ4 四个行程开关的常闭触点，因此只有当进给运动的操作手柄都在中间位置时，才能实现进给变速冲动控制，以保证操作时的安全。同时，与主轴变速时的冲动控制一样，电动机的通电时间不能太长，以防止转速过高，在变速时打坏齿轮。

④ 工作台的快速进给控制。为提高劳动生产率，要求铣床在不做铣削加工时，工作台能快速移动。工作台快速进给也是由进给电动机 M2 来驱动的，在纵向、横向和垂直三种运动形式六个方向都可以实现快速进给控制。

主轴电动机起动后，将进给操作手柄扳到所需位置，工作台按照选定的速度和方向做常速进给移动时，再按下快速进给按钮 SB5（或 SB6），使接触器 KM5 通电吸合，接通牵引电磁铁 YA，电磁铁通过杠杆使摩擦离合器合上，减少中间传动装置，使工作台按运动方向做快速进给运动。当松开快速进给按钮时，电磁铁 YA 断电，摩擦离合器断开，快速进给运动停止，工作台仍按原常速进给时的速度继续运动。

3. 冷却泵电动机 M3 控制电路

1）冷却泵电动机 M3 控制电路图区划分。由图 2-35 中 6 区主电路可知，冷却泵电动机 M3 工作状态由接触器 KM6 主触点进行控制，可以确定图 2-35 中 9 区接触器 KM6 线圈回路电气元件构成冷却泵电动机 M3 控制电路。

2）冷却泵电动机 M3 控制电路识图。在 9 区冷却泵电动机 M3 控制电路中转换开关 SA1 为冷却泵电动机 M3 的控制开关。当需要冷却泵电动机 M3 运转时，旋转转换开关 SA1 接通控制回路，接触器 KM6 通电吸合，其主触点闭合接通 M3 工作电源，M3 起动运转，提供切削液。当加工结束时，旋转转换开关 SA1 断开控制回路，接触器 KM6 断电释放，M3 停止运转。

4. 照明控制

X62W 型万能铣床工作照明电路由图 2-35 中 8 区对应电气元件组成，工作照明灯 EL 受照明灯控制开关 SA4 控制。

技能卡 9　X62W 型万能铣床常见电气故障分析（★★★）

1. 主轴停车时无制动

故障现象：主轴停车时没有制动作用或产生短时反向旋转。

原因分析：造成这种故障的原因较多是由于速度继电器 KS 发生故障引起的。如 KS 常开触点不能正常闭合，其原因有推动触点的胶木摆杆断裂，轴身圆锥销扭弯、磨损或弹性连接元件损坏，螺钉销钉松动或打滑等。若 KS 常开触点过早断开，其原因有 KS 动触点的反力弹簧调节过紧，KS 的永久磁铁转子的磁性衰减等。

2. 主轴电动机不能转动

故障现象一：主轴电动机不能转动（主轴电动机不通电）

原因分析：造成这种故障的原因一般是起动按钮损坏，接线松动或脱落，接触不良或接触器线圈导线断线，也有可能是变速开关 SQ7 的触点接触不良，开关位置移动或撞坏。

故障现象二：主轴电动机不能瞬时转动

原因分析：造成这种故障的原因多数是因为变速开关 SQ7 经常受到频繁冲击，使开关位置改变，开关底座被撞碎或接触不良。

3. 主轴电动机不能停止

故障现象：按下停止按钮后主轴电动机不停转。

原因分析：接触器 KM1 主触点熔焊；反接制动时两相运行；SB3 或 SB4 在起动 M1 后绝缘被击穿。这三种故障原因在故障现象上是能够加以区别的，如按下停止按钮，KM1 不释放，则故障可断定是由熔焊引起。如按下停止按钮后，接触器的动作顺序正确，即 KM1 能释放，KM2 能吸合，同时伴有嗡嗡声和转速过低，则可断定是制动时主电路有缺相故障存在。若制动时接触器动作顺序正确，电动机也能进行反接制动，但放开停止按钮后，电动机又再次自起动，则可断定故障是由起动按钮绝缘击穿引起。

4. 工作台不能做进给运动

故障现象一：工作台各个方向都不能进给。

原因分析：造成这种故障的原因可能是电动机 M2 不能起动，则可能是电动机接线脱落或电动机绕组断线；接触器 KM3 或 KM4 不吸合；接触器 KM3 或 KM4 主触点接触不良或脱落；也可能是由于经常扳动操作手柄，开关受到冲击，行程开关 SQ1、SQ2、SQ3、SQ4 的位置发生变化或损坏；或者是变速行程开关 SQ6 在复位时，不能接通或接触不良。

故障现象二：工作台能向左、向右进给，但不能向前、向后、向上、向下进给。

原因分析：造成这种故障的原因可能是限位开关 SQ3、SQ4 经常被压合，使螺钉松动，开关位移，触点接触不良，开关机构卡住或线路断开；限位开关 SQ1-2 和 SQ2-2 被压开，使进给接触器 KM3、KM4 通电回路均被断开。

故障现象三：进给电动机不能瞬时动作。

原因分析：行程开关 SQ6 经常受到频繁冲击，使开关位置改变，开关底座被撞碎或接触不良。

5. 工作台不能快速移动

故障现象：工作台不能快速进给。

原因分析：常见的故障原因是牵引电磁铁电路不通，多数是由线头脱落、线圈损坏或机械卡死引起的，如果按下 SB5 或 SB6 后，接触器 KM5 不吸合，则故障在控制电路部分，若 KM5 能吸合，且牵引电磁铁 YA 也吸合正常，则故障大多数是由于杠杆卡死和离合器摩擦片间隙调整不当引起的，应配合钳工进行修理。需要强调的是，在检查电路中一定要把 SA3 开关扳到中间空档位置，否则由于联锁的关系将检查不出故障点。

❖ 小试牛刀

1. X62W 型万能铣床的主电路中有_____台电动机，分别是_____、_____、_____。

2. X62W 型万能铣床的电气控制中，工作台进给可实现_____个方向的运动。

3. 当用圆工作台加工时，两个操作手柄均置于零位，转换开关 SA3 置于圆工作台方式，此时 SA3-1_____、SA3-2_____、SA3-1_____。

4. X62W 型万能铣床的电气控制中，速度继电器的作用是（　　　）。

A. 反接制动快速停车　　　　　　　B. 提高主轴电动机的转速

C. 实现变速冲动控制

5. X62W 型万能铣床控制电路中，主轴电动机采用的制动方法是（　　　）。

A. 机械制动　　　　B. 反接制动　　　　C. 能耗制动

6. X62W 型万能铣床控制电路中，工作台进给必须在主轴起动后才允许，是为了（　　　）。

A. 安全的需要　　　B. 加工工艺的需要　　C. 电路安装的需要

7. X62W 型万能铣床的快速进给电动机的正反转是通过转换开关控制的。（　　　）

8. X62W 型万能铣床主轴电动机采用反接制动串电阻的目的是限制反接电流。（　　　）

9. 铣床为了扩大机床的加工能力，可在机床上安装附件——圆工作台。　　（　　）

10. 铣床在主轴调速时为了使齿轮易于啮合，要求电动机有变速冲动。　　（　　）

◆ 大显身手

根据任务工单 6（见表 2-7）完成 X62W 型卧式铣床电气故障排除。

表 2-7　任务工单 6

任务名称	X62W 型卧式铣床电气故障排除
任务描述	一车间有一台 X62W 型卧式铣床，工作台能向左、右进给，不能向前、后、上、下进给。试分析故障原因，并采取相应措施排除故障
任务要求	1. 根据 X62W 型卧式铣床电气原理图分析其电气控制原理 2. 熟悉 X62W 型卧式铣床常见的电气故障分析方法 3. 根据给定的任务，为完成任务而搜集其他资料，进行知识与经验准备 4. 熟悉机床电器设备故障判断方法与步骤 5. 熟练使用常用电器检测仪器工具 6. 以小组为单位，分析讨论 X62W 型卧式铣床工作台不能正常进给的各种故障可能原因 7. 准确地判断并成功地动手排除故障 8. 认真仔细，重视用电安全
工具、仪表	1. 工具：试电笔、电工刀、尖嘴钳、斜口钳、螺钉旋具等 2. 仪表：万用表、兆欧表、钳形电流表

排除故障应注意的问题：

1）检修前要认真阅读电路图，熟练掌握各个控制环节的原理及作用。

2）根据故障现象，先在电路图上明确电路故障的最小范围，然后采用正确的方法在规定时间内排除故障。

3）排除故障的过程中，不得采用更换电气元件、借用触点和改动线路的方法修复故障点。

4）检修时严禁扩大故障范围或产生新的故障，不得损坏电气元件或设备。

5）停电后，检修前要验电。如果要带电检修时，必须有指导老师监护，以确保安全。

6）要做好训练记录，工具和仪表使用要正确。

按表 2-8 完成任务实施、检查与评价。

表 2-8　任务实施、检查与评价表

序号	检查内容	检查记录	评价	分值 / 分
1	严格执行与职业相关的保证工作安全和防止意外的规章制度			10
2	熟练使用常用工具与测量仪器			5
3	准确地标出故障线段，指出可能的故障点，说出判断理由			10
4	在规定的时间内，按要求完成故障排除任务			25
5	试车成功，方案得到成功验证			20

（续）

序号	检查内容		检查记录	评价	分值 / 分
6	能独立完成任务				10
7	职业素养	遵守时间：是否不迟到、不早退、中途不离开现场			5
		6S：现场是否符合 6S 管理要求，实训器材、参考资料是否按规定摆放，地面、门窗是否干净			5
		团结协作：组内是否配合良好，是否积极投入到本任务中			5
		语言能力：是否积极回答问题，条理是否清晰			5
总评			评价人：		

❖ 点石成金

X62W 型万能铣床典型故障排查如下：

1）故障现象一：主轴电动机不能起动。

这种故障现象可采用电压法，从上到下逐一测量，也可按中间分段电压法快速测量，检测步骤如图 2-36 所示。

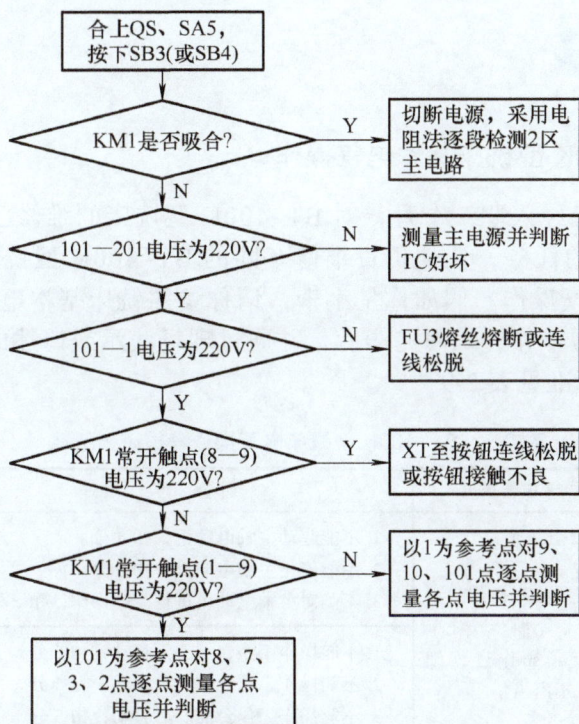

图 2-36　主轴电动机不能起动的检测步骤

2）故障现象二：工作台能右进给但不能左进给。

由于工作台的左进给和工作台的上（后）进给都是 KM4 控制，M2 反转，因此，可通过测试向上进给来缩小故障区域。具体检测流程如图 2-37 所示。

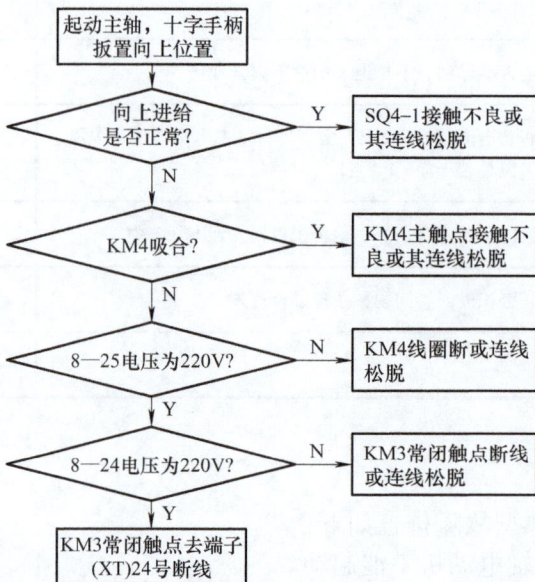

图 2-37　工作台能右进给但不能左进给的检测流程

项目闯关

☑ 关卡一　B1–400K 型铣床基本电气操作

任务情境：小李已经入职一个月，对 B1–400K 型铣床的维修已经掌握得比较好了，这天师父给了小李新的任务，让他负责维修车间的 B1–400K 型铣床，师傅指导他进行 B1–400K 型铣床的电气操作。假如你是小李，请你参照铣床基本电气控制与机床操作位置图（见图 2-38）练习操作，练习完毕后，并通过现场演示或口述的方式模拟操作过程，完成考核。考核评分标准见表 2-9。

表 2-9　B1–400K 型铣床电气操作考核评分标准

序号	考核内容	考核要求	评分标准	配分	扣分	得分
1	主轴电动机起动、停止及变速	按照流程操作，不缺步、不跳步；注重细节，操作过程细致，不出错	1. 不能起动主轴电动机，扣 5 分 2. 不能停止主轴电动机，扣 5 分 3. 不能对主轴电动机进行变速操作，扣 5 分	15 分		
2	工作台的上下、前后、左右运动及变速		1. 不能操作工作台上、下移动，扣 5 分 2. 不能操作工作台左、右移动，扣 5 分 3. 不能操作工作台前、后移动，扣 5 分 4. 不能对进给电动机进行变速操作，扣 5 分	20 分		

（续）

序号	考核内容	考核要求	评分标准	配分	扣分	得分
3	工作台的快速移动		1. 不能起动工作台的快速移动，扣 5 分 2. 不能停止工作台的快速移动，扣 5 分	10 分		
4	圆工作台的回转运动		1. 不能起动圆工作台的回转运动，扣 5 分 2. 不能停止圆工作台的回转运动，扣 5 分	10 分		
5	冷却泵的起动及停止	按照流程操作，不缺步、不跳步；注重细节，操作过程细致，不出错	1. 不能起动冷却泵电动机，扣 5 分 2. 不能停止冷却泵电动机，扣 5 分	10 分		
6	紧急停止及解除		1. 不能起动紧急停止状态，扣 5 分 2. 不能解除紧急停止状态，扣 5 分	10 分		
7	机床照明和保护		1. 不能打开照明灯，扣 5 分 2. 不能关闭照明灯，扣 5 分	10 分		
8	关机		1. 不断开总电源，扣 5 分 2. 未关闭左侧门，扣 5 分 3. 未关闭右侧门，扣 5 分	15 分		
9	定额工时	0.5h	每超过 1min（不足 1min 以 1min 计），扣 5 分			
起始时间			合计	100 分		
结束时间			教师签字	年　　月　　日		

附　机床操作位置图

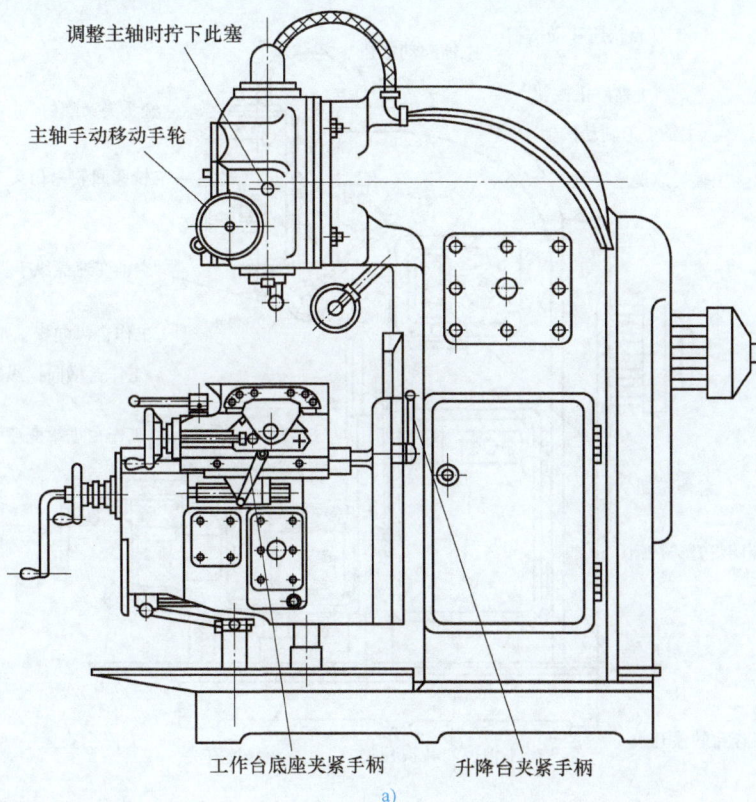

图 2-38　机床操作图

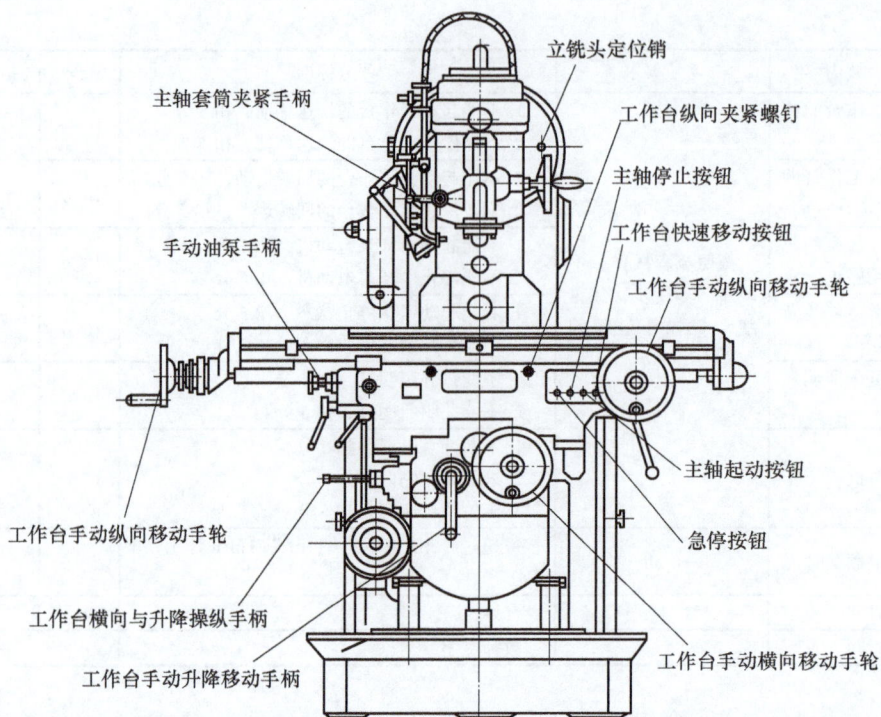

主轴套筒夹紧手柄

立铣头定位销

手动油泵手柄

工作台纵向夹紧螺钉

主轴停止按钮

工作台快速移动按钮

工作台手动纵向移动手轮

工作台手动纵向移动手轮

主轴起动按钮

工作台横向与升降操纵手柄

急停按钮

工作台手动升降移动手柄

工作台手动横向移动手轮

b)

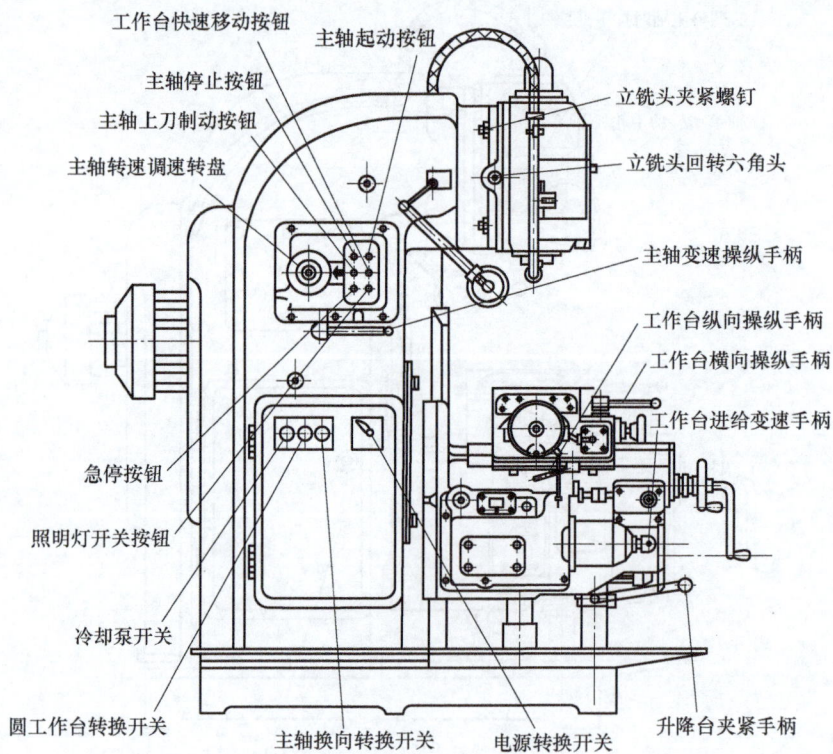

工作台快速移动按钮

主轴起动按钮

主轴停止按钮

立铣头夹紧螺钉

主轴上刀制动按钮

立铣头回转六角头

主轴转速调速转盘

主轴变速操纵手柄

工作台纵向操纵手柄

工作台横向操纵手柄

工作台进给变速手柄

急停按钮

照明灯开关按钮

冷却泵开关

圆工作台转换开关

主轴换向转换开关

电源转换开关

升降台夹紧手柄

c)

图 2-38   机床操作图（续）

附　B1-400K 型铣床基本电气控制

1. 主轴运动的电气控制

起动主轴时，将电源引入开关 QF1 闭合，再把转换开关 SA4 转到主轴所需的旋转方向，然后，按起动按钮 SB3 或 SB4，接通接触器 KM1 或 KM2，即可起动主轴电动机。

停止主轴时按停止按钮 SB1 或 SB2，切断接触器 KM1 或 KM2 线圈的供电电路，并接通主轴制动电磁离合器 YC1，主轴即可停止转动。

为了变速齿轮易于啮合，需使主轴电动机瞬时转动，当变速手柄推回原来位置时，压下行程开关 SQ5，使接触器 KM1 或 KM2 瞬时接通，主轴电动机即做瞬时转动，应以连续较快的速度推回变速手柄，以免电动机转数过高时打坏齿轮。

2. 进给运动的电气控制

升降台的上下运动和工作台的前后运动完全由操纵手柄来控制，手柄的联动机构与行程开关相连接，该行程开关装在升降台的左侧，后面是一个控制工作台向前及向下运动的行程开关 SQ3，前面是一个控制工作台向后及向上运动的行程开关 SQ4。工作台的左右运动也由操纵手柄来控制，其联动机构控制着行程开关 SQ1 和 SQ2，分别控制工作台向右及向左运动，手柄所指的方向即是运动的方向。工作台向后、向上手柄压 SQ4 及工作台向左手柄压 SQ2，接通接触器 KM4 线圈，即按选择方向做进给运动。工作台向前、向下手柄压 SQ3 及工作台向右手柄压 SQ1，接通接触器 KM3 线圈，即按选择方向做进给运动。

只有在主轴起动以后，进给运动才能起动。但未起动主轴时，可进行工作台的快速运动，即将操纵手柄选择到所需位置，然后按下快速按钮即可进行快速运动。

变换进给速度时，将变速蘑菇形手柄向前拉至极端位置，而在反向推回之前，借孔盘推动行程开关 SQ6，瞬时接通接触器 KM4，则进给电动机做瞬时转动，使齿轮容易啮合。

3. 快速运动的电气控制

主轴起动后，将进给操纵手柄扳到所需要的位置，则工作台就开始按手柄所指的方向以选定的速度运动。此时，如将快速按钮 SB5 或 SB6 按下，接通继电器 KM5 线圈，接通 YA 快速离合器，并切断 YA 进给离合器，工作台即按原运动方向做快速移动。松开快速按钮时，快速移动立即停止，仍以原进给速度继续运动。

4. 机床进给的安全互锁

为保证操作者的安全，在机床工作台进给运动时，首先应将 Z 向手柄向外拉至极限位置，使其行程开关 SQ8 的常闭触点闭合，工作台方可进行 X、Y、Z 的进给运动，否则各进给轴不得进行操作，以确保操作者的安全。另外，机床控制部分出现紧急故障时，可按下急停按钮 SB7 或 SB8，切断全部控制回路，并自锁保持，直到故障排除，再行人工解锁，转入正常操作。

5. 机床附件

圆工作台的回转运动是由进给电动机经传动机构驱动的，使用圆工作台首先把圆工作台转换开关 SA3 扳到接通位置，然后操纵起动按钮，则相继接通主轴和进给两个电动机。圆工作台和机床工作台的控制具有电气互锁，在使用圆工作台时，机床工作台不能做其他方向的进给。

6. 主轴上的刀制动

主轴上刀、换刀时，先将转换开关 SA2 扳到接通位置，断开起动回路，接通制动电离合器，主轴制动。然后再上刀、换刀，上刀完毕，再将转换开关扳到断开位置，主轴方可起动，否则主轴不能起动。

7. 冷却泵与机床照明

将转换开关 SA1 扳到接通位置，冷却泵电动机即开始运行。机床照明由控制变压器供给交流电压 24V，照明灯由开关 SA6 控制。

8. 断电后开门的电气控制

左门由门锁控制电源、断路器 QF1，开门断电。右门内行程开关 SQ7 与断路器 QF1 的分励线圈相连，当打开右门时 SQ7 闭合，使断路器 QF1 断开，达到开门断电。

☑ 关卡二　B1–400K 型铣床日常维保操作

任务情境：小李已经对 B1–400K 型铣床的操作比较熟悉了，现在要跟着师父学习如何对 B1–400K 型铣床进行日常保养操作，将按照点检标准练习操作，练习完毕后，并通过现场演示或口述的方式模拟操作过程，完成考核。考核评分标准见表 2-10。

表 2-10　B1–400K 型铣床电气操作考核评分标准

序号	考核内容	考核要求	评分标准	配分	扣分	得分
1	机床操作		检查手柄 / 手轮、按钮及指示灯，缺一项，扣 1 分	25 分		
2	机床动作	按照标准对机床设备进行点检	观察各轴运动、刀架、尾座运动是否正常，缺一项，扣 1 分	25 分		
3	机床状态		检查传动带是否松动，齿轮、电动机等运动部件是否有噪声，油温、油管、电动机是否温度过高，缺一项，扣 1 分	25 分		
4	机床油路		油箱、管路是否泄漏，油箱、切削液箱液位是否低于 1/3，缺一项，扣 1 分	25 分		
5	定额工时	0.5h	每超过 1min（不足 1min 以 1min 计），扣 5 分			
起始时间			合计	100 分		
结束时间			教师签字		年　月　日	

附　铣床日常点检标准（见表 2-11）

表 2-11　铣床日常点检标准

设备名称	立式升降台铣床	设备型号	B1-400K	设备编号	392542610 1003	设备责任人
点检项目		点检方法	点检频次	点检标准	责任人	点检部位图示
机床操作	操作手柄、手轮	目视、触摸	日	操作手柄、手轮灵敏可靠，定位准确	操作人员	
	按钮、指示灯	目视	日	各按钮灵敏可靠、各指示灯显示正确	操作人员	
机床动作	主轴	目视	日	主轴正反转、停车、换档正常	操作人员	
	工作台	目视	日	工作台各方向快慢运动是否正常，自动进给是否正常	操作人员	
	限位开关、撞块	目视	日	各限位开关工作正常，撞块无松动（图 1、2）	操作人员	
润滑	主轴轴承	目视	季	每六个月加注 2# 锂基润滑脂一次	操作人员	
泄漏	变速箱上、下油池	目视	日	变速箱上、下油池是否存在漏油现象	操作人员	
	升降台油池	目视	日	升降台油池是否存在漏油现象（图 4）	操作人员	
	进给箱油池	目视	日	进给箱油池是否存在漏油现象（图 6）	操作人员	
	手动打油泵油池	目视	日	手动打油泵油池是否存在漏油现象（图 5）	操作人员	

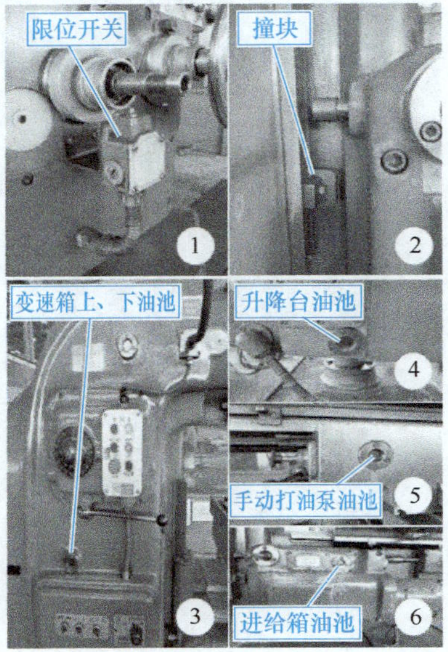

（续）

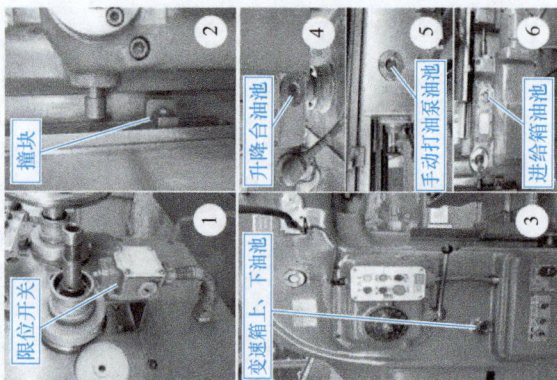

点检项目		点检方法	点检频次	点检标准	责任人	点检部位图示
声音	变速箱	耳听	日	变速箱工作时是否存在异常响声	操作人员	
	进给箱	耳听	日	进给箱工作时是否存在异常响声	操作人员	
	电动机	耳听	日	各电动机工作时是否存在异常响声	操作人员	
温度	油池、管路	目视、触摸	日	各油池正常温度应低于 50℃，用手触摸油管是否存在发烫现象	操作人员	
	电动机	触摸	日	用手触摸各电动机，是否存在发烫现象	操作人员	
振动	各运动部件	目视、感觉	日	各运动部件工作时观察是否存在振动现象	操作人员	
油量切削液量	进给箱油池	目视	周	油量是否低于 1/3 液位，少则添加 46# 液压油（图 6）	操作人员	
	变速箱上、下油池	目视	周	油量是否低于 1/3 液位，少则添加 46# 液压油（图 3）	操作人员	
	升降台油池	目视	周	油量是否低于 1/3 液位，少则添加 46# 液压油（图 4）	操作人员	
	手动打油泵油池	目视	周	油量是否低于 1/3 液位，少则添加 46# 液压油（图 5）	操作人员	
	切削液箱	目视	周	切削液量是否低于 1/3 液位，少则添加	操作人员	

☑ 关卡三　B1-400K 型铣床典型故障检修

任务情境：一车间一台 B1-400K 型铣床出现故障，请参考 B1-400K 型铣床电气原理图（见图 2-39、图 2-40）、B1-400K 型铣床电气元件明细表（见表 2-12）、B1-400K 型铣床电气控制电路故障检修要求及评分标准（见表 2-13）、B1-400K 型铣床操作规程以及 B1-400K 型铣床电气控制部分内容，完成 B1-400K 型铣床检修的闯关任务。

故障 1：合上 B1-400K 型铣床电源总开关 QF1 后，按下起动按钮 SB3，主轴电动机 M1 起动，与此同时，进给电动机 M2 也随之起动。

故障 2：排除故障 1 后，发现主轴电动机在停车时没有制动。

故障 3：排除故障 2 后，操作工作台做进给运动，发现工作台能上下进给正常，而左右进给均不工作。

故障 4：排除故障 3 后，随即改变工作台进给速度，但是在操作时，进给电动机没有变速冲动。

故障 5：排除故障 4 后，进行进给电动机的快速移动操作，按下快速移动按钮 SB5 或 SB6 均不实现快速移动。

表 2-12　B1-400K 型铣床电气元件明细表

符号	名称	型号	规格	数量
M1	交流电动机	Y160M-4-B5	11kW、380V、50Hz、1460r/min	1 台
M2	交流电动机	Y100L2-4-B5	3kW、380V、50Hz、1420r/min	1 台
M3	冷却泵电动机	JCB-22	0.125kW、380V、50Hz、2790r/min	1 台
QF1	电源断路器	QSM1-100L/3310	额定电流 50A、分励线圈电压 380V	1 个
QF2	断路器	QSVU1640-1MP00	额定电流 32A、整定值 24A	1 个
QF3	断路器	QSVU1340-1NK00	额定电流 8A、整定值 7A	1 个
QF4	断路器	QSVU1340-1ME00	额定电流 0.6A、整定值 0.5A	1 个
QF5、QF6、QF7、QF8、QF10、QF11	断路器	QS30-63D	额定电流 3A	6 个
QF9	断路器	QS30-63D	额定电流 2A	1 个
KM1、KM2	交流接触器	3TB4422	线圈电压 AC110V、50Hz	2 个
KM3、KM4、KM5	交流接触器	3TB4022	线圈电压 AC110V、50Hz	3 个

（续）

符号	名称	型号	规格	数量
KA1、KA2	交流接触器	3TH8244	线圈电压 AC110V、50Hz	1个
KT1	时间继电器	H3Y-2+PYF08A-E	线圈电压 AC110V、50Hz，延时 0.5～10s	1个
TC1	控制变压器	JBK3-100	AC380V/ AC 110V、50Hz	1个
TC2	整流变压器	JBK3-100	AC380V/ AC 36V、50Hz	1个
TC3	照明变压器	JBK3-63	AC380V/ AC 24V、50Hz	1个
VC1	整流器	ZPQIV-1	10A、600V	1个
YC1	主轴制动离合器	B1DL-III	DC 24V	1个
YC2	进给离合器	B1DL-III	DC 24V	1个
YC3	快速离合器	B1DL-III	DC 24V	1个
SA1、SA2、SA6	主令开关	QSLA37-11XS/20K	黑色	3个
SA3	主令开关	QSLA37-11XS/30K	黑色	1个
SA4	主令开关	QSLA37-22XS/20K	黑色	1个
SB1、SB2	按钮	QSLA37-22/K	黑色	2个
SB3、SB4	按钮	QSLA37-11/W	白色	2个
SB5、SB6	按钮	QSLA37-11/GR	灰色	2个
SB7、SB8	按钮	QSLA37-22ZS/K/MT/R	红色蘑菇头、带自锁	2个
SQ1、SQ2	行程开关	LX1-11K	开启式	2个
SQ3、SQ4	行程开关	LX2-131	单轮自动复位	2个
SQ5、SQ6	行程开关	LX3-11K	开启式	2个
SQ7	行程开关	X2N		1个
SQ8	行程开关	3SE3-100-0B		1个
EL1	照明灯	JC34		1个
	灯泡		AC 24V、40W	1个
	门锁	JDS1-AM1-100/ZB	左开门，带标牌	1个
	限位装置	TX80-1	左门、右门	2个
XT1	接线板	JH9		1个
XT2	接线板	JH9		1个
XT3	接线板	JH9		1个

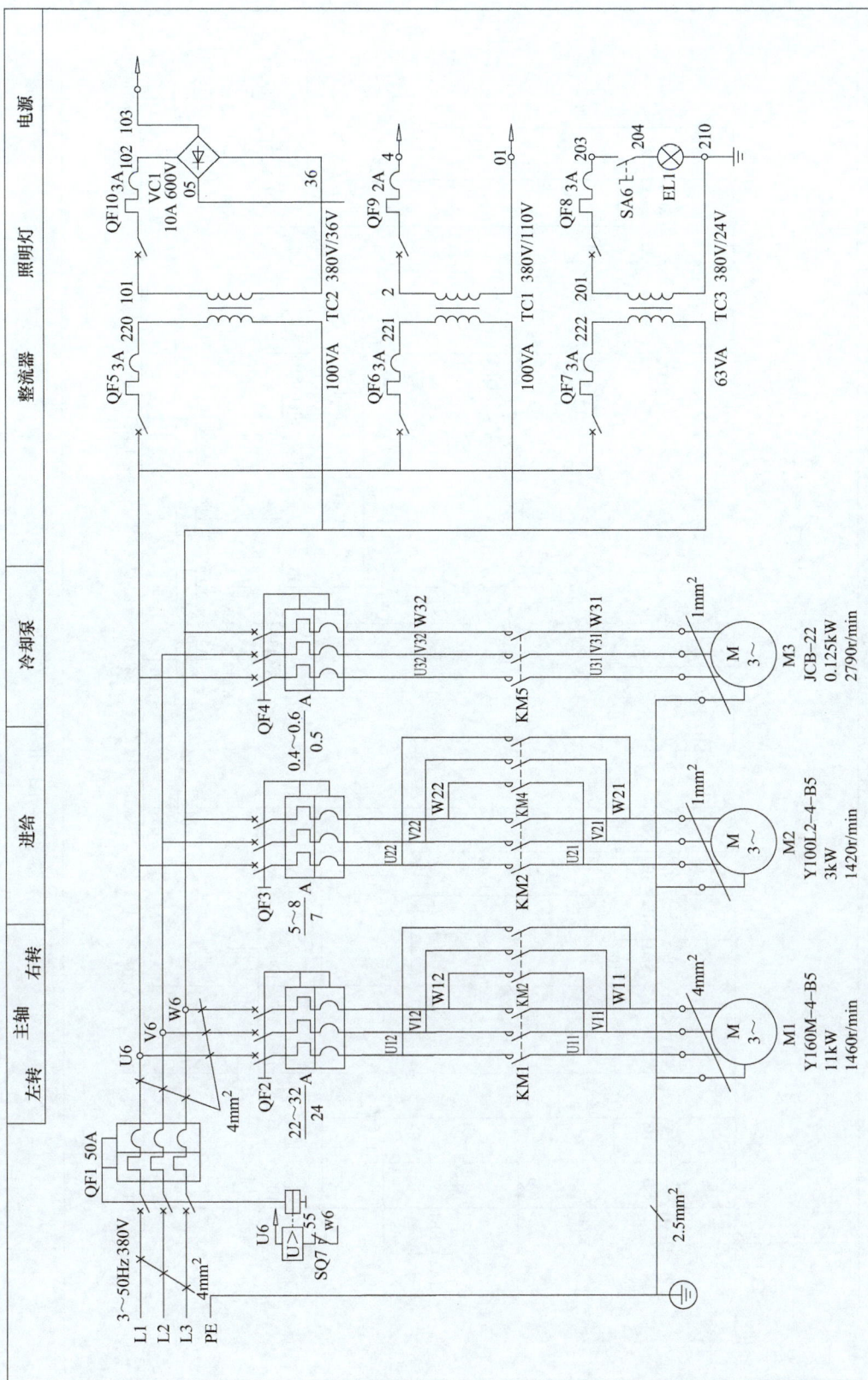

图 2-39　B1-400K 型铣床电气原理图（1）

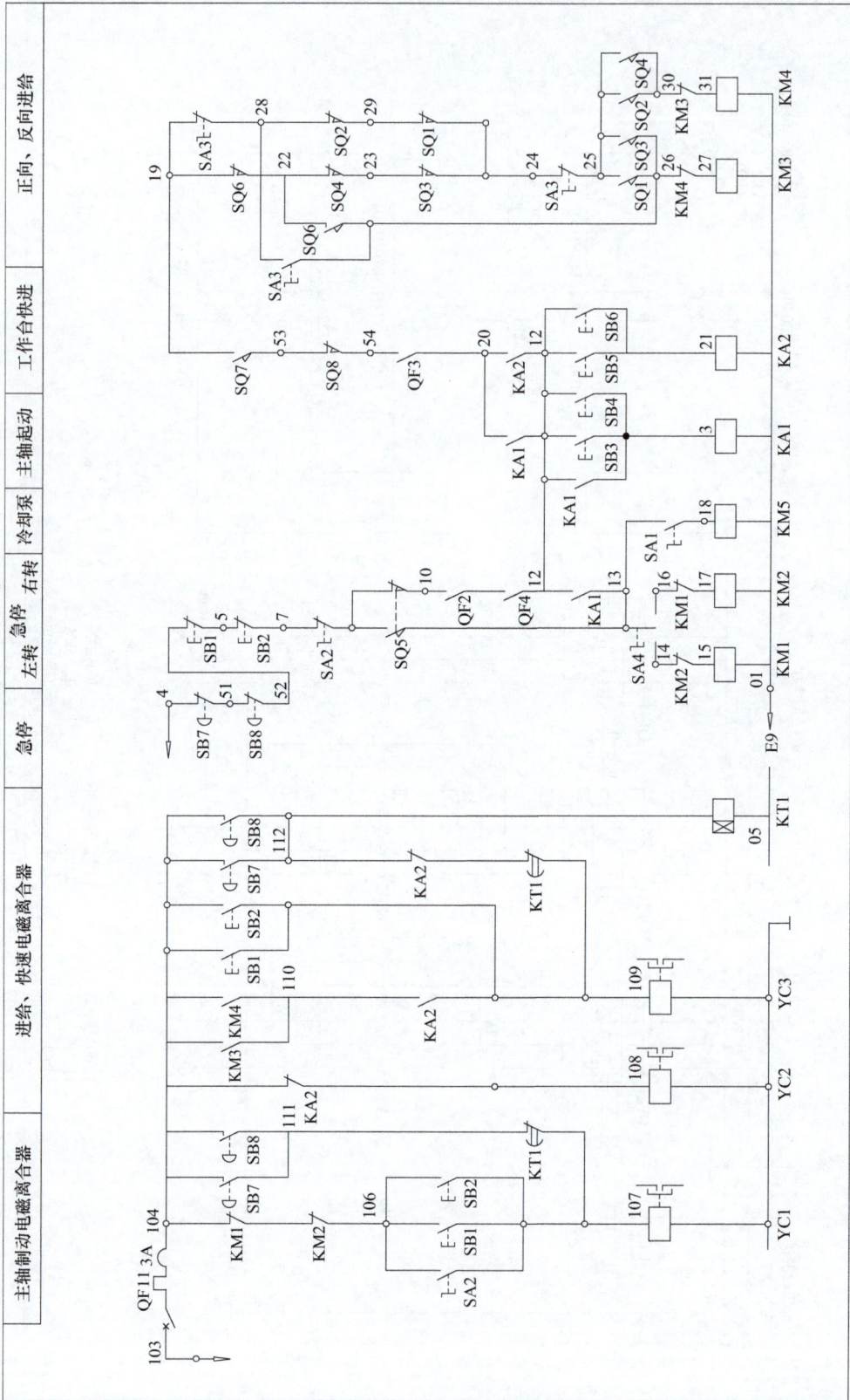

图 2-40 B1-400K 型铣床电气原理图（2）

表 2-13　B1-400K 型铣床电气控制电路故障检修要求及评分标准

序号	考核内容	考核要求	评分标准	配分	扣分	得分
1	合上 QF1，按下主轴起动按钮，主轴电动机、进给电动机同时起动	分析故障范围，确定故障点并排除故障	1. 不能确定故障范围，扣 10 分 2. 不能找出原因，扣 5 分 3. 不能排除故障，扣 5 分	20 分		
2	主轴电动机无制动	分析故障范围，确定故障点并排除故障	1. 不能确定故障范围，扣 10 分 2. 不能找出原因，扣 5 分 3. 不能排除故障，扣 5 分	20 分		
3	工作台能上下移动，不能左右移动	分析故障范围，确定故障点并排除故障	1. 不能确定故障范围，扣 10 分 2. 不能找出原因，扣 5 分 3. 不能排除故障，扣 5 分	20 分		
4	进给电动机不能变速冲动	分析故障范围，确定故障点并排除故障	1. 不能确定故障范围，扣 10 分 2. 不能找出原因，扣 5 分 3. 不能排除故障，扣 5 分	20 分		
5	工作台不能快速移动	分析故障范围，确定故障点并排除故障	1. 不能确定故障范围，扣 10 分 2. 不能找出原因，扣 5 分 3. 不能排除故障，扣 5 分	20 分		
6	安全文明生产	按生产操作规程	违反安全文明生产规程，扣 10~30 分			
7	定额工时	4h	每超过 5min（不足 5min 以 5min 计），扣 5 分			
	起始时间		合计	100 分		
	结束时间		教师签字	年　月　日		

附　立式升降台铣床操作规程

1. 设备操作要求

操作人员上岗前必须经过正规培训，考评合格，取得操作许可，并且熟知"金属切削设备安全操作规程"。操作前请阅读全套《使用说明书》，掌握操作元件的功能、用途及具体操作位置和方法，熟知红色急停按钮的位置。

2. 操作前的准备工作

1）检查润滑油是否充裕、冷却是否充足，发现不足应及时补充。

2）检查机床导轨以及各主要滑动面，如有障碍物、工具、铁屑、杂物等，必须清理、擦拭干净、上油。

3）检查操纵手柄、开关、旋钮是否在正确的位置，操纵是否灵活，安全装置是否齐全、可靠。

4）接通电源前，应注意电源电压，超出规定电压范围不允许合上开关。空车低速运转 2~3min，观察运转状况是否正常，如有异常应停机检查。

5）观察油标指示，检查油量是否合适，油路是否畅通，在规定部位加足润滑油、切削液。

6）确认润滑、电气、机械各部位运转正常后方可开始工作。

3. 操作过程

1）先接通电源，再把转向开关转到主轴所需要的转向，然后按起动按钮，起动主轴电动机，主轴转动。主轴停止时，按停止按钮，主轴即可停止转动。

2）升降台上下移动和工作台的前后、左右移动由操作手柄控制，手柄的联动机构和行程开关相连接，各操作手柄的所指方向为运动方向，

3）只有在主轴起动后，进给运动才能起动，在未起动主轴时，可进行快速移动，将操作手柄选择到所需要的位置，然后按下快速移动按钮可进行快速移动操作。变换进给速度，调整蘑菇形手柄选定进给速度。

4）当主轴上刀、换刀时，先将转换开关转到接通位置，断开起动回路，接通制动电磁离合器，主轴制动，然后进行换刀、上刀操作，完毕后再将转换开关搬到断开位置，主轴方可起动。

5）按下冷却泵电动机按钮，冷却泵电动机起动，冷却泵工作，机床照明电压为24V，起动通电按钮启用机床照明灯

4. 操作完成后

1）必须将各操纵手柄、开关、旋钮置于"停机"位置，并切断电源。
2）进行日常维护保养。
3）填写"交接班记录"，做好交接班工作。

5. 安全注意事项

1）严禁超性能使用，禁止在机床的导轨面、油漆表面放置物品，严禁在导轨面上敲打、校直和修整工件

2）主轴变速和进给变速进给量给定时，均必须停机进行。
3）作业过程中戴护目镜。
4）机床运转时，操作者严禁离开工作岗位。

"中国铁建技术能手"成长记

谭会平，中国铁建重工集团一名电气维修班班长，一直从事大型数控、自动化设备预防性维护、保养、维修及部分技术管理工作，任职期间带领团队年年实现安全"零"事故，主导完成改进革新项目共计36项；制定实用性较强的数控设备故障维修手册、完善设备系统技术资料、降低系统维护费用等方面的措施为公司减少数控、自动化设备系统维护费用约50万元，通过实践中的改进，降低设备故障率达30%；先后荣获集团公司六好共产党员、生产标兵、革新能手、中国设备管理协会年度设备工匠精神践行者等荣誉称号。

项目 3

Z30100 型摇臂钻床控制系统分析与检修

项目导航

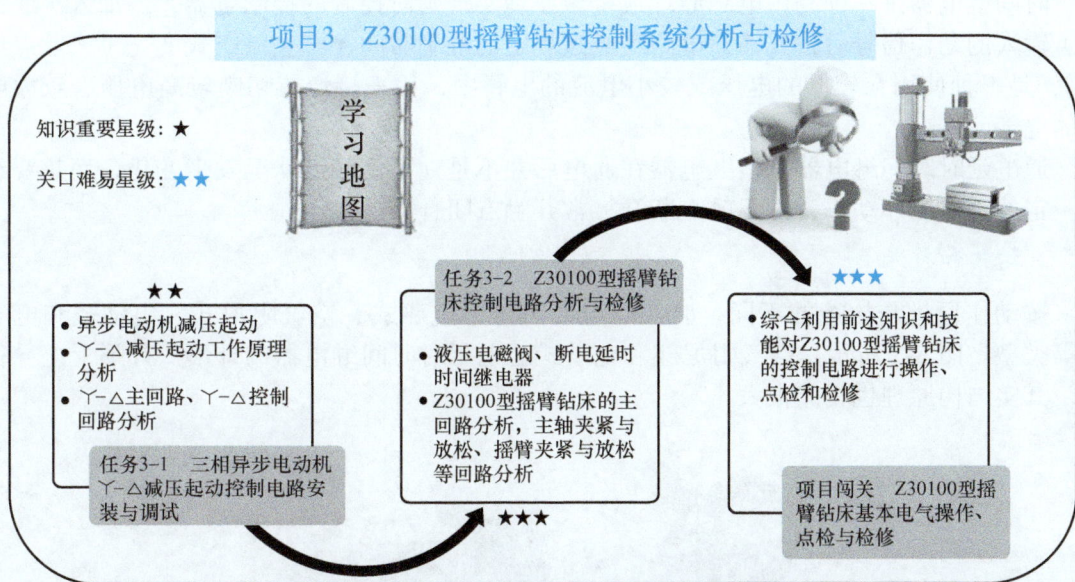

图 3-1　Z30100 型摇臂钻床控制系统分析学习地图

任务 3-1　三相异步电动机 丫－△减压起动控制电路安装与调试

❖ 抛砖引玉

三相异步电动机在起动瞬间，产生的起动电流为额定电流的 5～7 倍，这样的电流对电动机本身和电网都不利，会造成电源电压瞬间下降以及电动机起动困难、发热，甚至烧毁电动机，所以一般对容量比较大的电动机必须采取限制起动电流的方法。一般电动机在起动时为了减小起动电流，减小对电网冲击，其起动电压比额定电压低，当转速接近额定值时，再切换到额定工作状态，这个起动过程就叫减压起动。凡是正常运行时定子绕组接成三角形的笼型异步电动机，轻载或空载起动的场合下，都可以采用这种方法。所以该控制电路常用于装有三相异步电动机的机床线路中，在生活、生产中广泛应用。

❖ 有的放矢

1. 了解异步电动机减压起动的工作原理、方法和回路分析。
2. 掌握异步电动机丫–△减压起动的结构、工作原理和回路分析。
3. 掌握丫–△减压起动电路主回路的结构。

❖ 聚沙成塔

🖻 知识卡 25　通电延时时间继电器（★☆☆）

1. 概念

时间继电器是一种利用电磁原理或机械原理实现延时控制的控制电器，当加入（或去掉）输入的动作信号后，其输出电路需经过规定的准确时间才产生跳跃式变化（或触点动作），是一种使用在较低的电压或较小电流的电路中，用来接通或切断较高电压、较大电流的电气元件。

通电延时时间继电器是指继电器在通电后并不是立即使触点状况发生变化，而是要经过一定的延时后才动作，常闭触点断开、常开触点闭合。

2. 结构和符号

按动作原理与构造的不同，时间继电器可分为电磁式、空气阻尼式、电动式和电子式等类型。图 3-2 所示是空气阻尼式和电子式通电延时时间继电器的外形。外形上差异很大，其实结构原理也相差很大。

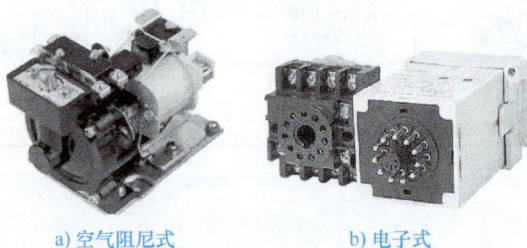

a) 空气阻尼式　　　　　b) 电子式

图 3-2　通电延时时间继电器的外形

空气阻尼式时间继电器，又称气囊式继电器，通过调节延时螺钉，即可调节进气孔的大小，从而得到不同的延时时间。进气孔大，气量多，延时时间就短；进气孔小，气量少，延时时间就长。

电子式时间继电器又称为半导体时间继电器，利用半导体器件做成的时间继电器，具有延时精度高、调节方便、寿命长等一系列的优点，被广泛应用。

通电延时时间继电器的符号如图 3-3 所示，其触点包含延时动作触点和瞬时动作触点。延时动作触点是指通电延时时间继电器延时计时后动作的触点，瞬时常开、常闭触点不受延时计时的影响，得电就动作，失电就复位。

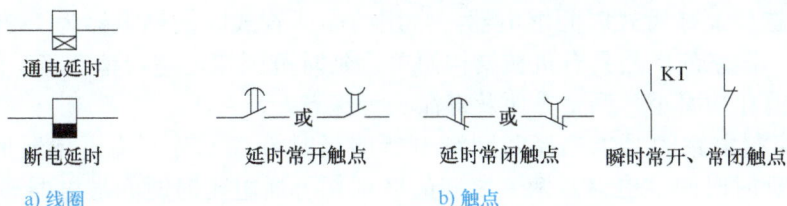

图 3-3　通电延时时间继电器的符号

3. 工作原理

以空气阻尼式时间继电器为例，讲解时间继电器计时的工作原理。其内部结构初始状态如图 3-4 所示，初始状态下，静铁心和动铁心并没有吸合。

当时间继电器线圈通电后，线圈产生感应电流，动铁心和静铁心吸合，瞬时动作触点闭合，延时动作触点在活塞和杠杆的作用下延时弹开，如图 3-5 和图 3-6 所示。

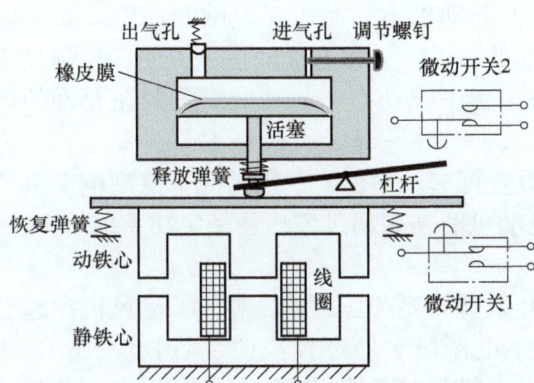

图 3-4　通电延时时间继电器初始状态结构图

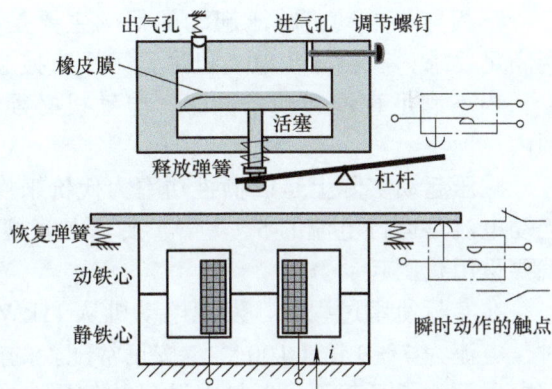

图 3-5　通电延时时间继电器瞬时动作的触点

当线圈断电后，在释放弹簧和恢复弹簧的作用下，所有触点立刻复位，如图 3-7 所示。

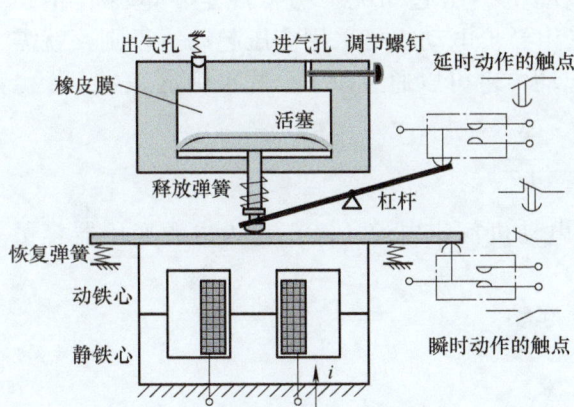

图 3-6　通电延时时间继电器延时动作的触点

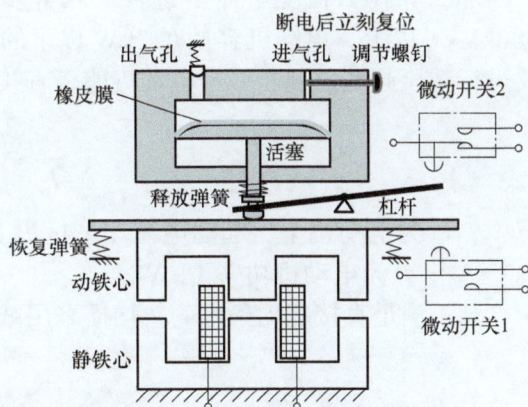

图 3-7　通电延时时间继电器断电复位

4. 时间继电器的选用

1）根据系统的延时范围和精度，选择时间继电器的类型和系列。目前电力拖动控制电路中，一般选用晶体管式时间继电器。常用的晶体管式时间继电器为 JS20 系列晶体管式时间继电器，该系列产品具有机械结构简单、延时范围宽、整定精度高、体积小、耐冲击和耐振动、消耗功率小、调整方便及寿命长等优点。

2）根据控制电路的要求选择时间继电器的延时方式，除了有通电延时时间继电器外，还有断电延时时间继电器。两者之间的区别在于通电延时时间继电器通电开始计时，达到设定时间时触点状态切换，断电后触点状态立即恢复；而断电延时时间继电器通电后触点状态立即切换，直到断电后开始计时，达到设定时间时触点状态才恢复。请根据通电延时时间继电器的特性，分析断电延时时间继电器如何应用。

3）根据控制电路电压选择时间继电器线圈的电压。

🔅 知识卡 26　异步电动机减压起动（★☆☆）

1. 原理

三相异步电动机减压起动的目的主要是降低起动电流，减少对电网的冲击。如果电网满足要求，三相异步电动机尽量采用直接起动的方式。直接起动简单、方便，控制设备少。当不满足直接起动条件时，电动机必须采用减压起动，将起动电流限制在允许的范围内。

减压起动实际上是以牺牲功率为代价来换取降低起动电流。一般情况下笼型电动机的起动电流是运行电流的 5～7 倍，要求在笼型电动机的功率超过变压器额定功率的 10% 时就要采用减压起动。

在实际使用过程中，发现电动机从 11kW 开始就需要减压起动，如 11kW 风机在起动时，电流为 7～9 倍（100A）。按正常配置的热继电器根本起动不了（关风门也没用），热继电器配大了又起不了保护电动机的作用，所以一般情况下使用减压起动。而在一些起动负荷较小的电动机上，由于电动机到达恒速时间短，起动时电流冲击影响较小，所以 3kW 左右的电动机，选用 1.5 倍额定电流的断路器直接起动，可以长期工作。

那么在什么情况下需要进行三相异步电动机减压起动呢？通常规定：电源容量在 180kV·A 以上，电动机容量在 7kW 以下的三相异步电动机可采用全压起动。否则，就需要进行减压起动。判断一台电动机能否直接起动，也可以通过以下公式来确定。

$$\frac{I_{st}}{I_n} \leqslant \left(\frac{3}{4} + \frac{S}{4P} \right)$$

式中，I_{st} 为电动机全压起动电流（A）；I_n 为电动机额定电流（A）；S 为电源变压器容量（kV·A）；P 为电动机功率（kW）。

凡不满足直接起动条件的，均需采用减压起动。

2. 减压起动方法

三相异步电动机减压起动的常用方法共有以下三种：

（1）定子串电阻减压起动　串电阻减压起动电路是在主回路中串联电阻，由于电阻的分压作用，使加载在电动机定子绕组上的电压低于电源电压，待电动机起动运转后，通过 KM2 主触点的闭合，使电流绕过电阻，直接送入到电动机上，使电压全部加载到电动机上（电动机电压恢复到额定值），电动机正常运转。

采用串电阻减压起动的优点：由于电流随电压的降低而减小，故减小了起动电流。

串电阻减压起动的缺点：由于电动机转矩与电压的二次方成正比，所以串电阻减压起动也将导致电动机的气动转矩大大降低，搭载负载的能力降低。

因此，串电阻减压起动适用于空载或轻载状况下起动。在实际应用过程中，这种起动方式由于不受电动机接线形式的限制，设备简单，因而在中小型机床中也有应用。

手动控制串电阻减压起动电路如图3-8所示。按下SB1起动按钮，电动机串电阻起动运行；按下SB2按钮，KM2线圈得电，主触点闭合，串电阻失效，电动机在额定电压下进行工作。

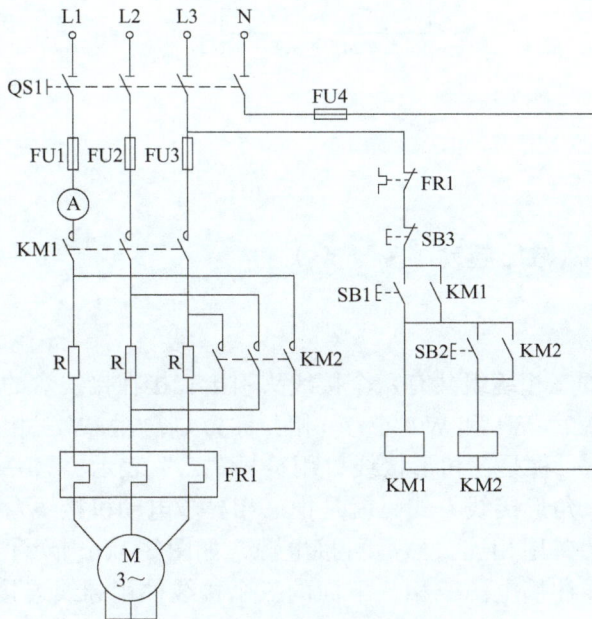

图3-8　串电阻减压起动电路接线图1

使用时间继电器控制串电阻减压起动电路如图3-9所示。按下SB1，KM1线圈得电，KM1主触点闭合，电动机受串电阻分压减压起动，控制回路中时间继电器KT在KM1的辅助触点作用下接通并开始计时，延时时间到以后，时间继电器KT触点闭合，KM2线圈得电，KM2的主触点闭合，辅助触点动作，KM2线圈自锁，同时导致KM1线圈闭合回路线路断开，KM1线圈失电，主触点断开，电动机串电阻失效，在额定电压下工作。

（2）自耦变压器减压起动　使用串电阻减压起动的方法，在电动机起动过程中，电能通过电阻转化为热能白白消耗掉。如果起动频繁，电阻上产生很高的温度，对机床的加工精度会产生影响，这种能量消耗也不利于环保，因此串电阻减压起动在生产中被逐步淘汰。自耦变压器减压起动是在起动时利用自耦变压器降低绕组上的起动电压，达到限制起动电流的目的。完成起动后，再将自耦变压器切换掉，电动机直接与电源连接全压运行。其主电路图如图3-10所示。

（3）星形－三角形减压起动　在下一知识卡里进行介绍。

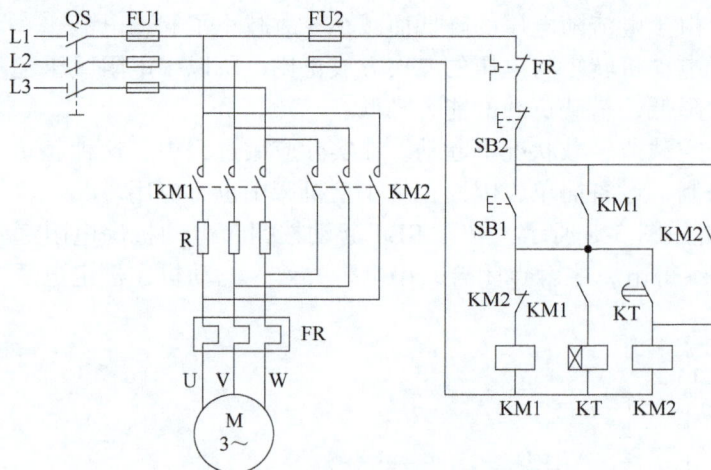

图 3-9　串电阻减压起动电路接线图 2

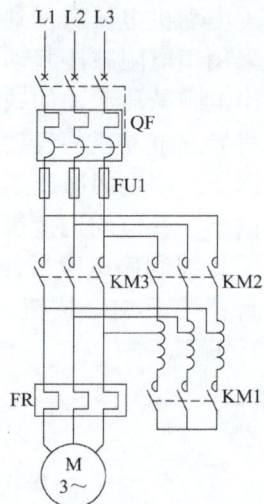

图 3-10　自耦变压器减压起动
电路主电路图

📖 知识卡 27　丫－△减压起动（★★★）

1.原理

三相异步电动机的三相绕组共有六个接线头引出，接在接线盒的六个接线端口上。其中，U1 和 U2、V1 和 V2、W1 和 W2 各为一相，称为 U、V、W 三相绕组。三相异步电动机的接线方法有两种，一种是三角形接线，用符号"△"表示；另一种是星形接线，用符号"丫"表示。所谓三角形接线方式，就是把三相异步电动机接线盒的六个接线柱，按照绕组两头接点进行两两首尾相连，然后再接电源，如图 3-11b 所示；所谓星形接线方式，就是把上面的三个接线柱接电源三相，下面的三个接线柱用导线连接在一起，如图 3-11a 所示。

三相异步电动机起动时接成丫，加在每相定子绕组上的起动电压只有△联结时的 $1/\sqrt{3}$，起动电流为△联结时的 1/3，起动转矩也只有△联结的 1/3，所以这种减压起动方法只适用于轻载或空载下起动。凡是在正常运行时定子绕组为△联结的异步电动机，均可采用这种减压起动方法。

2.方法

异步电动机丫－△减压起动控制主回路如图 3-12 所示。起动时，先合上电源开关 QS，然后当控制电路控制线圈 KM1 和 KM2 同时得电，电动机接成丫联结；然后再通过控制电路的变化，控制线圈 KM3 得电，同时使线圈 KM2 失电，电动机接成△联结。通常可采用手动控制和时间继电器自动控制两种模式进行控制。

（1）手动控制　手动控制电动机丫－△减压起动电路如图 3-13 所示，主电路的结构图与图 3-12 一致。右侧为手动控制电动机丫－△减压起动控制电路。

其中，SB1 为停止按钮，SB2 为起动按钮，SB3 为丫－△转换按钮。KM1、KM2 同时通电为丫联结电路，KM1、KM3 同时通电为△联结电路。

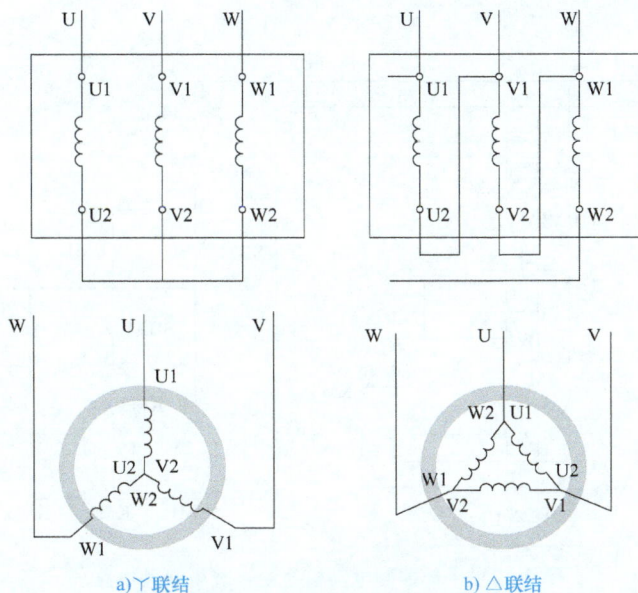

a)丫联结　　　　　　　　b) △联结

图 3-11　三相异步电动机接法示意图

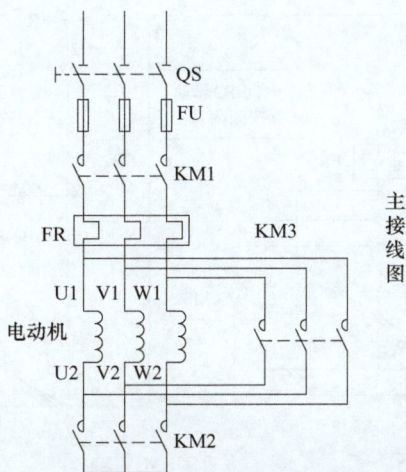

图 3-12　异步电动机丫 – △减压起动控制主回路

电路的工作原理：按下 SB2 起动按钮，KM1、KM2 线圈同时得电，KM1 常开触点闭合，KM1 线圈实现自锁，KM1 主触点、KM2 主触点闭合，电动机丫起动，如图 3-14 所示。

然后按下 SB3 按钮，SB3 常闭触点断开，KM2 线圈失电，KM2 主触点失电，常闭触点恢复原状，SB3 常开触点控制 KM3 线圈线路通电，KM3 线圈得电，KM3 常开触点闭合，KM3 自锁，KM3 主触点闭合，电动机转换为△联结，如图 3-15 所示。

最后，按下 SB1 停止按钮，电动机运行过程中都会恢复到初始状态，电动机停止运转。

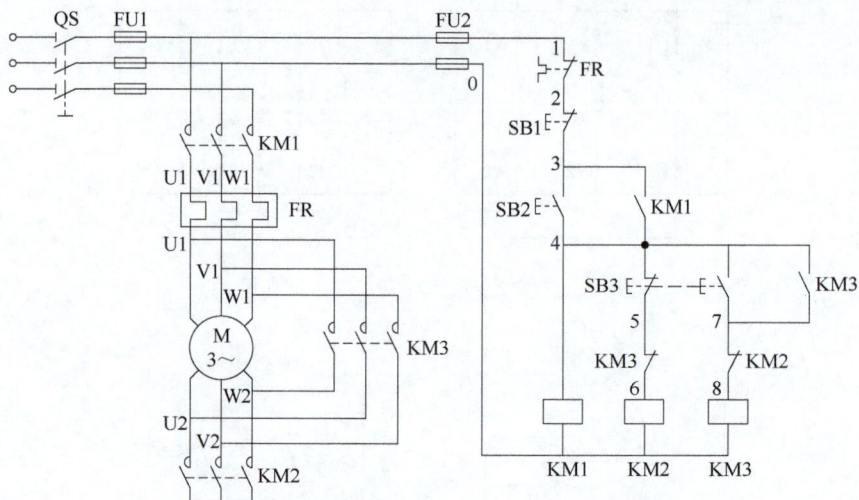

图 3-13　手动控制电动机丫－△减压起动电路

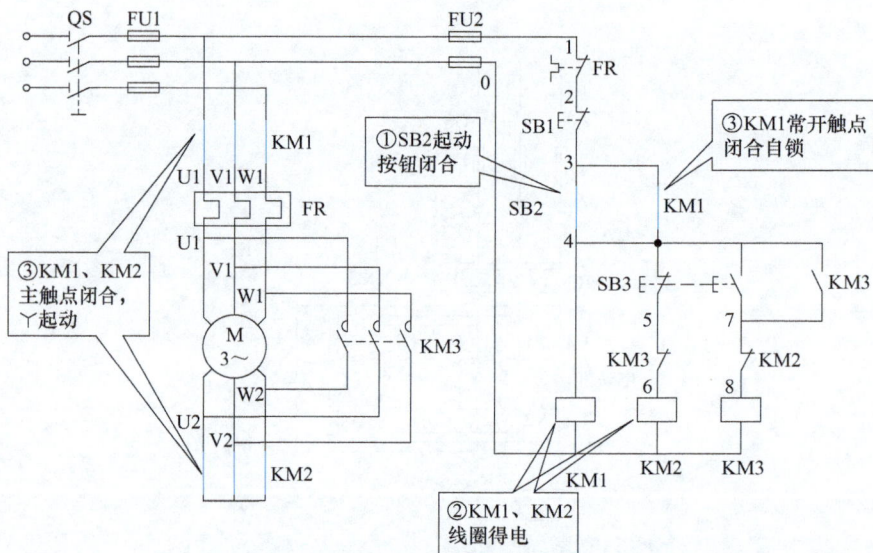

图 3-14　电动机丫－△减压手动控制起动电路工作原理图 1

（2）时间继电器控制　异步电动机常使用时间继电器自动控制丫－△减压起动，如图 3-16 所示。采用时间继电器控制电路相对于手动控制更加精确和自动化，提高了工作效率。

该电路由三个接触器、一个热继电器、一个时间继电器和两个按钮组成。SB2 为起动按钮，SB1 为停止按钮；KT 为时间继电器。线路的工作原理如下：

按下 SB2 起动按钮，KM1、KM2、KT 线圈同时得电，KM1 常开触点闭合，KM1 线圈实现自锁，同时给 KT 和 KM2 提供持续的电能，KM1 主触点、KM2 主触点闭合，电动机丫起动，如图 3-17 所示。

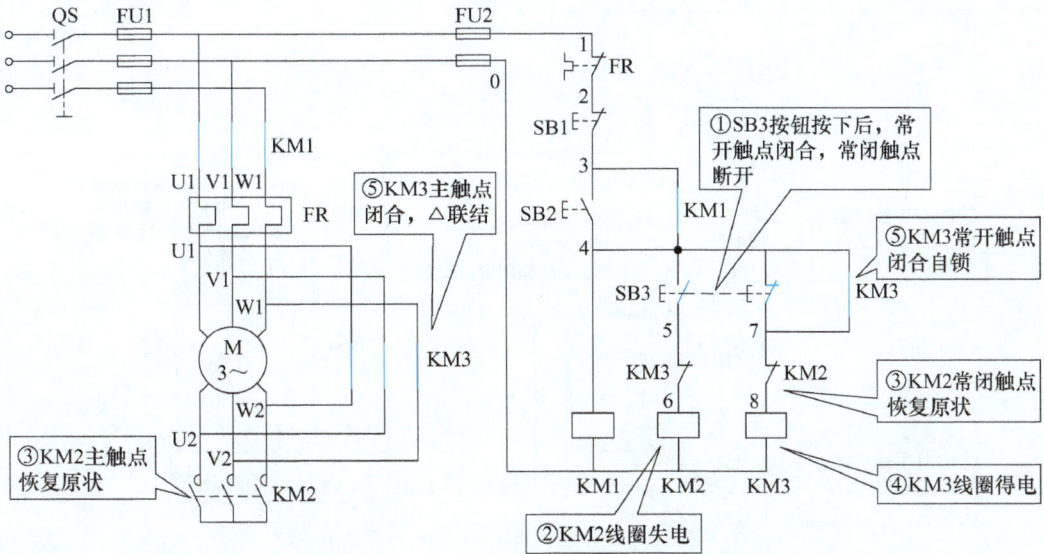

①SB3 按钮按下后，常
开触点闭合，常闭触点
断开

⑤KM3 主触点
闭合，△联结

⑤KM3 常开触点
闭合自锁

③KM2 常闭触点
恢复原状

③KM2 主触点
恢复原状

④KM3 线圈得电

②KM2 线圈失电

图 3-15　电动机 丫－△减压手动控制起动电路工作原理图 2

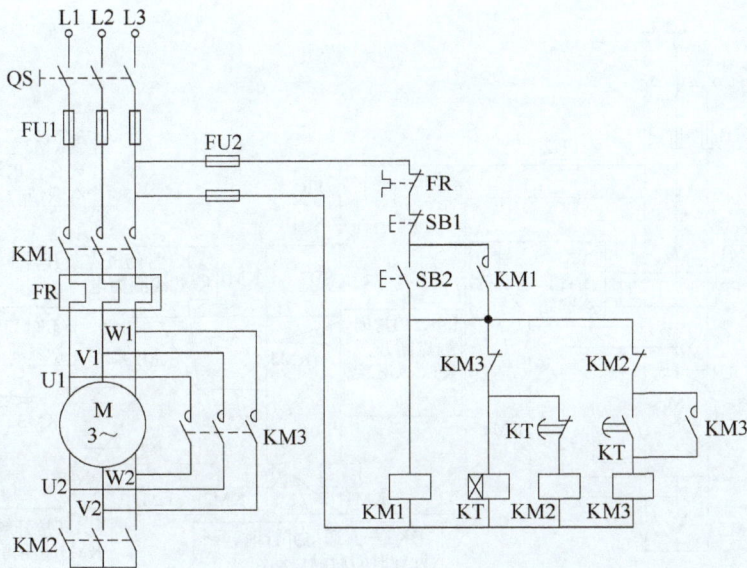

图 3-16　带时间继电器的 丫－△减压起动电路

　　时间继电器 KT 一直保持通电并开始计时，时间到，其常闭触点断开，KM2 线圈失电，KM2 常闭触点恢复原状，主触点也恢复原状；同时时间继电器 KT 其常开触点闭合，KM3 线圈得电，KM3 常闭触点断开，KT 和 KM2 线圈都失电，同时 KM3 常开触点闭合，主触点闭合，电动机△联结运转，如图 3-18 所示。

　　任何时候按下停止按钮 SB1，KM1、KM2、KM3 和 KT 线圈都会失电，所有接触器和时间继电器恢复原状，电动机停止运转。

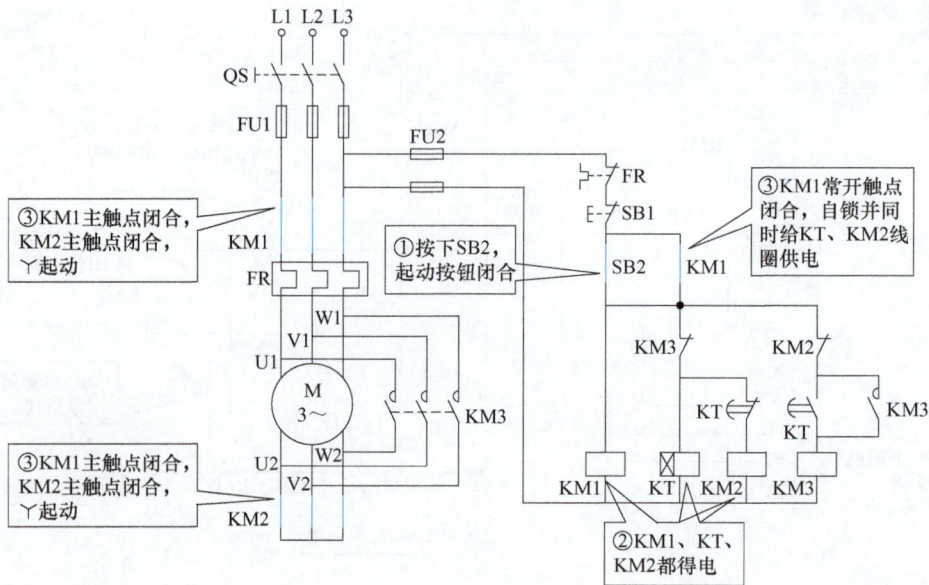

图 3-17　带时间继电器的 丫－△减压起动电路工作原理 1

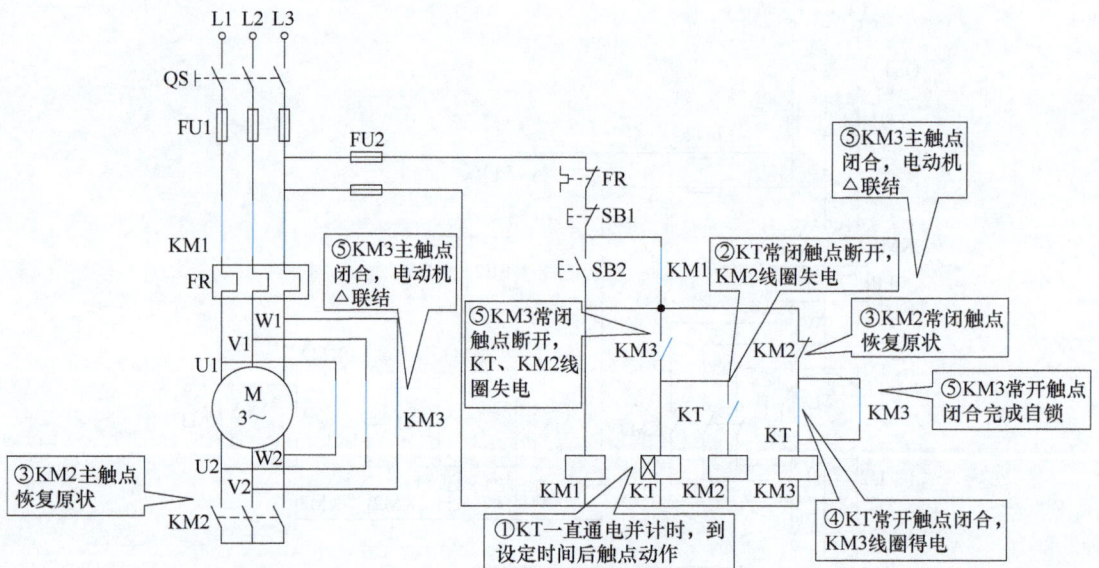

图 3-18　带时间继电器的 丫－△减压起动电路工作原理 2

技能卡 10　电路的检修方法二（★★★）

1. 电压分段测量法

电压分段测量法如图 3-19 所示，测量检查时，把万用表的转换开关置于交流 750V 档位。

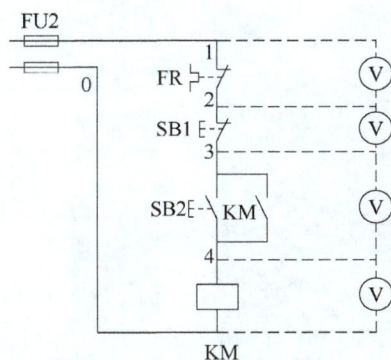

图 3-19　电压分段测量法

　　首先用万用表测量 0—1 之间的电压，若电路正常应为 380V，然后按下 SB2 不放，依次测量 1—2、2—3、3—4、4—0 之间的电压，正常情况下，除 4—0 之间的电压值为 380V 外，其余相邻各点之间的电压均应为零。电压分段测量示意图如图 3-20 所示。

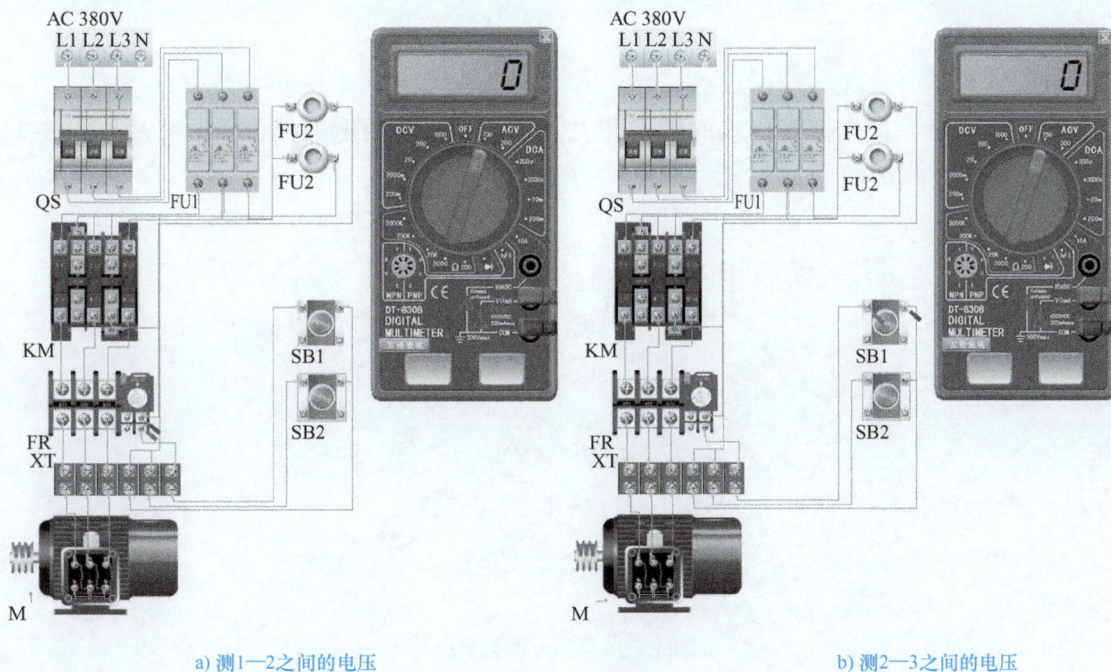

a) 测1—2之间的电压　　　　　　　　　　　　　b) 测2—3之间的电压

图 3-20　电压分段测量示意图

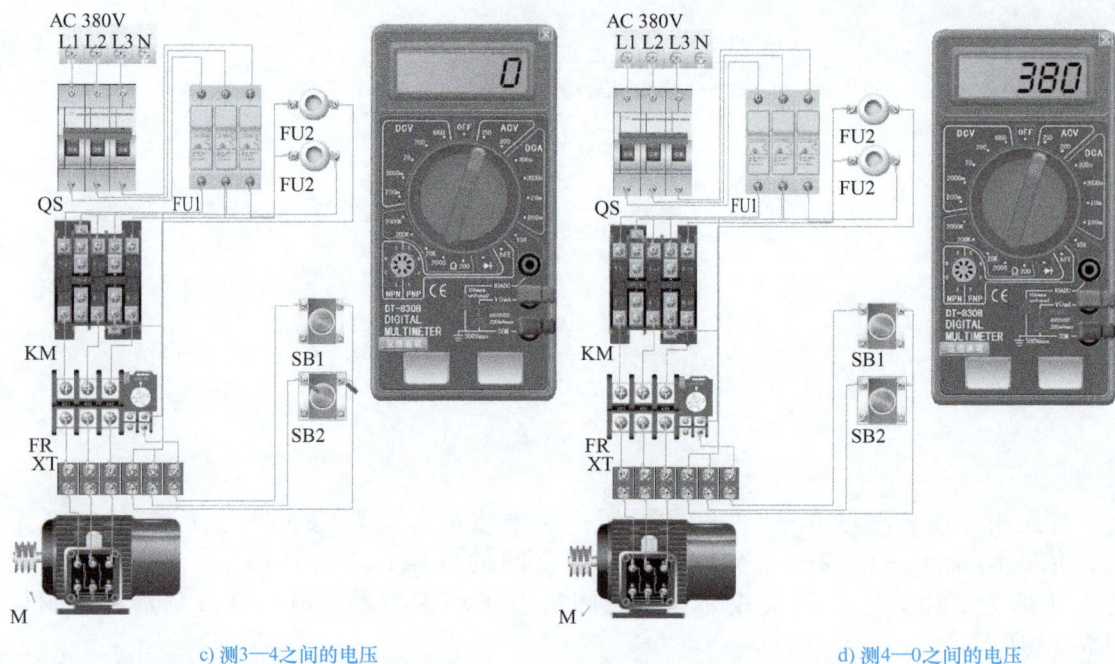

c) 测3—4之间的电压   d) 测4—0之间的电压

图 3-20   电压分段测量示意图（续）

2. 电阻分段测量法

测量检查时，首先把万用表的转换开关置于倍率适当的电阻档位上，然后按图 3-21 所示的方法进行测量。

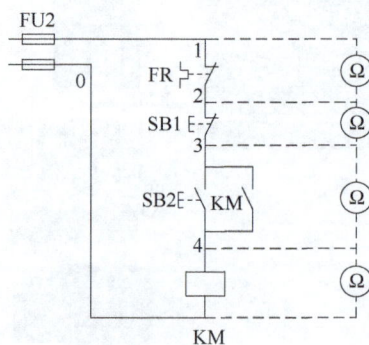

图 3-21   电阻分段测量法

先断开电源，然后按下起动按钮 SB2 不放，依次测量 1—2、2—3、3—4、4—0 各点间的电阻值。如测得某两点间的电阻值为无穷大，则说明这两点间的元件或连接导线断路。电阻分段测量示意图如图 3-22 所示。

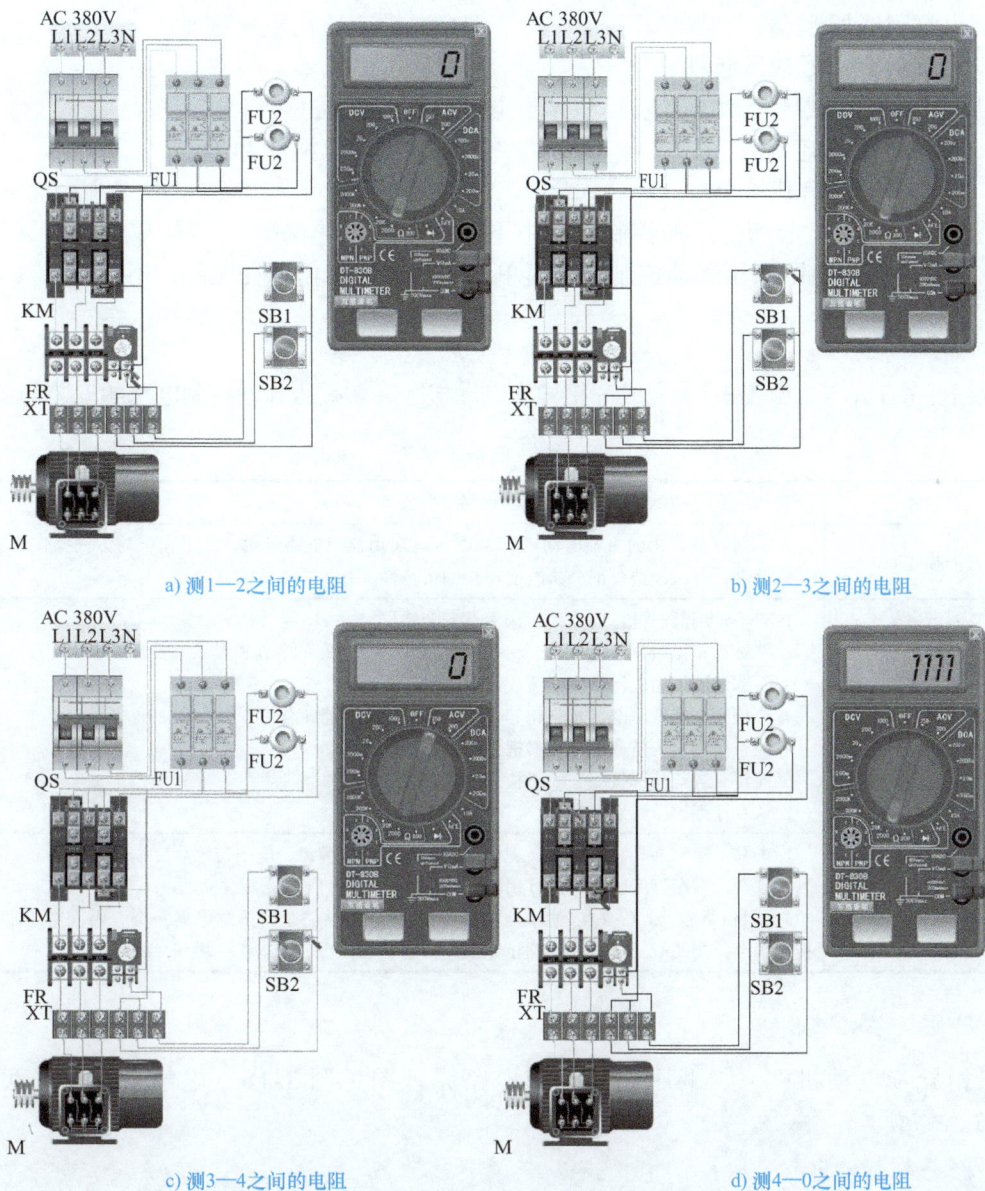

a) 测1—2之间的电阻

b) 测2—3之间的电阻

c) 测3—4之间的电阻

d) 测4—0之间的电阻

图 3-22　电阻分段测量示意图

❖ 小试牛刀

1. 串电阻减压起动电路起动时，电阻 R 起到_____的作用。

2. 电动机 丫 - △ 减压起动电路中，时间继电器的作用是_____，时间继电器常开触点的作用是_____。

3. 电动机进行减压起动的目的是限制_____，并且在_____不高的场合下使用。

4. 串电阻减压起动电路中，使用手动控制减压过程，按下 SB2，KM2 线圈_____，KM1 线圈_____，KM1 控制的串电阻断路。

5. 异步电动机减压起动常用的有（　　　）。

A. 串电阻减压起动   B. 自耦变压器减压起动

C. 星形 – 三角形减压起动

6. 使用丫 – △减压起动电路来起动异步电动机的目的是（   ）。

A. 降低起动电流   B. 减少对电网的冲击

C. 减轻电动机负载

7. 在串电阻减压起动电路的控制回路中不需要设置过热保护。   （   ）

8. 定子绕组串电阻减压起动控制电路简单、操作方便，但消耗电能，不经济。（   ）

◆ 大显身手

根据任务工单 7（见表 3-1）完成三相异步电动机丫 – △减压起动控制电路的安装与调试。

表 3-1 任务工单 7

任务名称	三相异步电动机丫 – △减压起动控制电路安装与调试
任务描述	一车间有台机床的主轴电动机丫 – △减压起动控制电路老化，为了安全与方便操作，要求对其线路进行升级改造。请分析改变连接的可行性，并做出具体的修改
任务要求	1. 熟悉常用低压电器的结构、选用及安装知识 2. 熟悉三相笼型异步电动机丫 – △减压起动控制电路的工作原理及元器件组成 3. 熟练使用常用电器检测仪器、工具 4. 会检测判断低压电器及三相异步电动机是否能正常工作 5. 能根据给定的任务进行资料搜集、知识与经验准备 6. 能正确进行外部接线及线路检查和调试 7. 认真仔细、重视用电安全
工具、仪表和器材	1. 工具：螺钉旋具、试电笔、剥线钳、斜口钳、尖嘴钳、电工刀等 2. 仪表：数字万用表或模拟万用表 3. 器材：组合开关一个，熔断器两组，交流接触器三个，热继电器一个，时间继电器一个，按钮两个，接线端子排一个，三相笼型异步电动机一台，控制板一块和导线若干

1. 绘制安装接线图

三相异步电动机丫 – △减压起动控制电路原理图见图 3-16，电气安装接线可参考图 3-23。

2. 检查与固定电气元件

检查元件，按接线图规定位置将元件固定。

3. 布线

按接线图的走线方法进行板前明线布线和套编码套管。板前明线布线的工艺要求如下：

1）布线通道尽可能少，同路并行导线按主、控制电路分类集中，单层密排，紧贴安装面布线。

2）同一平面的导线应高低一致和前后一致，不能交叉。非交叉不可时，应水平架空跨越，但必须走线合理。

3）布线应横平竖直，分布均匀，变换走向时应垂直。

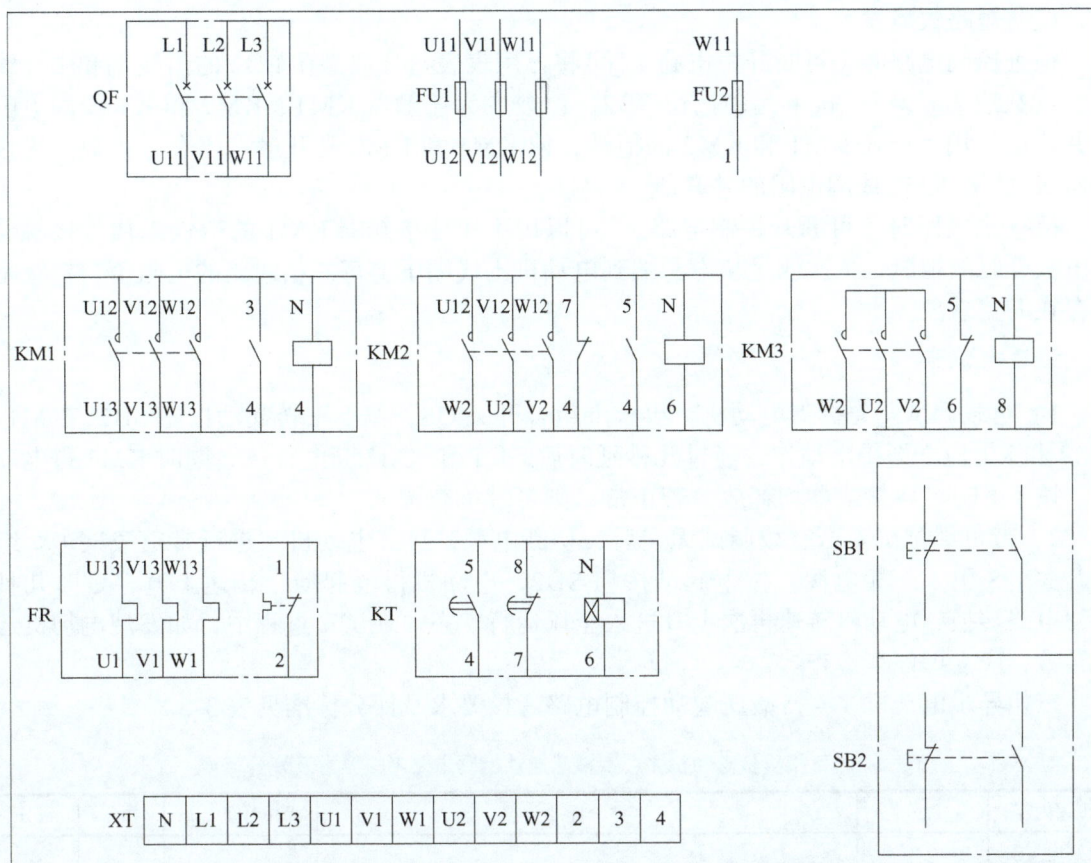

图 3-23　三相异步电动机 丫 – △减压起动控制电路安装接线图

4）布线时严禁损伤线芯和导线绝缘。

5）在每根剥去绝缘层导线的两端套上编码套管，从一个接线端子（或接线桩）到另一个接线端子的导线连接，必须确保中间无接头。

6）导线与接线端子或接线桩连接时，不得压绝缘层，也不得漏铜过长。

7）一个电气元件接线端子上的连接导线不得多于两根。

8）根据电气接线图检查控制板布线是否正确。

9）连接电动机和按钮金属外壳的保护接地线。

10）连接电源、电动机等控制板外部的导线。

安装接线注意事项：接线时要保证电动机三角形联结的正确性，即接触器 KM3 的主触点闭合时，应保证定子绕组 U1 与 W2、V1 与 U2、W1 与 V2 相连接。接触器 KM2 进线必须从三相定子绕组的末端引入，若误将其从首段引入，则在 KM2 吸合时会产生三相电源短路事故。

4.线路检查

1）按电气原理图和安装接线图从电源端开始，逐段核对接线及接线端子处是否正确，有无漏接、错接之处，检查导线接线端子是否符合要求，压接是否牢固。

2）用万用表检查线路的通断情况。检查时，应选用倍率适当的电阻档，并进行校零，以防短路故障发生。

检查控制电路时（可断开主电路），可将万用表表笔分别搭在 FU2 的出线端和中性线上，读数应为"∞"。按下起动按钮 SB2，读数应为接触器 KM1、KM2 和 KT 线圈电阻的并联值。用手压住 KM1 和 KM2 的衔铁，使 KM1 和 KM2 常开触点闭合，读数应为接触器 KM1 和 KM2 线圈电阻的并联值。

检查主电路时（可断开控制电路），可以用手压住接触器 KM1 的衔铁来代替接触器得电吸合时的情况，依次测量从电源端到电动机出线端子上每一相线路的电阻值，检查是否存在开路现象。

5. 通电试车

1）空载调试。先拆下电动机，再合上组合开关 QS，按下正转起动按钮 SB2，KM1、KM2 和 KT 应立即得电动作，经过几秒延时后，KT 和 KM2 断电释放，同时 KM3 得电动作。按下 SB1，各接触器均释放。若正常，则可带负载调试。

2）带负载调试。若空载调试无误后，切断电源，接好电动机，进行带负载试车。组合开关 QS 引入三相电源，按下起动按钮 SB2，电动机得电起动，转速上升，延时几秒后，电路转换，电动机转速再次上升进入全压运行状态。在试车过程中，如发现电动机运转异常，应立即停车检查。

三相异步电动机 丫－△减压起动控制电路考核要求及评分标准见表 3-2。

表 3-2 三相异步电动机 丫－△减压起动控制电路考核要求及评分标准

测评内容	配分	评分标准	操作时间 /min	扣分	得分
绘制电气安装接线图	10 分	绘制不正确，每处扣 2 分	20		
安装元器件	20 分	1. 不按图安装，扣 5 分 2. 元器件安装不牢固，每处扣 2 分 3. 元器件安装不整齐、不合理，每处扣 2 分 4. 损坏元器件，扣 10 分	20		
布线	50 分	1. 导线截面选择不正确，扣 5 分 2. 不按图接线，扣 10 分 3. 布线不符合要求，每处扣 2 分 4. 接点松动，露铜过长，螺钉压绝缘层等，每处扣 2 分 5. 损坏导线绝缘或线芯，每处扣 2 分 6. 漏接接地线，扣 5 分	60		
通电试车	20 分	1. 第一次试车不成功，扣 5 分 2. 第二次试车不成功，扣 5 分 3. 第三次试车不成功，扣 10 分	20		
安全文明操作		违反安全生产规程，扣 5～20 分			
定额时间（2h）	开始时间（ ） 结束时间（ ）	每超过 2min，扣 5 分			
合计总分					

◆ 点石成金

1. 星形–三角形减压起动接线注意事项

1）丫–△减压起动电路，只适用于△接线、380V 的笼型异步电动机，不可用于丫接线的电动机。起动时已经是丫接线，电动机全压起动，当转入△运行时，电动机绕组会因电压过高而烧毁。

2）接线时应先将电动机接线盒的连接片拆除。

3）接线时应特别注意电动机的首尾端接线相序不可有错。如果接线有错，会出现起动时电动机左转，运行时电动机右转，因电动机突然反转电流剧增而烧毁电动机或造成事故。

4）起动时间切换过程不宜过短。起动时间过短，电动机的转速还没有提起来，这时如果切换到运行，电动机的起动电流还会很大，造成电压波动。

5）起动时间切换过程不宜过长。起动时间过长，电动机转速已经转起来，但因起动时间过长，电动机会因低电压大电流发热烧毁。

6）电动机丫–△减压起动电路，由于起动转矩很小，因此只适用于轻载或空载的电动机。

2. 三相异步电动机丫–△减压起动控制电路典型故障

1）故障 1：电动机丫–△减压起动控制电路中，合上总开关 QS，丫起动过程正常，但是按下 SB3 开关后，电动机发出异常声音转速也急剧下降。

故障分析：接触器切换动作正常，表明控制电路接线无误，问题出现在接上电动机后，检测电动机主回路接线，如图 3-24 所示。

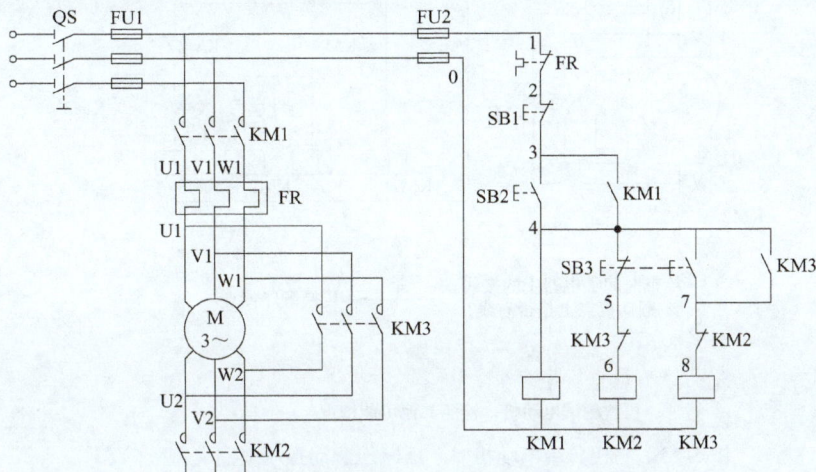

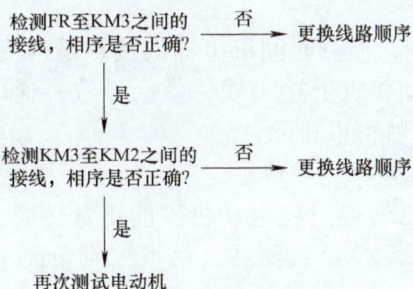

图 3-24　三相异步电动机丫–△减压起动控制电路典型故障 1

排查故障点如下：

① 用万用表导通档检测送入电动机的相序导通性，检测 FR 下面接线至 KM3 主触点上面一侧的接线相序是否正确。

② 然后再次用万用表的导通档检测 KM3 主触点下面一侧的接线至 KM2 主触点上面一侧的接线是否正确，如果接线错误，电动机由于正常起动突然变成了反序电源制动，反向制动电流造成了电动机转速急剧下降和异常声音。

③ 核查主回路接触器及电动机接线端子的接线顺序后，发现错误处及时变更接线相序，再次测试。

2）故障 2：空载试验时，按起动按钮 SB2，KM2 和 KM3 不断切换、不能吸合。

故障分析：根据故障现象分析得出，KM2 和 KM3 能够反复切换，说明它们本身没有故障，是时间继电器没有延时动作导致，如图 3-25 所示。

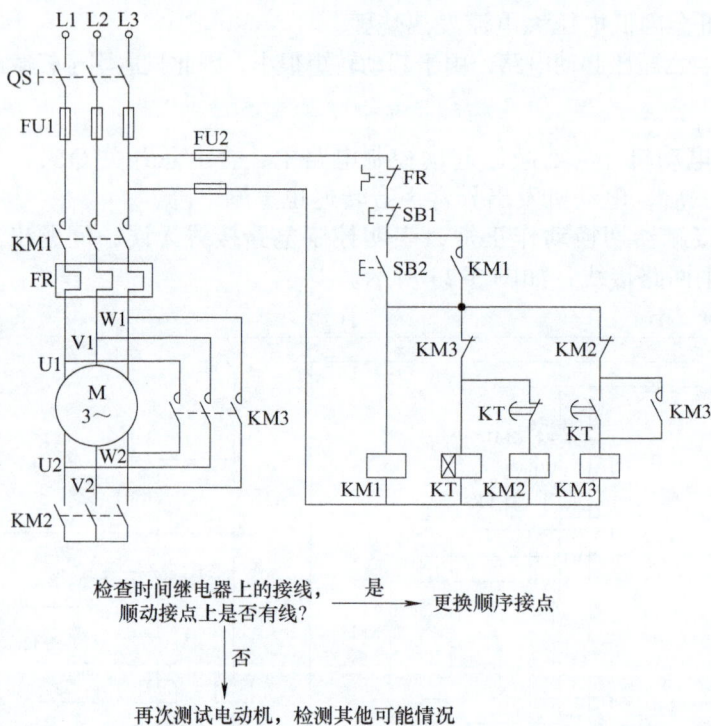

图 3-25　三相异步电动机 丫－△ 减压起动控制电路典型故障 2

排查故障点如下：

① 检查时间继电器的接线，检测时间继电器的接点是否使用错误。

② 如果时间继电器的瞬动接点上接了线，就会导致一通电就动作，将线路改接到时间继电器的延时接点上，故障就可以排除。

3）其他常见故障。

① 丫 起动过程正常，但 △ 转换过程电动机不能正常转换，原因可能是时间继电器线圈故障、时间继电器触点故障、KM3 线圈或者触点故障导致。

② 线路空载时工作正常，接上电动机试车时，起动电动机就发出异常声音，转子左

右颤动，按下停止按钮后，KM2 和 KM3 灭弧罩内有强烈的电弧现象。导致这种现象发生的原因一般是电动机绕组缺相不能形成旋转磁场，使电动机转轴的转向不定而左右颤动。一般处理故障的方式是检查接触器接点闭合是否良好、接触器及电动机端子的接线是否紧固。

③ 按下起动按钮，接触器动作，但电动机不转。导致这种故障的原因是主回路有问题，接触器主触点、电动机电源线可能断开；KM1 接触器没吸合；KM1 线圈是否存在烧毁；KM3 的常闭触点是否通路；电动机是否卡死等这些问题点进行检查。

任务 3-2　Z30100 型摇臂钻床控制电路分析与检修

◆ 抛砖引玉

生产机械中常常需要对一些大而重的工件进行加工，在立式钻床上加工孔时，刀具与工件的对中是通过工件的移动来实现的，这对一些大而重的工件显然是非常不方便的，因此采用摇臂钻床，能用移动刀具轴的位置来对中，这就给单件及小批生产中，加工大而重工件上的孔带来了很大的方便。摇臂钻床可以用来钻孔、扩孔、铰孔、攻螺纹及修刮端面等多种形式的加工，特别适用于单件或批量生产带有多孔大型零件的孔加工，是一般机械加工车间常见的机床。本次任务主要是通过分析 Z30100 型摇臂钻床的回路，学习新的知识，同时解决摇臂钻床常见故障。

◆ 有的放矢

1. 了解液压电磁阀、断电延时时间继电器、中间继电器的结构、型号、规格及使用方法。
2. 掌握 Z30100 型摇臂钻床主回路的工作原理分析和故障排除。
3. 掌握 Z30100 型摇臂钻床主轴夹紧放松、摇臂夹紧放松等回路分析。

◆ 聚沙成塔

▶ 知识卡 28　液压电磁阀（★ ☆ ☆）

1. 功能

液压电磁阀是用来控制流体的一种自动化基础元件，属于执行器，是在液压传动中用来控制液体压力、流量和方向的元件。其中，控制压力的称为是压力控制阀，控制流量的称为流量控制阀，控制通断和流向的称为方向控制阀。控制液压电磁阀用于控制液压流动方向，工厂的机械装置一般都是由液压缸控制，所以会用到液压电磁阀。

液压电磁阀按功能进行分类，可分为方向控制阀、压力控制阀、流量控制阀。在 Z30100 型摇臂钻床中用到了电磁换向阀。

方向控制阀是能同时控制几个油孔的通断，从而使流过阀孔的液流方向发生变化的阀。电磁换向阀是通过电磁线圈的通断控制方向变化的阀。

2. 结构和符号

电磁换向阀的结构如图 3-26 所示，由阀体和阀芯组成，电磁部分由线圈和衔铁组成。

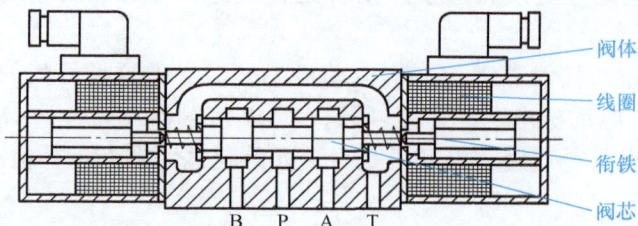

图 3-26　电磁换向阀结构图

电磁换向阀有多种类型，见表 3-3。

表 3-3　电磁换向阀的种类

名称	结构原理图	符号
二位二通		
二位三通		
二位四通		

"位"指阀芯的位置，例如阀芯有两种位置的换向阀简称二位阀。阀芯有三种位置的阀简称三位阀，大于三的叫多位阀。

"通"指在一个位置，换向阀的通油口叫通。在一个位置上有两个通口的阀简称二通阀。有三个通口的叫三通阀。

例如，图 3-27a 所示为三位四通电磁换向阀，图 3-27b 所示为二位四通电磁换向阀。

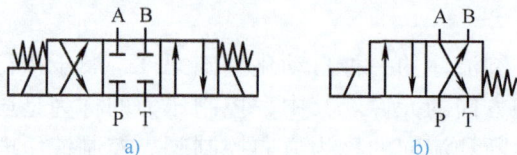

图 3-27　电磁换向阀

一般来说，在 PLC 控制系统的电气原理图中，电磁阀的电气符号用 YV 表示。

3. 工作原理

现以三位四通电磁换向阀为例来说明，当两端电磁铁都断电时，阀芯处于中间位置，此时 P、A、B、T 各油腔互不相通，如图 3-28 所示。

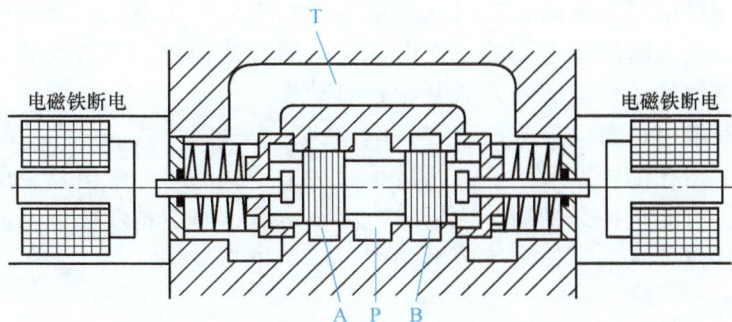

图 3-28　电磁铁断电时电磁换向阀的状态图

当左端电磁铁通电时，电磁铁吸合，并推动阀芯向右移动，使 P 和 B 连通，A 和 T 连通。当断电后，右端复位弹簧的作用力可使阀芯回到中间位置，恢复原来四个油腔相互封闭的状态，如图 3-29 所示。

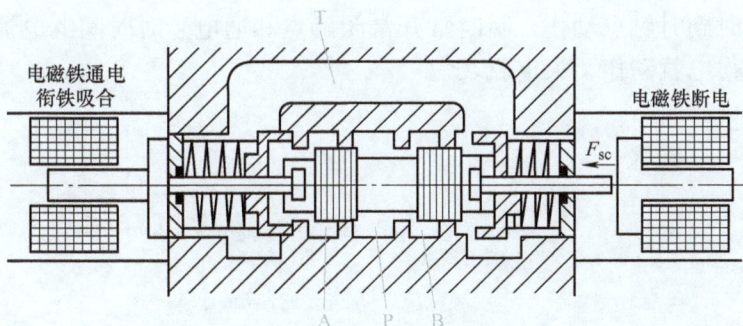

图 3-29　左端电磁铁得电吸合时电磁换向阀的状态图

当右端电磁铁通电时，衔铁将通过推杆推动阀芯向左移动，P 和 A 相通、B 和 T 相通。电磁铁断电，阀芯则在左弹簧的作用下回到中间位置，如图 3-30 所示。

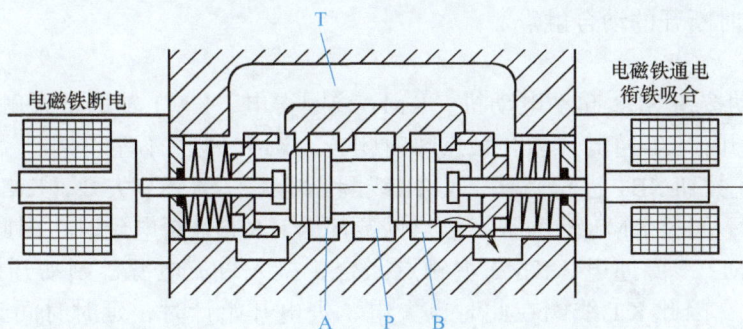

图 3-30　右端电磁铁得电吸合时电磁换向阀的状态图

知识卡 29　断电延时时间继电器（★☆☆）

1.功能

断电延时时间继电器和通电延时时间继电器在功能上有所不同，前面所讲解到的通电延时时间继电器就是在时间继电器的工作电压通电后开始延时动作，而断电延时时间继电器就是在时间继电器的工作电压断开后开始延时动作。

断电延时时间继电器可以分为电磁式、电动式、空气阻尼式、电子式等。其中，空气阻尼式的时间继电器在前面章节已经介绍过了。而电子式的时间继电器目前发展迅速，应用越来越广，它具有比机械结构简单、延时范围设定宽、整定精度高、消耗功率小、调整方便及寿命长的特点，在电力拖动控制电路中，应用越来越广。

2.原理和符号

断电延时型的时间继电器在线圈通电后，常开触点或常闭触点迅速动作；在线圈断电后，开始延时计时，时间到了以后，常开触点或常闭触点恢复原状，常开触点恢复断开状态，常闭触点恢复到闭合状态。

断电延时时间继电器电气符号如图 3-31 所示。断电延时时间继电器的触点动作看圆弧，通电后触点动作，断电后，圆弧向圆心方向移动，带动触点延时复位。延时动作触点是在断电延时计时到时触点动作，瞬时常开常闭触点和通电延时时间继电器一样，不受延时计时的影响，得电就动作，失电就复位。

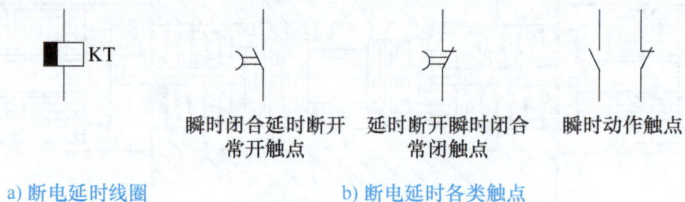

瞬时闭合延时断开　　　延时断开瞬时闭合　　　瞬时动作触点
常开触点　　　　　　　常闭触点

a）断电延时线圈　　　　　　b）断电延时各类触点

图 3-31　断电延时时间继电器电气符号

3.接线与分析

图 3-32 是用于电动机制动的电路示意图。图中，KM1 接触器的作用是接通主电源，KM2 接触器的作用是接通直流控制电源开始制动。KT 采用的断电延时时间继电器，触点是瞬时闭合，延时断开的动合触点。

工作原理：

1）按下起动按钮 SB2 起动电动机，KM1 线圈得电，KM1 辅助常开触点自锁，KM1 辅助常闭触点断开；KT 通电，动合触点瞬时闭合，KM2 线圈不能得电。

2）按下停止按钮 SB1 进行制动，KM1 线圈断电，自锁环节失效，KM1 主触点断开，电动机脱离电源；同时 KM1 辅助常闭触点恢复闭合，KT 是断电延时，因此 KT 触点还处于闭合状态，KM2 线圈通电，KM2 主触点闭合，接入直流电源，制动开始。同时 KM1 的自锁环节失效，因此 KT 线圈在此时也失电，失电开始计时，延时时间到后，KT 的延时断开常开触点恢复断开，KM2 过段时间断电，切断直流电源，制动结束。

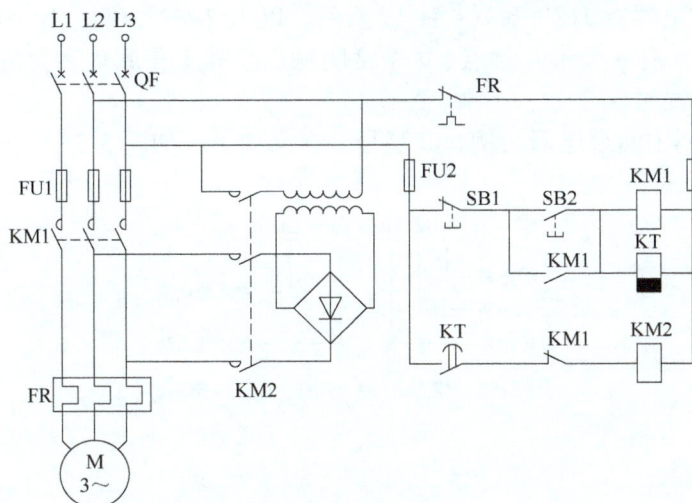

图 3-32　带断电延时时间继电器的电路示意图

📘 知识卡 30　中间继电器（★☆☆）

1. 功能

中间继电器用于继电保护与自动控制系统中，以增加触点的数量及容量，用于在控制电路中传递中间信号。中间继电器的结构和原理与交流接触器基本相同。与接触器的主要区别在于：接触器的主触点可以通过大电流，而中间继电器的触点只能通过小电流。该继电器的触点系统中无主、辅触点之分，各触点容量相同（一般为 5A），中间继电器实物图如图 3-33 所示。

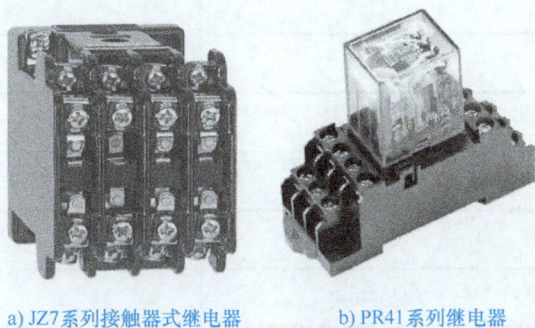

a) JZ7系列接触器式继电器　　　b) PR41系列继电器

图 3-33　中间继电器实物图

2. 符号、型号

中间继电器的符号如图 3-34 所示。

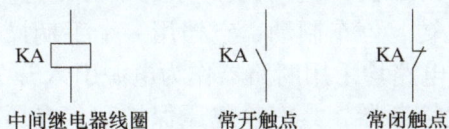

中间继电器线圈　　　常开触点　　　常闭触点

图 3-34　中间继电器文字符号和图形符号

常用的中间继电器有 JJZ7 系列、HH5 系列。以 JZ7-62 为例，JZ 为中间继电器的代号，7 为设计序号，有 6 个常开触点、2 个常闭触点。其工作原理和交流接触器的原理类似，因此不再一一说明。

以 JZ7-62 系列中间继电器为例，其型号的含义如下：如图 3-35 所示。

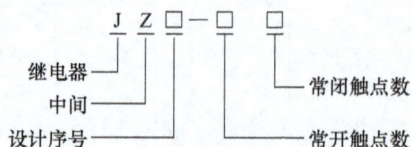

图 3-35　JZ7-62 系列中间继电器型号

技术数据见表 3-4。

表 3-4　JZ7 系列中间继电器的主要技术数据

额定绝缘电压 /V		380
额定电流 /A		5
线圈电压 /V		12、36、127、220、380
操作频率 /（次 /h）		1200
机械寿命 / 次		3000000
触点个数	JZ7-44	4 常开 4 常闭
	JZ7-62	6 常开 2 常闭
	JZ7-80	8 常开 0 常闭
线圈参数	吸合电压	85%～105% 线圈电压
	释放电压	75%～20% 线圈电压
	吸合功率	75V·A
	保持功率	12V·A

知识卡 31　Z30100 型摇臂钻床的功能、主要结构与运动形式（★☆☆）

　　Z30100 型摇臂钻床属于大型立式钻床。由于其工作效率高，加工误差小，液压预选变速，大钻孔直径 100mm，在配有相应工装的条件下可以进行镗孔，主轴箱、摇臂、立柱均由液压夹紧；主轴正反转、停车制动、空档用一个手柄操作。其主电路、控制电路、信号指示灯电路及机床照明电路均采用断路器作为电源引入开关。断路器中的电磁脱扣装置作为短路保护电器而取代熔断器，具有零电压保护和欠电压保护作用。Z30100 型摇臂钻床的外形如图 3-36 所示。

Z30100 型摇臂钻床主要由立柱、主轴箱、摇臂、工作台、底座等组成，如图 3-37 所示。

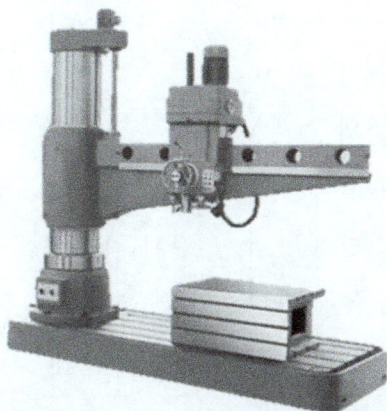

图 3-36　Z30100 型摇臂钻床外形图

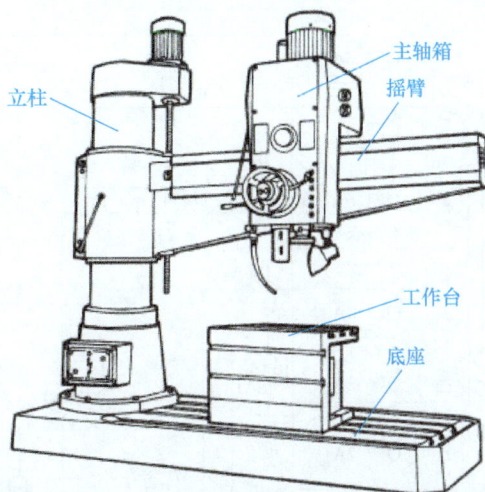

图 3-37　Z30100 型摇臂钻床结构图

　　Z30100 型摇臂钻床的运动包括主轴电动机的起动和停止运动、主轴箱及摇臂的夹紧松开运动、摇臂的上升下降运动、立柱的松开夹紧运动、主轴箱的水平运动和冷却泵电动机的运动。Z30100 型摇臂钻床的控制电路如图 3-38 所示。

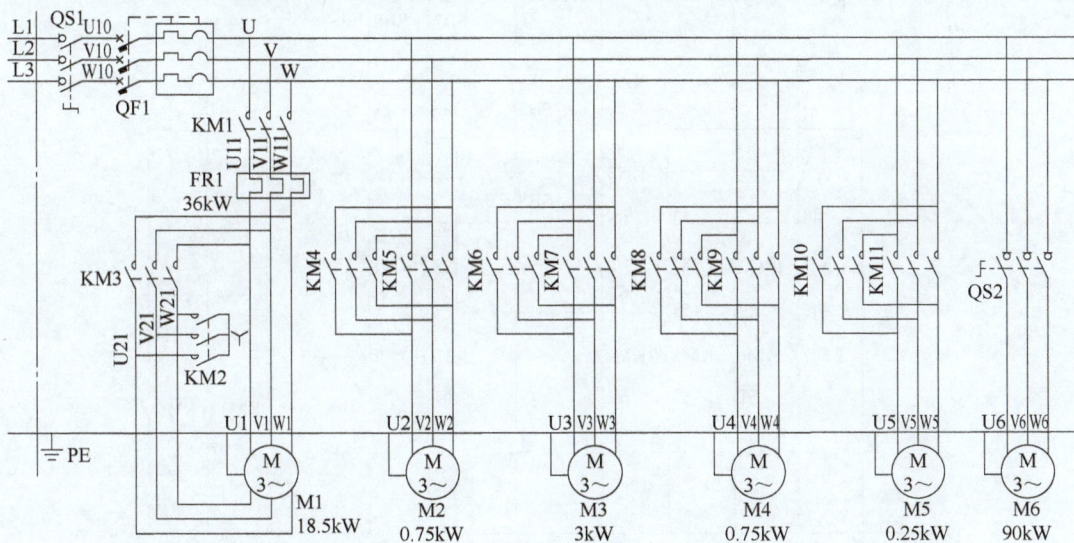

a) 主电路图

图 3-38　Z30100 型摇臂钻床电气控制原理图

变压器		整流装置				主电动机丫-△起动控制			
变压器	电路保护	机床照明	电磁离合器	指示灯	总起动	丫	△	摇臂升降控制

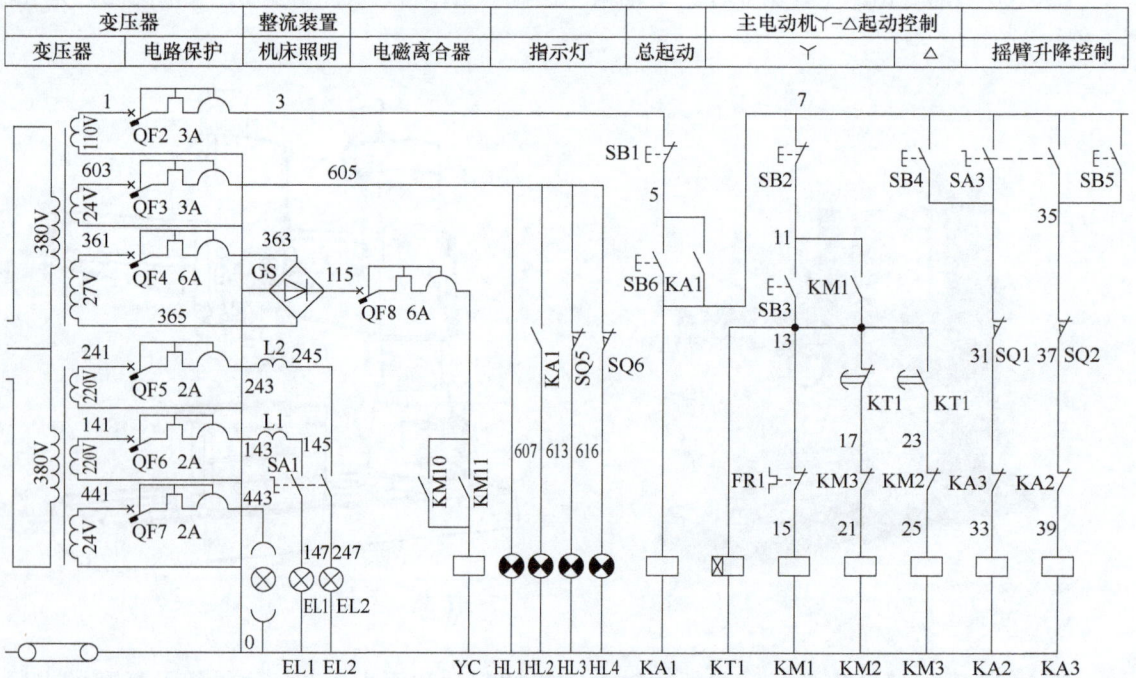

b) 控制回路1

摇臂升降		立柱夹紧松开		主轴箱夹紧松开		夹紧	主轴箱水平移动	
上升	下降	松开	夹紧	松开	夹紧	分配	向左	向右

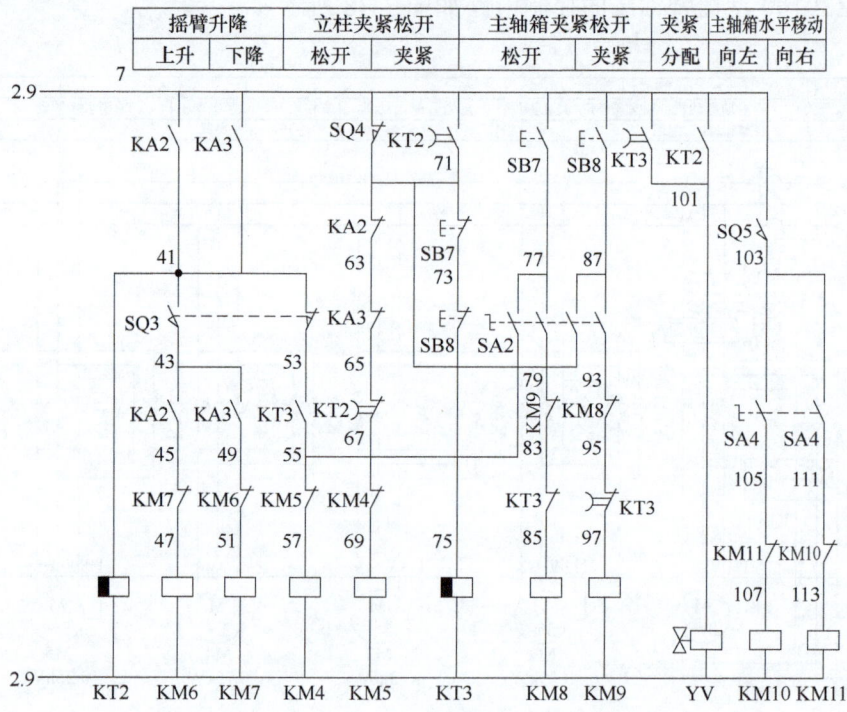

c) 控制回路2

图 3-38 Z30100 型摇臂钻床电气控制原理图（续）

130

Z30100 型摇臂钻床输入输出用途分配见表 3-5。

表 3-5　Z30100 型摇臂钻床输入输出用途分配表

输入		输出		
元件	用途简述	元件	用途简述	电源
SB1	总停控制	KM1	主轴电动机起动、停止接触器	AC 110V
SB2	主轴停止控制	KM2	主轴电动机丫接接触器	
SB3	主轴起动控制	KM3	主轴电动机△接接触器	
SB4	摇臂上升控制	KM4	主轴箱及摇臂松开接触器	
SB5	摇臂下降控制	KM5	主轴箱及摇臂夹紧接触器	
SB6	总起动	KM6	摇臂上升接触器	
SB7	主轴箱 / 立柱松开控制	KM7	摇臂下降接触器	
SB8	主轴箱 / 立柱夹紧控制	KM8	立柱松开接触器	
SQ1	摇臂上升极限限位	KM9	立柱夹紧接触器	
SQ2	摇臂下降极限限位	KM10	主轴箱向右移动接触器	
SQ3	摇臂松开到位	KM11	主轴箱向左移动接触器	
SQ4	摇臂夹紧到位	YA1	松开与夹紧油路分配电磁铁	
SQ5	主轴箱松开到位	HL1	电源指示灯	AC 24V
SQ6	主轴箱夹紧到位	HL2	运行指示灯	
SA1	照明灯开关	HL3	主轴夹紧指示灯	
SA2-1	立柱箱 / 立柱松夹转换 1	HL4	主轴松开指示灯	
SA2-2	立柱箱 / 立柱松夹转换 2	EL1	机床照明灯 EL1	AC 220V
SA3-1	摇臂升降转换开关上升	EL2	机床照明灯 EL2	
SA3-2	摇臂升降转换开关下降	YC	主轴箱水平移动电磁离合器	DC 24V
SA4-1	主轴箱转换开关向左			
SA4-2	主轴箱转换开关向右			

⊳ 技能卡 11　Z30100 型摇臂钻床的主回路分析（★★★）

由于各台电动机的功能不一样，容量不同，在起动时需区别对待。主轴电动机 M1 容量较大，为了降低起动电流，采用了丫 - △减压起动控制电路。主轴箱松开、夹紧电动机 M2，摇臂升降电动机 M3，立柱松开、夹紧电动机 M4，主轴箱水平移动电动机 M5，这些电动机由于功率不大，直接采用接触器控制电动机的起停，冷却泵电动机 M6 虽然功率较大，但是可以直接通过 QS2 开关控制电动机的起停。

1. 主轴电动机 M1

主轴电动机 M1 由交流接触器 KM1、KM2 和 KM3 进行 $\curlyvee - \triangle$ 减压起动，通过热继电器 FR1 进行过载保护。主轴电动机只能进行一个方向的转动。

2. 主轴箱松开、夹紧电动机 M2

M2 电动机实质上是液压泵电动机，为摇臂与主轴箱的松开与夹紧提供压力油。KM4 接触器控制 M2 的正向起动与停止，点动控制，实现主轴箱的松开；KM5 接触器控制 M2 的反向起动与停止，点动控制，实现主轴箱的夹紧。

摇臂与主轴箱的松开与夹紧是短时间的调整工作，M2 并不长期工作。因此该电动机上未装置热继电器 FR，但需注意的是，液压系统出现故障或者行程开关调整不当，M2 电动机可能会长时间过载而造成事故，因此该线路中装热继电器更加安全。

3. 摇臂升降电动机 M3

交流接触器 KM6 控制 M3 电动机的正向起动与停止，点动控制，实现摇臂的上升。交流接触器 KM7 控制 M3 电动机的反向起动与停止，点动控制，实现摇臂的下降。

4. 立柱松开与夹紧电动机 M4

M4 电动机也是液压泵电动机，专供立柱松开与夹紧。交流接触器 KM8 控制 M4 电动机的正向起动与停止，点动控制，实现立柱的松开；交流接触器 KM9 控制 M4 电动机的反向起动与停止，点动控制，实现立柱的夹紧。

5. 主轴箱水平移动电动机 M5

M5 是主轴箱水平移动电动机，由交流接触器 KM10 和 KM11 分别控制电动机 M5 的起动与停止，有两个旋转方向。接触器 KM10 用来控制电动机 M5 的向右移动；接触器 KM11 用来控制电动机 M5 的向左移动。

在主轴箱水平移动控制电路中，主轴箱与电动机之间接入了直流电磁离合器 YC，使控制更为可靠。

6. 冷却泵电动机 M6

冷却泵电动机通过转换开关 QS2 进行控制，手动控制其运行和停止，如图 3-39 所示。

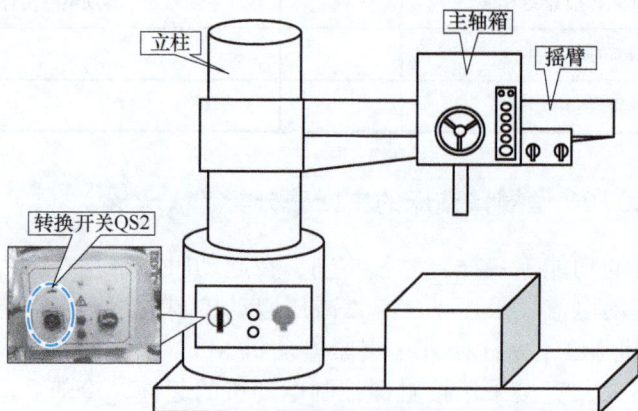

图 3-39　Z30100 型摇臂钻床冷却泵转换开关示意图

技能卡 12　Z30100 型摇臂钻床的控制回路分析（★★★）

1. 变压器供电部分

Z30100 型摇臂钻床控制回路通过变压器提供电能。

控制电路的电压为交流 110V，由断路器 QF2 进行电路保护；机床照明线路由 QF5、QF6、QF7 进行电路保护；指示灯线路由 QF3 进行电路保护，HL1 为电源指示灯，HL2 为运行指示灯，HL3 为主轴夹紧指示灯，HL4 为主轴松开指示灯。SQ6 为指示灯转换开关；电磁离合器的电源通过断路器 QF4，然后经过整流桥整流后，电压为 24V，控制主轴箱的水平移动，使其控制更为可靠，如图 3-40 所示。

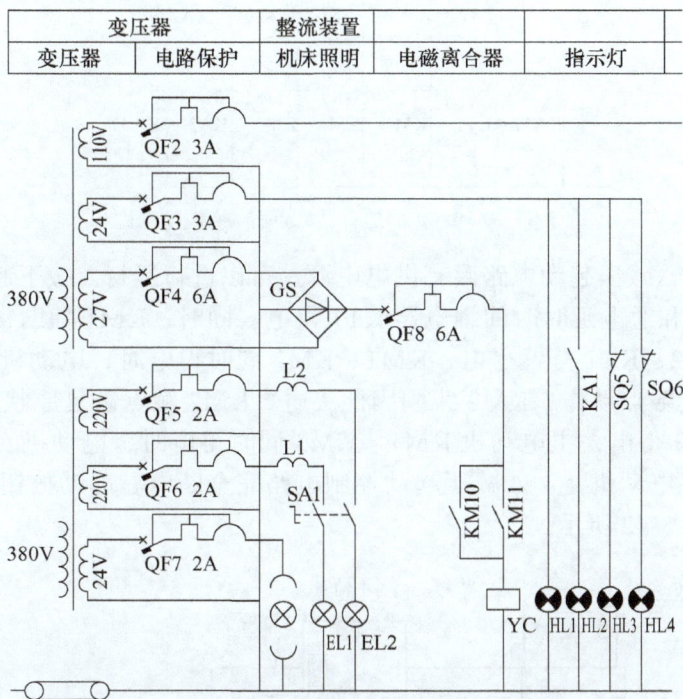

图 3-40　Z30100 型摇臂钻床变压器供电部分接线图

将断路器 QF2～QF8 扳到闭合位置，然后扳动总电源开关 QF1，引入三相 380V 交流电源。电源指示灯 HL1 亮，机床处于通路状态，然后机床可以进行各种控制和操作。

2. 主轴电动机起动与停止控制

按下总起动按钮 SB6，中间继电器 KA1 线圈得电并自锁，为控制电路提供电源通路，并为其他电器得电做好准备，同时 KA1 的常开触点闭合，运行指示灯 HL2 点亮。总停止按钮为 SB1，用于断开中间继电器 KA1 的自锁环节，如图 3-41 所示。

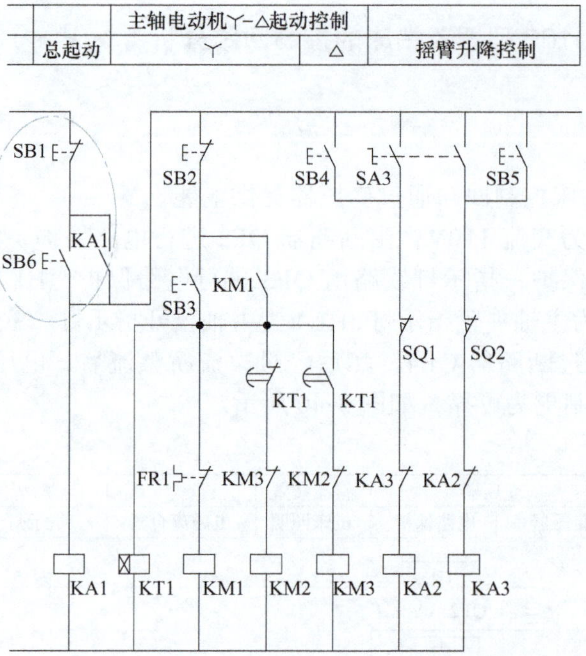

	主轴电动机 Y-△ 起动控制			摇臂升降控制
总起动	Y		△	

图 3-41　Z30100 型摇臂钻床部分控制电路图 1

主电动机 Y-△ 减压起动电路因有供电电源，可以进行运行。按下起动按钮 SB3，接触器 KM1、KM2 和通电延时时间继电器 KT1 得电。同时，KM1 辅助常开触点闭合完成自锁，KM1、KM2、KT1 持续得电，KM1、KM2 同时得电时，电动机 Y 起动。当 KT1 计时时间到后，其触点动作，KM2 线圈因此失电，KM2 触点恢复原状，KM3 线圈线路因此都闭合，KM3 得电，主电动机 KM1、KM3 同时得电时，电动机 △ 运行。按下停止按钮 SB2，可以将电动机 Y-△ 减压起动控制电路完全断电。起动按钮 SB3 和停止按钮 SB2 的位置图如图 3-42 所示。

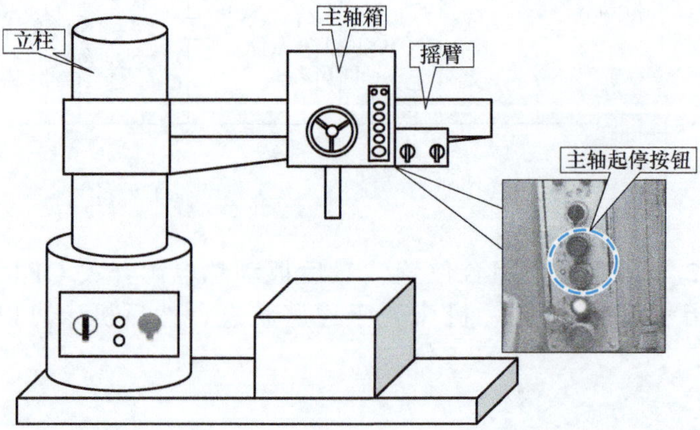

图 3-42　Z30100 型摇臂钻床主轴电动机起停按钮示意图

3. 摇臂升降控制

摇臂上升控制（将图 3-38b 和图 3-38c 结合在一起看）如图 3-43 所示。

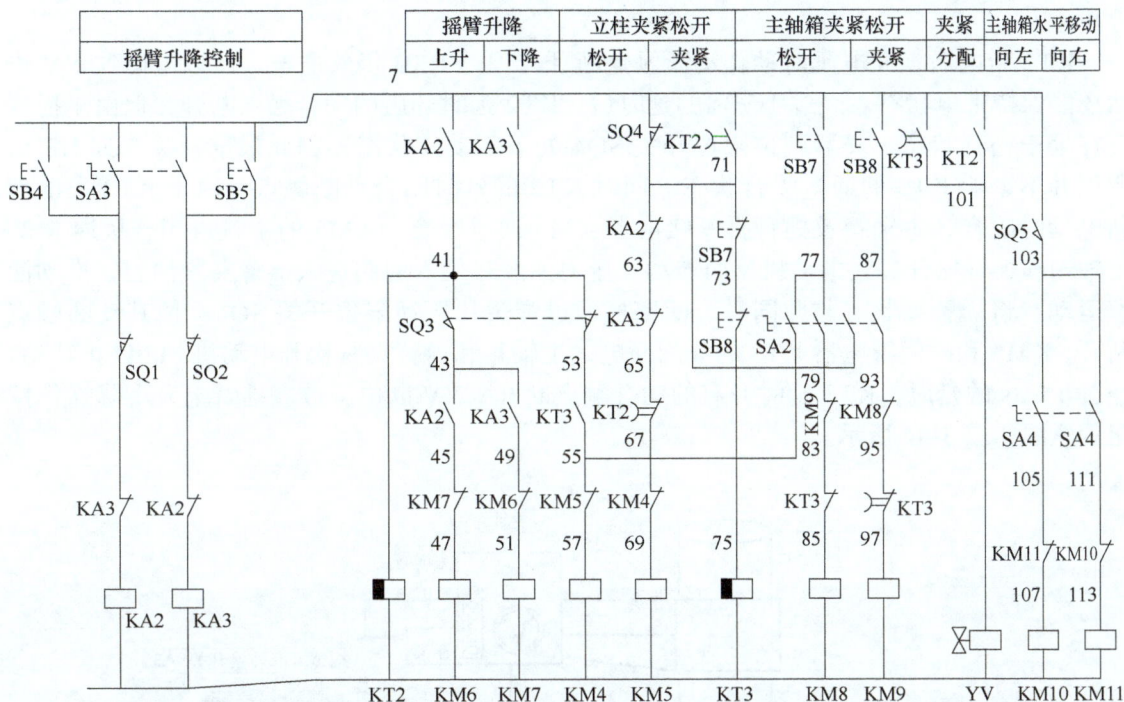

图 3-43 Z30100 型摇臂钻床部分控制电路图 2

在中间继电器 KA1 得电自锁的情况下，将主轴箱上的转换开关向上扳动，使 SA3-1 接通，或者按下装在立柱下部的摇臂上升起动按钮 SB4，中间继电器 KA2 的线圈吸合，导致 KA2 的常闭触点断开，保证 KA3 线圈无法得电，那么 KM5 接触器线圈就无法得电。同时，KA2 的常开触点闭合，为摇臂上升接触器 KM6 得电做好准备；同时，断电延时时间继电器 KT2 因此而得电，它的断电延时开启的动合触点在通电时瞬时闭合，使断电延时时间继电器 KT3 的线圈得电吸合。与此同时，断电延时时间继电器 KT 的瞬时动作动合触点闭合，使电磁铁 YV 线圈得电动作，打开摇臂松开油腔的进油阀门，为摇臂松开做好准备。

由于 KT3 线圈通电吸合，其断电延时开启的动合触点能保证 YV 的线圈在时间继电器 KT2 断电后仍然保证通电。

与此同时，KT3 的瞬时动作的动合触点闭合，使主轴箱松开接触器 KM4 线圈得电，KM4 的主触点闭合，接通 M2 电动机，主轴箱和摇臂松开与夹紧电动机通电正向旋转，使压力油经二位六通阀进入摇臂松开油腔，将摇臂松开。

这时，活塞杆通过弹簧片压动限位开关 SQ3（是通过液压作用活塞杆下的动作使 SQ3 状态变化），使其动断触点断开，主轴箱松开接触器 KM4 因此而失电，主轴箱停止松开。KM4 的主触点同时断开，切断 M2 电动机，主轴箱夹紧与松开电动机停止转动。

与此同时，限位开关 SQ3 的动合触点闭合，摇臂上升接触器 KM6 线路通电吸合，其主触点接通 M3，电动机正转，摇臂上升。

当摇臂上升到所需要的位置时，扳动转换开关 SA3 断开，或者松开摇臂上升按钮 SB4，中间继电器 KA2 的线圈失电，因此摇臂上升接触器 KM6 断电，主触点断开，摇臂停止上升。

KT2 断电后，断电延时动作动断触点断开，但是 KT3 仍然通电，所以电磁铁 YV 仍然还能保持带电状态。经过 1～3s 的延时后，KT2 延时开启的动合触点断开，但由于摇臂现在处于松开状态，夹紧到位限位开关 SQ4 处于不动作状态，因此限位开关 SQ4 闭合，所以并不影响 KT3 的通电吸合状态。同时 KT2 的延时闭合动断触点，由于 KT2 失电而断电延时闭合，主轴箱及摇臂夹紧接触器 KM5 通电吸合。KM5 的主触点闭合接通 M2，主轴箱和摇臂松开夹紧电动机反向转动，压力油经二位六通阀进入摇臂夹紧油腔，推动活塞运动，将摇臂夹紧。与此同时，活塞杆通过弹簧片压动限位开关 SQ4，使其动断触点断开，KM5 和时间继电器 KT3 的线圈断电，主轴箱和摇臂夹紧松开电动机 M2 停止转动，经过 1～3s 的延时，KT3 延时开启的动合触点断开，YV 断电释放。摇臂上升下降操作按钮示意图如图 3-44 所示。

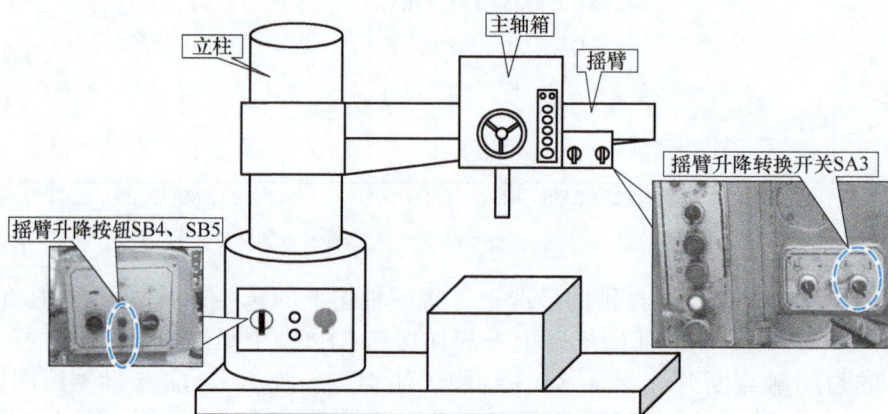

图 3-44　Z30100 型摇臂钻床摇臂上升下降操作按钮示意图

摇臂下降控制如下：

摇臂下降的控制电路及工作原理和摇臂上升的控制电路及工作原理极为相似。通过转换开关 SA3 或者下降按钮 SB5 来运行，电流通过中间继电器 KA3，接触器由 KM6 改为 KM7 即可，具体的控制过程不再重复。

摇臂的上升与下降都是短时间的调整工作，所以采用点动方式来实现。行程开关 SQ1 是摇臂的上升极限位置，SQ2 是摇臂的下降极限位置，用于限制摇臂的上升和下降的极限位置。

4. 主轴箱松开与夹紧控制原理分析

主轴箱和立柱的松开或者夹紧操作，既可以同时进行，也可以单独进行，由转换开关 SA2 控制。该转换开关 SA2 有三个位置，将 SA2 扳到中间位置，主轴和主轴箱同时松开或者夹紧；将 SA2 扳到左边位置，立柱单独松开或夹紧；将 SA2 扳到右边位置，主轴箱单独松开或夹紧。复合按钮 SB7 是立柱与主轴箱的松开控制按钮，复合按钮 SB8 是立柱与主轴箱的夹紧控制按钮。Z30100 型摇臂钻床主轴箱和立柱松开夹紧操作按钮示意图如图 3-45 所示。

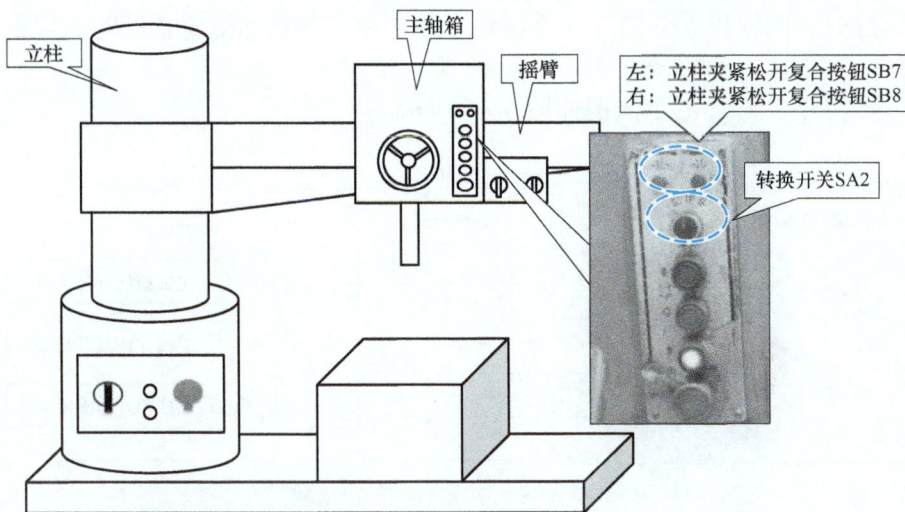

图 3-45　Z30100 型摇臂钻床主轴箱和立柱松开夹紧操作按钮示意图

（1）将转换开关 SA2 扳到中间位置　将转换开关 SA2 扳到中间位置，立柱和主轴箱同时进行松开、夹紧控制。当立柱与主轴箱同时进行松开控制时，SA2-1 和 SA2-2 同时全部接通。按下复合按钮 SB7，主轴箱松开控制接触器 KM4 和立柱松开控制接触器 KM8 同时得电吸合。它们的主触点闭合，主轴箱松开与夹紧电动机 M2、立柱松开与夹紧电动机 M4 得电正向旋转，供应压力油，压力油经二位六通阀进入主轴箱松开液压缸，推动活塞动作，将主轴箱松开；同时，通过液压系统使立柱松开，主轴箱松开到位限位开关 SQ5 得电，SQ5 常闭触点动作断开，主轴松开指示灯 HL4 得电而亮。这时，应立即松开复合按钮 SB7，使接触器 KM4 和 KM8 断电，电动机 M2 和 M4 停止。

主轴箱与立柱同时进行夹紧控制时，按下 SB8，接触器 KM5 和 KM9 同时得电吸合，使主轴箱和摇臂松开与夹紧电动机 M2、立柱松开与夹紧电动机 M4 反向转动，供应压力油。同时液压系统将立柱夹紧，主轴箱夹紧到位 SQ6 动作，SQ6 常闭触点动作断开，主轴夹紧指示灯 HL3 得电。

（2）将转换开关 SA2 扳到左侧位置　将转换开关 SA2 扳到左侧位置，立柱单独松开或夹紧。SA2-1 右侧按钮和 SA2-2 右侧按钮闭合，按下复合按钮 SB7，立柱松开接触器 KM8 线路通电吸合，其主触点闭合，立柱松开与夹紧电动机 M4 正向运转，进行松开动作。

主轴箱单独夹紧时，按下 SB8，则立柱夹紧接触器 KM9 得电，电动机 M4 进行夹紧动作。

（3）将转换开关 SA2 扳到右侧位置　将转换开关 SA2 扳到右侧位置，主轴箱单独松开或夹紧。SA2-1 左侧按钮和 SA2-2 右侧按钮闭合，按下复合按钮 SB7，主轴箱松开接触器 KM4 通电吸合，它的主触点控制主轴箱松开与夹紧电动机 M2 正向旋转，主轴箱松开，主轴箱松开到位后，SQ5 松开到位限位开关动作，HL4 松开指示灯点亮，这时，要立刻松开复合按钮 SB7，主轴箱和摇臂松开与夹紧电动机 M2 停止运转。

按下复合按钮 SB8，主轴箱夹紧接触器 KM5 得电，主轴箱夹紧与松开电动机 M2 反向旋转，进行夹紧动作，主轴箱夹紧到位后，SQ6 夹紧到位限位开关动作，HL3 夹紧指示灯点亮，这时，同样要立刻松开复合按钮 SB8，使主轴箱和摇臂松开与夹紧电动机 M2 停止运转。

其中，转换开关 SA2 的示意图如图 3-46 所示。

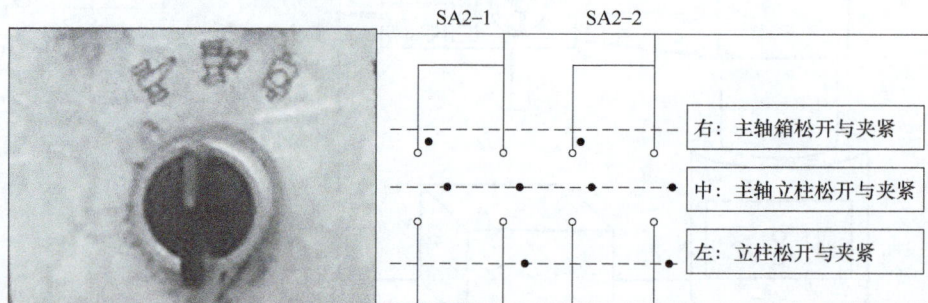

图 3-46　Z30100 型摇臂钻床转换开关 SA2 操作示意图

5. 主轴箱的水平移动控制

主轴箱的水平移动控制是通过转换开关 SA4 来实现的。在主轴箱松开的情况下，SQ5 主轴箱松开到位限位开关动合触点闭合。向左扳动转换开关 SA4，接触器 KM10 线圈通电吸合，动合触点 KM10 闭合，电磁离合器 YC 通电，接通 M5 与主轴箱之间的机械传动机构。同时 KM10 的主触点闭合，接通 M5 的电源，主轴箱水平移动电动机正向旋转，拖动主轴箱向左移动。

如果将转换开关向右扳动，则接触器 KM11 的线圈得电吸合，主轴箱因此向右移动。Z30100 型摇臂钻床转换开关示意图如图 3-47 所示。

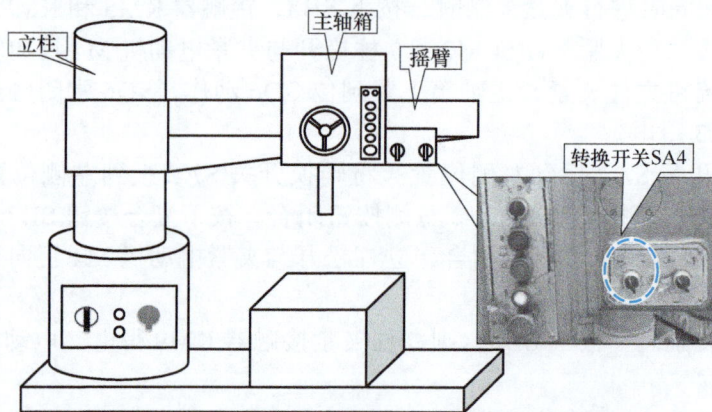

图 3-47　Z30100 型摇臂钻床转换开关 SA4 操作示意图

技能卡 13　Z30100 型摇臂钻床常见故障分析（★★★）

1. 摇臂不能上升

由摇臂上升的电气动作过程可知，摇臂移动的前提是摇臂完全松开，此时活塞杆通过弹簧片压下行程开关 SQ3，接触器 KM4 线圈失电释放，液压泵电动机 M2 停止旋转，而接触器 KM6 线圈得电吸合，摇臂升降电动机 M3 起动旋转，带动摇臂上升。

下面以行程开关 SQ3 有无动作来分析摇臂不能移动的原因。SQ3 不动作，常见故障为 SQ3 安装位置不当或位置发生移动，这样摇臂虽已松开，但活塞杆仍压不上 SQ3，使摇臂不能移动。有时也会出现因液压系统发生故障，使摇臂没有完全松开，活塞杆压不上 SQ3，为此，应配合机械、液压系统，调整好 SQ3 位置并安装牢固。有时电动机 M2 电源相序接反，此时按下摇臂上升按钮 SB4 时，电动机 M2 反转，使摇臂夹紧，更加压不上 SQ3，摇臂也不会上升。所以，机床大修和安装完毕后，必须认真检查电源相序及电动机正反转是否正确。

2. 摇臂升降后，摇臂夹不紧

摇臂移动到位后，松开按钮 SB4 或 SB5 后，摇臂应自动夹紧，而夹紧动作的结束是由行程开关 SQ4 来控制。若摇臂夹不紧，说明摇臂控制电路能动作，只是夹紧力不够，这是由于 SQ4 动作过早，使液压泵电动机 M2 在摇臂还未充分夹紧时就停止旋转，往往是由于 SQ4 安装位置不当，过早的动作所致，这是液压系统的故障。有时电气控制系统工作正常，而电磁阀芯卡住或油路堵塞，造成液压控制系统失灵，也会造成摇臂无法移动。所以，在维修工作中应正确判断是电气控制系统故障还是液压系统故障。然而，这两者之间又相互联系，为此，应相互配合共同排除故障。

3. 立柱、主轴箱不能夹紧或松开

立柱、主轴箱不能夹紧或松开的可能原因是油路堵塞、接触器 KM8 或 KM9 不能吸合。出现故障时应检查按钮 SB7、SB8 接线情况是否良好，若接触器 KM8 和 KM9 能吸合，M2 能运转，可排除电气方面的故障，应请机械修理人员检修油路，以确定是否是油路故障。

4. 摇臂上升或下降限位保护开关失灵

限位开关 SQ1 或 SQ2 的失灵分两种情况：一是限位开关 SQ1 或 SQ2 损坏，限位开关 SQ1 或 SQ2 触点不能因开关动作而闭合或接触不良使线路断开，使摇臂不能上升或下降；二是限位开关 SQ1 或 SQ2 不能动作，触点熔焊，使线路始终处于接通状态，当摇臂上升或下降到极限位置后，摇臂升降电动机 M3 发生堵转，这时应立即松开按钮 SB4 或 SB5。根据上述情况分析，找出故障原因，更换或修理失灵的限位开关 SQ1 或 SQ2 即可。

5. 立柱与主轴箱不能夹紧与松开

应检查 SB7 和 SB8 接线是否良好，若接触器 KM8、KM9 动作正常，M4 运转正常，表明电气控制电路工作正常，故障在液压、机械部分，通常是油路堵塞造成。

◆ 小试牛刀

1. 电磁换向阀主要由_____和_____组成，电气符号由_____表示。

2. 断电延时时间继电器通电时，其触点_____动作，断电时，其触点_____动作。

3. Z30100 型摇臂钻床主要是进行_____的机床。

A. 磨金属元件　　　　B. 金属镗孔　　　　C. 切割金属

4. Z30100 型摇臂钻床的主轴正反转、停车制动、空档用_____手柄操作。

A. 一个　　　　　　　B. 二个　　　　　　C. 四个

5. Z30100 型摇臂钻床的转换开关 SA2 总共有_____位置。

A. 3 个　　　　　　　B. 4 个　　　　　　C. 2 个

6. Z30100 型摇臂钻床的主轴箱水平移动时，由接触器 KM10、KM11 得电和失电进行控制。　　　　　　　　　　　　　　　　　　　　　　　　　　　　　　（　　　）

7. Z30100 型摇臂钻床的主轴箱松开与夹紧电动机和立柱松开与夹紧电动机不能同时作业。　　　　　　　　　　　　　　　　　　　　　　　　　　　　　　　　（　　　）

◆ 大显身手

根据任务工单 8（见表 3-6）完成 Z30100 型摇臂钻床电气故障排除。

表 3-6　任务工单 8

任务名称	Z30100 型摇臂钻床电气故障排除
任务描述	一车间有一台 Z30100 型摇臂钻床出现故障，摇臂不能上升也不能下降。试分析故障原因，并采取相应措施排除故障
任务要求	1. 根据 Z30100 型摇臂钻床电气原理图分析其电气控制原理 2. 熟悉 Z30100 型摇臂钻床常见的电气故障分析方法 3. 根据给定的任务，为完成任务而搜集其他资料，进行知识与经验准备 4. 熟悉机床电器设备故障判断方法与步骤 5. 熟练使用常用电器检测仪器工具 6. 以小组为单位，分析讨论 Z30100 型摇臂钻床摇臂不能上升、下降的各种可能的故障原因 7. 准确地判断并成功地动手排除故障 8. 认真仔细，重视用电安全
工具、仪表	1. 工具：试电笔、电工刀、尖嘴钳、斜口钳、螺钉旋具等 2. 仪表：万用表、兆欧表、钳形电流表

排除故障应注意的问题如下：

1）检修前要认真阅读电路图，熟练掌握各个控制环节的原理及作用。

2）根据故障现象，先在电路图和实际控制电路上明确电路故障的最小范围，然后采用正确的方法在规定时间内排除故障。

3）排除故障的过程中，不得采用更换电气元件、借用触点和改动线路的方法修复故障点。

4）检修时严禁扩大故障范围或产生新的故障，不得损坏电气元件或设备。

5）停电后，检修前要验电。如果要带电检修时，必须有指导老师监护，以确保安全。

6）要做好训练记录，工具和仪表使用要正确。

任务实施、检查与评价表见表 3-7。

表 3-7　任务实施、检查与评价表

序号	检查内容		检查记录	评价	分值 / 分
1	严格执行与职业相关的保证工作安全和防止意外的规章制度				10
2	熟练使用常用工具与测量仪器				5
3	准确地标出故障线段，指出可能的故障点，说出判断理由				10
4	在规定的时间内，按要求完成故障排除任务				25
5	试车成功，方案得到成功验证				20
6	能独立完成任务				10
7	职业素养	遵守时间：是否不迟到、不早退、中途不离开现场			5
		6S：现场是否符合 6S 管理要求，实训器材、参考资料是否按规定摆放，地面、门窗是否干净			5
		团结协作：组内是否配合良好，是否积极投入到本任务中			5
		语言能力：是否积极回答问题，条理是否清晰			5
总评			评价人：		

◆ 点石成金

1. 断电延时时间继电器在实际应用时的注意事项

1）继电器电源电压应在允许电压波动范围内工作，通常为额定值 85% ～110%；直流电压峰值纹波系数不大于 5%。如继电器工作电源有强的感性负载频繁工作，则应考虑在继电器工作电源端增加和使用浪涌吸收装置，以承受较高的浪涌电压（1500V），防止继电器电源击穿烧毁。

2）继电器在使用时，电源接通时间必须大于 1s，以便使继电器内部二次电源有充足的能量储备而保证在断开电源后按预设时间接通或分断负载。如需使用继电器外部复位信号功能，则接通持续时间不小于 50ms，以保证其复位功能正常工作，严禁在复位信号端接入电源、有源信号或接地，否则会损坏继电器。

3）继电器电源回路一般情况下是高阻抗的，因此在具体使用上应保证切断电源后漏电流要尽可能小，以免产生相应的感应电压而呈假关断引起误动作（断电延时后延时时间到但继电器出现不释放的现象）。为避免上述情况发生，对断电延时型电源端残留电压应小于额定电压的 7%，而通电延时型所允许的残留电压小于额定电压的 20%。

4）断电延时继电器因内部采用 2 绕组闭锁继电器，该继电器与一般继电器相比，适应环境能力较差，尤其在强磁场、高冲击振动场所对其影响更为突出，所以在使用时应尽可能避免在上述环境中使用。

5）在控制负载上，不要用其直接控制大容量负载（内部所用 2 绕组闭锁继电器通常负载能力不强），应在额定允许情况下使用，并考虑负载形式和留有相应的裕量。

2. 摇臂钻床使用注意事项

1）长时间使用摇臂钻床时，主轴箱里的摩擦片磨损后厚度减薄，片间接触不良，轴向压紧环推紧后仍无法传递扭转力矩。可采用摩擦片喷砂或更换厚度稍厚的摩擦片的方法排除，注意摇臂钻床的摩擦片有外刺和内刺，一定要分清再换。

2）定期检查拨叉脚的磨损情况。操纵拨叉脚磨损间隙增大，使轴向压紧环的移动距离减少，失去对摩擦片的压紧作用。应更换拨叉，或在旧的拨叉脚两平面处铜焊后修平。

3）为保持油路通畅，应定期检查润滑油路。由于润滑不良、断油，造成摩擦片咬合烧伤。应检查润滑油路，保持油路畅通，更换烧损的摩擦片，或将烧伤的摩擦片经喷砂修复后继续使用。

4）不定期检查摩擦片是否脱离。摇臂钻床主轴箱的摩擦片装配顺序不对，造成空转时摩擦片不能脱开而引起发热。由于摩擦片内槽不一，因此装配时要检查空转时摩擦片能否相互脱开。

5）主轴箱里的拨叉锥销脱开，应重新铰孔装紧。

3. Z30100 型摇臂钻床典型故障排查

1）故障 1：Z30100 型摇臂钻床在进行主轴箱和立柱的夹紧与松开操作时，将 SA2 打开到中间位置，按下复合按钮 SB7，只有立柱进行了松开，主轴箱并没有动作。

故障范围：根据故障现象分析得出是主轴箱控制电路某个电气元件或者线路出现故障，因此针对这条线路进行查找，可以查找出故障点的位置，如图 3-48 所示。

排查故障点如下：

① 检查转换开关 SA2 的关于接接触器 KM4 这条线路的触点是否接触不良或者故障导致断路。

② 检查 KM5 的辅助常闭触点是否动作，如果没动作的话，检查其触点是否接触完好，使用万用表检查其导通性。

③ 检查接触器 KM4 的线圈是否烧毁或者损毁。

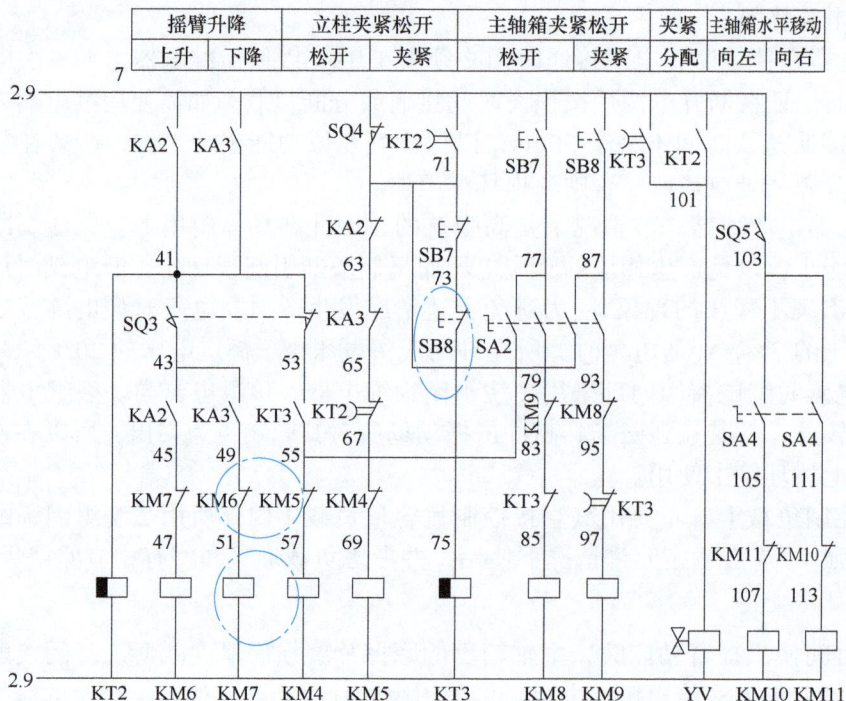

图 3-48　Z30100 型摇臂钻床控制电路典型故障 1

142

2）故障 2：Z30100 型摇臂钻床在进行主轴箱水平移动操作时，将主轴箱与摇臂松开到位以后，SQ5 限位开关得电动作，此时旋转转换开关 SA4，主轴箱只能向右移动，不能向左移动。

故障范围：根据故障现象分析得出是主轴箱水平移动向左的控制电路某个电气元件或者线路出现故障，而主轴箱能够向右进行运动，说明限位开关 SQ5 的常开触点是得电动作了，因此是 SQ5 限位开关下面的线路出现故障，进行查找，可以查找出故障点的位置，如图 3-49 所示。

排查故障点如下：

①检查转换开关 SA4 的触点是否接触不良或者故障导致断路等情况发生，使用万用表检测其导通性。

②检查 KM11 的辅助常闭触点是否动作，如果没动作的话，检查其触点是否接触完好，使用万用表检查其导通性。

③检查接触器 KM10 的线圈是否烧毁或者损毁。

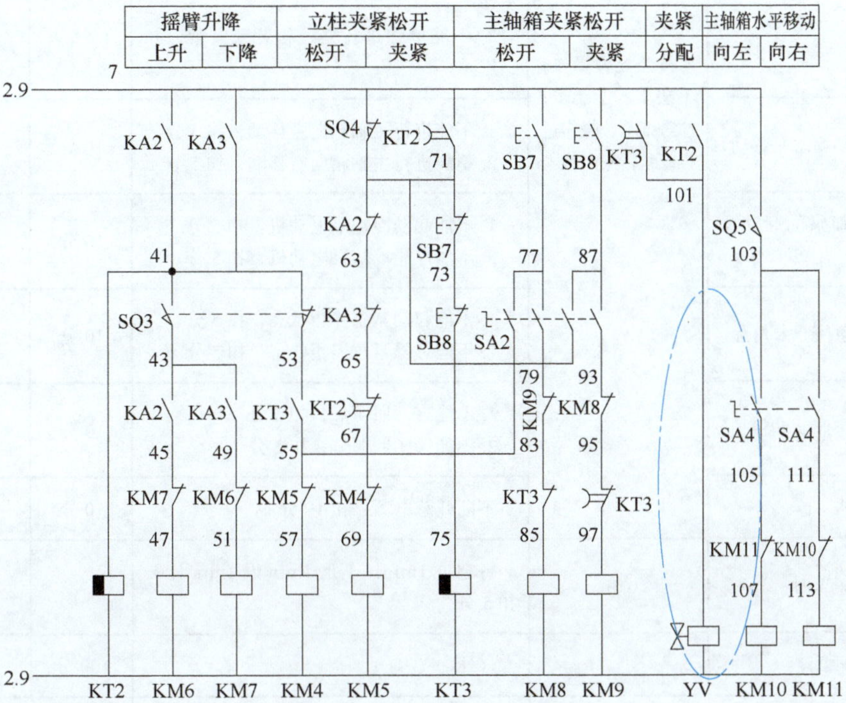

图 3-49　Z30100 型摇臂钻床控制电路典型故障 2

项目闯关

关卡一　Z30100 型摇臂钻床基本电气操作

任务情境：车间新进了一台 Z30100 型摇臂钻床，现要对其进行试车操作，于是师父带上小李一起，师傅指导他如何进行 Z30100 型摇臂钻床的电气操作。假如你是小李，请按照摇臂钻床电气操作提示练习摇臂钻床的操作，练习完毕后，通过现场演示或口述的方式模拟操作过程，完成考核。考核评分标准见表 3-8。

表 3-8　Z30100 型摇臂钻床电气操作考核评分标准

序号	考核内容	考核要求	评分标准	配分	扣分	得分
1	主轴电动机起动及停止		1. 不能起动主轴电动机，扣 5 分 2. 不能停止主轴电动机，扣 5 分	10 分		
2	摇臂升降		1. 不能进行摇臂上升操作，扣 10 分 2. 不能进行摇臂下降操作，扣 10 分	20 分		
3	主轴箱和立柱的松开及夹紧		1. 不能同时进行主轴箱和立柱松开或夹紧，扣 10 分 2. 不能单独进行主轴箱松开或夹紧，扣 5 分 3. 不能单独进行立柱松开或夹紧，扣 5 分	20 分		
4	主轴箱水平移动	按照流程操作，不缺步、不跳步；注重细节，操作过程细致，不出错	1. 不能进行主轴箱向左移动，扣 5 分 2. 不能进行主轴箱向右移动，扣 5 分	10 分		
5	冷却泵的起动及停止		1. 不能起动冷却泵电动机，扣 5 分 2. 不能停止冷却泵电动机，扣 5 分	10 分		
6	紧急停止及解除		1. 不能起动紧急停止状态，扣 5 分 2. 不能解除紧急停止状态，扣 5 分	10 分		
7	机床照明和保护		1. 不能打开照明灯，扣 5 分 2. 不能关闭照明灯，扣 5 分	10 分		
8	关机		不断开总电源，扣 10 分	10 分		
9	定额工时	0.5h	每超过 1min（不足 1min 以 1min 计），扣 5 分			
起始时间			合计	100 分		
结束时间			教师签字		年　月　日	

附　Z30100 型摇臂钻床电气操作提示

机床的操纵说明见图 3-50 与表 3-9。

1. 主轴的起动

按下按钮 13，其上的指示灯点亮了，将手柄 16 转至正转或反转位置时，主轴即顺时针或逆时针方向转动。

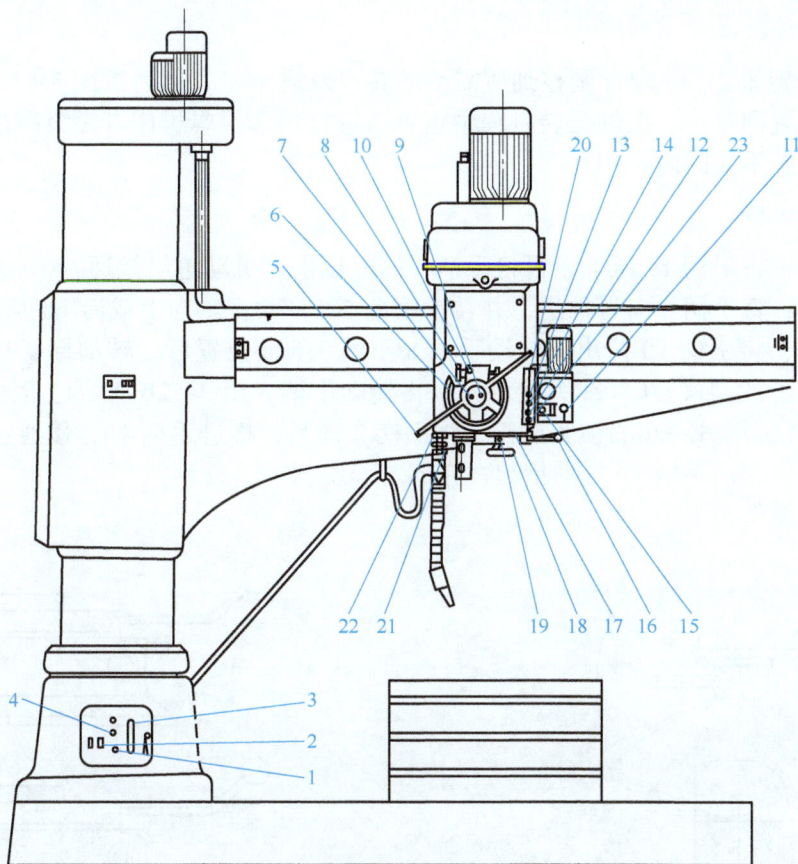

图 3-50　机床操纵图

表 3-9　操纵手柄、手轮、按钮用途说明

部位	操纵部件名称	部位	操纵部件名称	部位	操纵部件名称
1	摇臂下降按钮	9	主轴箱立柱松开按钮	17	主轴平衡调整螺钉
2	冷却泵开关	10	定程切削限位手柄	18	微动进给手轮
3	总电源开关	11	照明开关	19	接通、断开机动进给手轮
4	摇臂上升按钮	12	总起动按钮	20	主轴箱摇臂夹紧与松开预选开关
5	主轴移动手柄	13	主电动机起动按钮	21	主轴转速预选旋钮
6	主轴箱移动手轮	14	主电动机停止按钮	22	主轴进给量预选旋钮
7	主轴箱、立柱夹紧按钮	15	主轴箱快速移动、摇臂升降十字开关手柄	23	总停按钮
8	标度盘微调手柄	16	主轴变速正反转及空档手柄		

2. 主轴空档

将手柄 16 向上抬至空档位置，即可用手轻便转动主轴。如再起动主轴，必须将 16 压下，再开车即可。

145

3. 主轴转速及进给量的变化

转动预选旋钮 21 和 22，调整到所需要的转速及进给量，然后按图 3-51 将手柄 16 向下压至变速位置即可。在主轴运转过程中也可以进行预选。本机床有三级高速及三级大进给量，因有互锁不能同时选用。

4. 主轴的进给

机动进给：将手柄 19 压下，再将手柄 5 向外拉出，机动进给接通。

手动进给：将手柄 5 向里推进，并转动手柄 5，带动主轴向上或向下进给。

微动进给：将手柄 10 拉出，转动手柄 8 至图 3-52a 位置后，转动标度盘至所需切削深度值与箱体上的副尺 "0" 线大致对齐，再转动手柄 8 至 3-52b 所示位置进行微调直至与 "0" 线对齐。用另一端的锁紧旋钮，将手柄 8 顶紧，推进手柄 10，接通进给。当切削深度达到定程值时，手柄 19 自动抬起，完成定程切削。

攻螺纹：操作与手动进给相同。

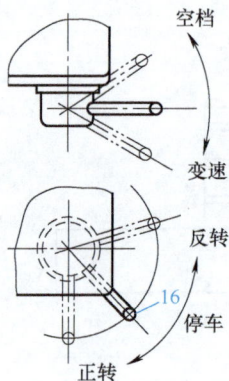

图 3-51 手柄 16 操纵位置图　　　　图 3-52 手柄 8 操纵位置图

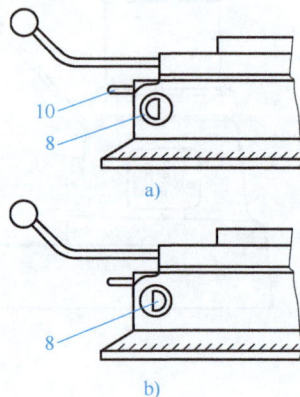

5. 主轴箱和立柱的加紧与松开

主轴箱和立柱的加紧与松开是同时进行的，夹紧时按下按钮 7，当按钮指示灯亮时，以示完成夹紧。按下松开按钮 9，按钮 7 中的指示灯熄灭，按钮 9 指示灯亮，以示主轴箱和立柱松开。

6. 主轴箱的水平移动

若使主轴箱水平移动，必须使主轴箱处于松开状态。

快速移动：将十字开关手柄 15 向左或向右扳动，主轴箱即向左或向右快速移动。当十字开关手柄 15 停在中间位置，移动停止。

手动：顺（或逆）时针方向转动手轮 6，主轴箱即向左（或右）移动。

7. 摇臂升降

摇臂升降可操纵十字开关手柄 15，也可按按钮 1 或 4。将手柄 15 向上扳（或按下按钮 4）摇臂上升，将手柄 15 向下扳（或按下按钮 1）摇臂下降。上升或下降至所需位置，将手柄 15 扳回中间位置（或松开按钮），升降运动立即停止，摇臂自动夹紧在外柱上。

✅ **关卡二　Z30100 型摇臂钻床日常维保操作**

任务情境： 对 Z30100 型摇臂钻床的试车已经结束，现在小李要跟着师父学习如何对 Z30100 型摇臂钻床进行日常保养操作，请按照点检标准练习操作，练习完毕后，并通过现场演示或口述的方式模拟操作过程，完成考核。考核评分标准见表 3-10。

表 3-10　Z30100 型摇臂钻床电气操作考核评分标准

序号	考核内容	考核要求	评分标准	配分	扣分	得分
1	机床操作	按照标准对机床设备进行点检	检查手柄 / 手轮、按钮及指示灯，缺一项扣 1 分	25 分		
2	机床动作		观察各轴运动、刀架、尾座运动是否正常，缺一项扣 1 分	25 分		
3	机床状态		检查传动带是否松动，齿轮、电动机等运动部件是否有噪声，油温、油管、电动机是否温度过高，缺一项扣 1 分	25 分		
4	机床油路		油箱、管路是否泄漏，油箱、切削液箱液位是否低于 1/3，缺一项扣 1 分	25 分		
5	定额工时	0.5h	每超过 1min（不足 1min 以 1min 计），扣 5 分			
	起始时间		合计	100 分		
	结束时间		教师签字		年　月　日	

🔧 **附　Z30100 型摇臂钻床日常点检标准**（见表 3-11）

✅ **关卡三　Z30100 型摇臂钻床典型故障检修**

任务情境： 一车间新进的 Z30100 型摇臂钻床在加工中主轴电动机突然停转，再合上电源总开关 QF1 后，按下主轴电动机起动按钮，主轴电动机无反应。请参考 Z30100 型摇臂钻床电路图（见图 3-38）与 Z30100 型摇臂钻床电气控制电路故障检修要求及评分标准（见表 3-12），完成 Z30100 型摇臂钻床检修的闯关任务。

故障 1：Z30100 型摇臂钻床合上电源总开关 QF1，按下主轴起动按钮 SB3 后，电动机不能起动运行。排除故障使 Z30100 型摇臂钻床合上电源总开关 QF1、按下主轴起动按钮 SB3 后，电动机能起动运行，请根据故障现象分析原因并排除故障。

故障 2：排除故障 1 后，按下主轴起动按钮 SB3 后，电动机能起动运行，但电动机一直保持丫运行状态，不能切换到△运行状态，请根据故障现象分析原因并排除故障。

故障 3：排除故障 2 后，进行摇臂的升降操作，摇臂不能上升但可以下降，请根据故障现象分析原因并排除故障。

故障 4：排除故障 3 后，再进行摇臂操作，此时摇臂能上升、下降，但是摇臂升降后夹紧过度，请根据故障现象分析原因并排除故障。

故障 5：排除故障 4 后，进行立柱与主轴箱的操作，发现立柱与主轴箱不能夹紧与松开，请根据故障现象分析原因并排除故障。

表 3-11 设备日常点检标准

设备名称	点检项目	点检部位	点检方法	点检频次	点检标准	责任人	点检部位图示
	摇臂钻床		设备型号		Z30100×31	设备编号 39254250100	设备责任人
机床操作	操作手柄	操作手柄	目视、触摸	日	手柄操作灵活，定位可靠	操作人员	
	按钮、指示灯	按钮、指示灯	目视、触摸	日	按钮操作灵活，各指示灯显示正确	操作人员	
	主轴	主轴	目视	日	主轴正、反转，停车，自动进给正常，变速正常	操作人员	
机床动作	主轴箱	主轴箱	目视、感觉	日	主轴箱夹紧与松开正常，移动轻便	操作人员	
	摇臂	摇臂	目视、感觉	日	摇臂夹紧与松开正常，转动轻便	操作人员	
	立柱	立柱	目视、感觉	日	立柱夹紧与松开正常，转动轻便	操作人员	
	限位开关	限位开关	目视	日	各限位开关工作正常	操作人员	
泄漏	主轴箱上、下油池		目视	日	主轴箱油池、油路是否存在漏油现象	操作人员	
	主轴箱夹紧油泵油池		目视	日	主轴箱夹紧油泵油池、油路是否存在漏油现象	操作人员	
	立柱夹紧油泵油池		目视	日	立柱夹紧油泵油池、油路是否存在漏油现象	操作人员	
	立柱润滑油泵油池		目视	日	立柱润滑油泵油池、油路是否存在漏油现象（图2）	操作人员	
声音	主轴运动		耳听	日	主轴运转是否存在异常响声	操作人员	
	电动机、油泵		耳听	日	电动机、油泵工作时是否存在异常响声	操作人员	
温度	各电动机、油泵电动机		触摸	日	用手触摸各电动机，是否存在发烫现象	操作人员	
	油箱、管路		目视、触摸	日	各油箱正常油温应低于50℃，用手触摸油管是否存在发烫现象	操作人员	
振动	主轴运动		目视、感觉	日	观察主轴运转是否存在振动现象	操作人员	
油量切削 液量	主轴箱上、下油池		目视	周	油量是否低于1/3液位，少则添加（图3、4）	操作人员	
	立柱夹紧油泵油池		目视	周	油量是否低于1/3液位，少则添加46#液压油（图1）	操作人员	
	主轴箱夹紧油泵油池		目视	周	油量是否低于1/3液位，少则添加46#液压油	操作人员	
	立柱润滑油泵油池		目视	周	油量是否低于1/3液位，少则添加46#液压油（图2）	操作人员	
	切削液箱		目视	周	切削液量是否低于1/3液位，少则添加	操作人员	

点检部位图示中标注：立柱夹紧油池、立柱润滑油池、主轴箱下油池、主轴箱上油池（编号①②③④）。

表 3-12　Z30100 型摇臂钻床电气控制电路故障检修要求及评分标准

序号	考核内容	考核要求	评分标准	配分	扣分	得分
1	按下起动按钮 SB3，电动机不能起动	分析故障范围，确定故障点并排除故障	1. 不能确定故障范围，扣 10 分 2. 不能找出原因，扣 5 分 3. 不能排除故障，扣 5 分	20 分		
2	电动机只能丫起动，不能△运行	分析故障范围，确定故障点并排除故障	1. 不能确定故障范围，扣 10 分 2. 不能找出原因，扣 5 分 3. 不能排除故障，扣 5 分	20 分		
3	摇臂只能下降不能上升	分析故障范围，确定故障点并排除故障	1. 不能确定故障范围，扣 10 分 2. 不能找出原因，扣 5 分 3. 不能排除故障，扣 5 分	20 分		
4	摇臂升降后夹紧过度	分析故障范围，确定故障点并排除故障	1. 不能确定故障范围，扣 10 分 2. 不能找出原因，扣 5 分 3. 不能排除故障，扣 5 分	20 分		
5	立柱与主轴箱不能夹紧与松开	分析故障范围，确定故障点并排除故障	1. 不能确定故障范围，扣 10 分 2. 不能找出原因，扣 5 分 3. 不能排除故障，扣 5 分	20 分		
6	安全文明生产	按生产操作规程	违反安全文明生产规程，扣 10～30 分			
7	定额工时	4h	每超过 5min（不足 5min 以 5min 计），扣 5 分			
	起始时间		合计	100 分		
	结束时间		教师签字	年　月　日		

附　摇臂钻床操作规程

1. 设备操作要求

操作人员上岗前必须经过正规培训，考评合格，取得操作许可，并且熟知"金属切削设备安全操作规程"。操作前请阅读全套《使用说明书》，掌握操作元件的功能、用途及具体操作位置和方法，熟知红色急停按钮的位置。

2. 操作前的准备工作

1）检查润滑油是否充裕、冷却液是否充足，发现不足应及时补充。

2）检查机床导轨以及各主要滑动面，如有障碍物、工具、铁屑、杂物等，必须清理、擦拭干净、上油。

3）检查操纵手柄、开关、旋钮是否在正确的位置，操纵是否灵活，安全装置是否齐全、可靠。

4）接通电源前，应注意电源电压，超出规定电压范围不允许合上开关。空车低速运转 2～3min，观察运转状况是否正常，如有异常应停机检查。

5）观察油标指示，检查油量是否合适，油路是否畅通，在规定部位加足润滑油、切削液。

6）确认润滑、电气、机械各部位运转正常后方可开始工作。

3.操作过程

1）装夹刀具时，应将主轴锥孔、销套表面擦净。装夹时，锥面接触应牢固；卸下时，应使用标准斜铁，用铜锤轻轻敲打，严禁用其他物件乱敲。必须放置平稳、固定可靠后再开始工作；钻斜孔时，必须将回转头紧固牢靠。

2）不准用刀刃磨钝的钻头进行钻削。钻孔时，必须将主轴箱移到适当的位置，钻较大孔时，主轴箱尽量靠近立柱，各部位夹紧后方可进行工作。

3）根据工件材质、钻削深度，合理选择主轴转速和切削用量，在钻深孔时必须经常提起钻头清除切屑。

4）钻通孔时，工件底面必须加垫，避免钻伤工作台面。采用机动进给，当孔接近钻通时，改用手动慢进给，以避免损坏工件及钻头。

5）钻头在钻孔过程中，不得停机；反转时，必须在主轴停止转动后再起动，并将手柄正确置于固定槽中。

4.操作完成后

1）必须将各操纵手柄、开关、旋钮置于"停机"位置，并切断电源。

2）进行日常维护保养。

3）填写"交接班记录"，做好交接班工作。

5.安全注意事项

1）严禁超性能使用，禁止在机床的导轨面、油漆表面放置物品，严禁在导轨面上敲打、校直和修整工件。

2）在进行主轴变速和变换进给量时，均必须停机进行。

3）严禁用手扶持工件钻孔。

4）机床运转时，操作者严禁离开工作岗位。

"中国铁建技术能手"成长记

冯煊时，装配钳工，现任中国铁建重工集团掘进机事业部总装二班班长，中国铁建重工集团"十佳青年技术能手"；任职期间以最短的时间先后完成国产首台大直径硬岩隧道掘进机（TBM）、国产首台城市地铁 TBM、国产首台铁路大直径盾构机的后配套部装、整机总装、整机调试、验收问题整改，拆机并发货等任务；制定了从盾体到后配套的拆机发货计划，解决了无法使用行车起吊的难题；先后荣获铁建重工个人二等功、企业革新能手、工人先锋号、青年岗位能手等荣誉称号。

项目 4

Z3050 型摇臂钻床的 PLC 改造

项目导航

PLC工作原理
FX3U PLC测试

任务4-1 选用并测试 PLC控制器

项目闯关 Z3050型摇臂钻床基本电气操作

顺序控制编程方法
顺序控制的PLC编程

编程软件的安装
程序编辑操作

任务4-2 PLC编程软件的使用

Z3050型摇臂钻床的PLC改造

任务4-5 Z3050型摇臂钻床的PLC程序优化设计

PLC基本编程方法
PLC程序设计和基本指令

确定PLC输入输出元件
绘制PLC输入输出接线

任务4-3 Z3050型摇臂钻床PLC改造的硬件电路设计

任务4-4 Z3050型摇臂钻床的PLC控制程序设计

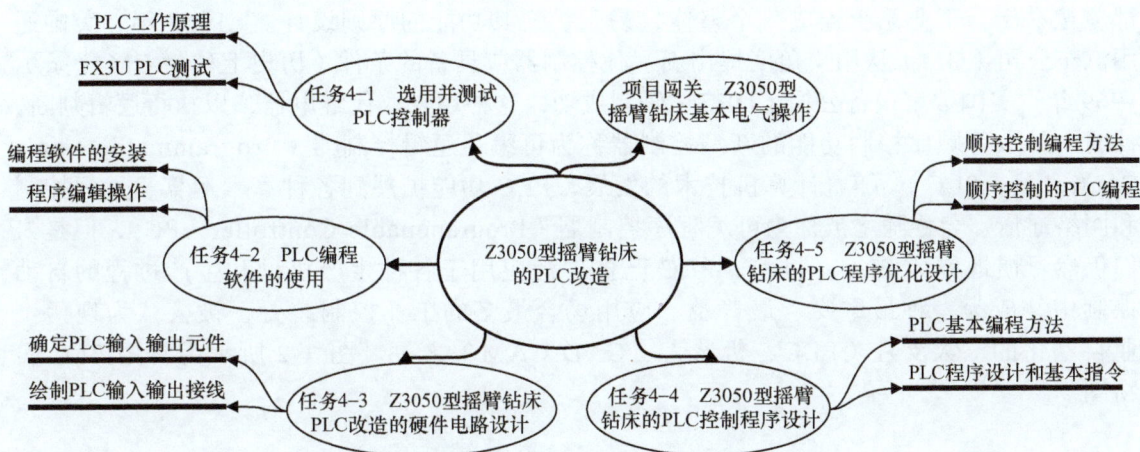

图 4-1 Z3050 型摇臂钻床的自动化改造学习地图

任务 4-1 选用并测试 PLC 控制器

❖ **抛砖引玉**

技术部要对车间的一台 Z3050 型钻床做技术升级，将原来的继电器控制系统改为 PLC 控制，让实习生小明联系供货商，选择一台能够满足技术改造参数要求的 PLC，并要求现场简单测试 PLC 控制器，确保能正常使用。

❖ **有的放矢**

1. 认识 PLC、编程电缆及相关的型号。
2. 了解 PLC 基本参数要求。
3. 了解 PLC 的工作原理、产品分类、基本功能和特点。

4. 能连接 PLC 的电源，并能做简单的功能测试。

5. 能识别输入输出 I/O 点数，并能通过观察指示灯判别输入输出的状态。

❖ 聚沙成塔

知识卡 32　可编程序控制器（★★☆）

可编程序控制器是在继电器控制和计算技术的基础上，逐渐发展起来的以微处理器为核心，集微电子技术、自动化技术、计算机技术、通信技术为一体，以工业自动化控制为目标的新型控制装置。国际电工委员会（IEC）于 1987 年颁布的可编程序控制器标准草案第三稿中对可编程序控制器定义如下："可编程序控制器是一种数字运算操作的电子系统，专为在工业环境下应用而设计。它采用可编程序的存储器，用来在其内部存储执行逻辑运算、顺序控制、定时、计数和算术运算等操作的指令，并通过数字式和模拟式的输入和输出，控制各种类型的机械或生产过程。可编程序控制器及其有关外围设备，都应按易于与工业系统连成一个整体，易于扩充其功能的原则设计。"1968 年，美国通用汽车公司（GM）从用户角度提出新一代控制器应具备的条件（历史上称为 GM 十条）。1969 年，美国数字设备公司（DEC）研制成功，这种用来取代继电器，以执行逻辑判断、计时、计数等顺序控制功能的新型控制器称为可编程逻辑控制器（Programmable Logic Controller，PLC）。随着计算机技术的发展，PLC 功能扩展到各种算术运算、过程控制和网络通信，名称随之被称为可编程序控制器（Programmable Controller，PC），但是人们仍然习惯地称为 PLC。目前，PLC 已被广泛应用于各种生产机械和生产过程的自动控制中，成为一种最重要、最普及、应用场合最多的工业控制装置，被公认为现代工业自动化的三大支柱（PLC、机器人、CAD/CAM）之一。图 4-2 所示为常用 PLC 实物图。

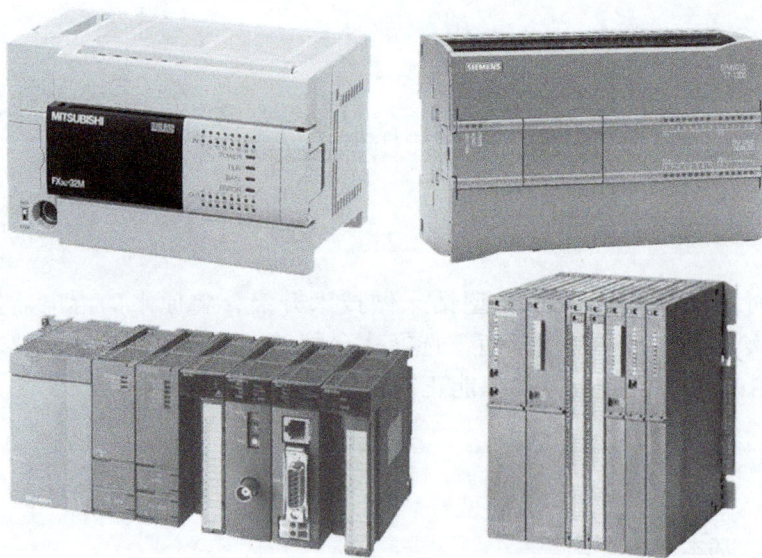

图 4-2　常用 PLC 实物图

知识卡 33　PLC 作用和特点（★☆☆）

1. PLC 控制系统的特点

PLC 由于其可靠、安全、灵活、方便、经济，在各行各业广泛应用。具体而言具有以下特点：

1）可靠性高、抗干扰能力强。硬件方面：PLC 的 I/O 通道采用光电隔离，有效地抑制了外部干扰源对 PLC 的影响；对供电电源及线路采用多种形式的滤波，从而消除或抑制了高频干扰；对 CPU 等重要部件采用良好的导电、导磁材料进行屏蔽，以减少空间电磁干扰；对有些模块设置了联锁保护、自诊断电路等。软件方面：PLC 采用扫描工作方式，减少了由于外界环境干扰引起故障；在 PLC 系统程序中设有故障检测和自诊断程序，能对系统硬件电路等故障实现检测和判断；当由外界干扰引起故障时，能立即将当前重要信息加以封存，禁止任何不稳定的读写操作，一旦外界环境正常后，便可恢复到故障发生前的状态，继续原来的工作，因此 PLC 的平均无故障时间可达几十万个小时。

2）编程简单、使用方便。大多数 PLC 采用的编程语言是图形化的编程语言，如梯形图和顺序功能图等。梯形图语言是一种面向生产、面向用户的编程语言。梯形图与电器控制电路图相似，形象、直观，不需要掌握计算机知识，很容易让广大工程技术人员掌握。顺序功能图根据设备工作流程图演化而来，非常直观，使用方便、灵活。PLC 还针对具体工业问题，设计了各种专用编程指令及编程方法，进一步简化了编程，这是 PLC 获得普及和推广的主要原因之一。

3）功能完善、通用性强。现代 PLC 不仅具有逻辑运算、定时、计数、顺序控制等功能，而且还具有 A/D 和 D/A 转换、数值运算、数据处理、PID 控制、通信联网等许多功能。同时，由于 PLC 产品的系列化、模块化，有品种齐全的各种硬件装置供用户选用，可以组成满足各种要求的控制系统。

4）设计安装简单、维护方便。由于 PLC 用软件代替了传统电气控制系统的硬件，控制柜的设计、安装接线工作量大为减少。PLC 的用户程序大部分可在实验室进行模拟调试，缩短了应用设计和调试周期。在维修方面，由于 PLC 的故障率极低，维修工作量很小，而且 PLC 具有很强的自诊断功能，如果出现故障，可根据 PLC 上指示或编程器上提供的故障信息，迅速查明原因，维修极为方便。

5）体积小、重量轻、能耗低。由于 PLC 采用了集成电路，其结构紧凑、体积小、能耗低，因而是实现机电一体化的理想控制设备。

2. PLC 的分类及应用领域

PLC 产品种类繁多，其规格和性能也各不相同，如何选用 PLC，必须了解 PLC 的分类和应用领域。根据 PLC 的结构形式，可将 PLC 分为整体式和模块式两类。按 PLC 的 I/O 点数的多少，可将 PLC 分为小型、中型和大型三类。按 PLC 所具有的功能不同，可将 PLC 分为低档、中档、高档三类。一般而言，PLC 功能的强弱与其 I/O 点数的多少成正比关系，功能越强的 PLC，可配置的 I/O 点数越多，因此小型、中型、大型 PLC 与低档、中档、高档 PLC 基本对应。同样，一般而言，小微型 PLC 一般是整体式，中大型 PLC 一般是模块式。

整体式 PLC 是将电源、CPU、I/O 接口等部件都集中装在一个机箱内，具有结构紧凑、体积小、价格低的特点。整体式 PLC 为了方便扩展，衍生出叠装式 PLC，由基本单元和扩展单元通过扁平电缆连接，使其功能得以扩展。基本单元（又称主机）内有 CPU、I/O 接口、编程器接口以及与 I/O 扩展单元相连的扩展口等。扩展单元内只有 I/O 接口和电源等，没有 CPU，不能单独使用，扩展单元一般为特殊功能单元，如模拟量单元、位置控制单元等。

模块式 PLC 是将 PLC 各组成部分，分别作为若干个单独的模块，如 CPU 模块、I/O 模块、电源模块（有的含在 CPU 模块中）以及各种功能模块。各功能模块通过插装在框架或基板（类似计算机的主板）上组成一台 PLC。模块式 PLC 可根据需要选配不同规模的系统，配置灵活，装配方便，便于扩展和易于维修。

小型 PLC 一般指 I/O 点数小于 256 点的 PLC，其中，I/O 点数小于 64 点的为微型 PLC；中型 PLC 的 I/O 点数为 256 点以上、2048 点以下；大型 PLC 的 I/O 点数为 2048 以上，其中 I/O 点数超过 8192 点的为超大型 PLC。

一般小微型 PLC 为低档 PLC，具有逻辑运算、定时、计数、移位以及自诊断、监控等基本功能，部分还可以有少量的模拟量输入 / 输出、算术运算、数据传送和比较、通信等功能。该类 PLC 主要用于逻辑控制、顺序控制或少量模拟量控制的单机控制系统，如 FX2N、S7-200 系列 PLC 等。

一般中型 PLC 为中档 PLC，除具有低档 PLC 的功能外，还具有较强的模拟量输入 / 输出、算术运算、数据传送和比较、数制转换、远程 I/O、子程序、通信联网等功能。有些还可增设中断控制、PID 控制等功能，适用于复杂控制系统，如 CP1H 系列、S7-300 系列 PLC 等。

一般大型 PLC 为高档 PLC，除具有中档机的功能外，还增加了带符号算术运算、矩阵运算、位逻辑运算、二次方根运算及其他特殊功能函数的运算、制表及表格传送等功能。高档 PLC 具有更强的通信联网功能，可用于大规模过程控制或构成分布式网络控制系统，实现工厂自动化，如 Q 系列、S7-400 系列 PLC 等。

🔁 知识卡 34　PLC 的结构组成（★☆☆）

PLC 本质上也是一台特殊计算机，因此 PLC 的基本组成与一般的计算机系统类似，主要由中央处理器（CPU）、存储器、输入单元、输出单元、通信接口、扩展接口、电源等部分组成。PLC 的核心是中央处理器单元 CPU，输入单元与输出单元是连接现场输入 / 输出设备与 CPU 之间的接口电路，通信接口用于与编程器、上位计算机等外设连接。整体式 PLC，所有部件都装在同一机壳内，其组成框图如图 4-3 所示；模块式 PLC，独立封装成功能模块，通过总线连接，安装在机架或导轨上，其组成框图如图 4-4 所示。

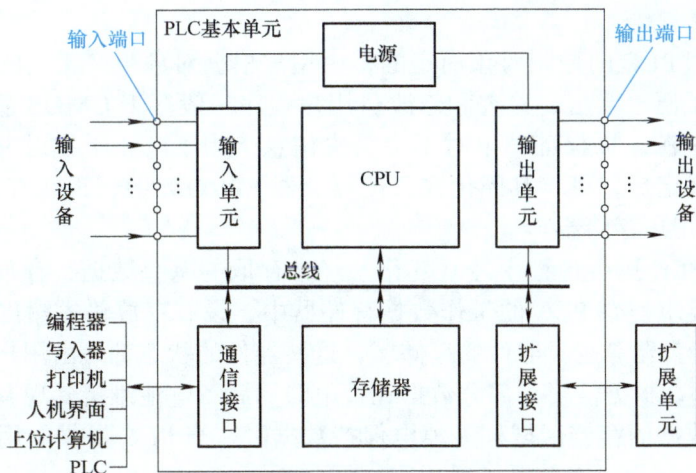

图 4-3　整体式 PLC 组成框图

中央处理单元（CPU）：小型 PLC 大多采用 8 位通用微处理器和单片微处理器，一般为单 CPU 系统；中型 PLC 大多采用 16 位通用微处理器或单片微处理器；大型 PLC 大多采用高速位片式微处理器。中、大型 PLC 则大多为双 CPU 系统，如双 CPU 系统，主处理器为字处理器，一般采用通用 8 位或 16 位处理器，用于执行编程器接口功能，监视内部定时器，监视扫描时间，处理字节指令以及对系统总线和位处理器进行控制等；从处理器为位处

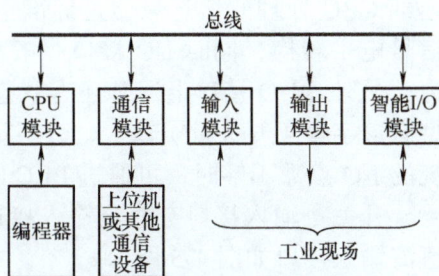

图 4-4　模块式 PLC 组成框图

理器，一般是各厂家设计制造的专用芯片，用于处理位操作指令和实现 PLC 编程语言向机器语言的转换，位处理器的采用，提高了 PLC 的速度，使 PLC 更好地满足实时控制要求。CPU 的主要功能如下：

1）自我诊断。检查电源、PLC 内部电路的工作故障和程序的语法错误等。

2）接收数据。接收从编程器输入的用户程序和数据，从输入接口接收现场的状态或数据，并存入输入映象寄存器或数据寄存器中。

3）执行程序。从存储器逐条读取用户程序，经过解释后执行。

4）输出数据。根据执行的结果，更新有关标志位的状态和输出映象寄存器的内容，通过输出单元实现输出控制。有些 PLC 还具有制表打印或数据通信等功能。

存储器和 PLC 的软件组成：一种是可读/写操作的随机存储器 RAM（类似计算机的内存），另一种是只读存储器 ROM、PROM、EPROM 和 EEPROM（类似于计算机的硬盘）。存储器是 PLC 软件系统存储的地方。PLC 的软件组成有系统程序、用户程序及工作数据，其功能如下：

系统程序是由 PLC 的制造厂家编写的，和 PLC 的硬件组成有关，完成系统诊断、命令解释、功能子程序调用管理、逻辑运算、通信及各种参数设定等功能，提供 PLC 运行的平台。系统程序由制造厂家直接固化在只读存储器 ROM、PROM 或 EPROM 中，用户不能访问和修改。系统程序一般包括系统诊断程序、输入处理程序、编译程序、信息传送程序、监控程序等。

用户程序是随 PLC 的控制对象而定的，由用户根据对象生产工艺的控制要求而编制的应用程序。为了便于读出、检查和修改，用户程序一般存于 CMOS 静态 RAM 中，用锂电池作为后备电源，以保证掉电时不会丢失信息。为了防止干扰对 RAM 中程序的破坏，当用户程序确定后，可将其固化在只读存储器 EPROM 中，现在有许多 PLC 直接采用 EEPROM 作为用户存储器。

工作数据是 PLC 运行过程中经常变化、经常存取的一些数据，存放在 RAM 中，以适应随机存取的要求。在 PLC 的工作数据存储器中，设有存放输入输出继电器、辅助继电器、定时器、计数器等逻辑器件的存储区，这些器件的状态都是由用户程序的初始设置和运行情况确定的。根据需要，部分数据在掉电时用后备电池维持其现有的状态，这部分在掉电时可保存数据的存储区域称为掉电保持数据区。当 PLC 提供的用户存储器容量不够用时，许多 PLC 还提供存储器扩展功能。

输入/输出单元（I/O）：I/O 单元是 PLC 与工业生产现场之间的连接部件。由于 PLC 内部 CPU 处理的信息只能是标准电平，I/O 接口要实现外部输入设备和输出设备所需的信号电平转换，同时 I/O 接口一般都具有光电隔离和滤波功能，以提高 PLC 的抗干扰能力。另外，I/O 接口上通常还有状态指示，工作状况直观，便于维护。I/O 接口的主要类型有数字量（开关量）输入、数字量（开关量）输出、模拟量输入、模拟量输出等。当系统的 I/O 点数不够时，可通过 PLC 的 I/O 扩展接口对系统进行扩展。

开关量输入接口有直流输入接口、交流输入接口和交/直流输入三种类型接口，交/直流输入接口如图 4-5 所示。

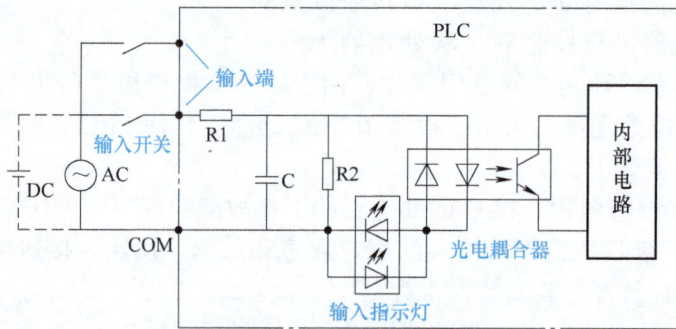

图 4-5　交/直流开关量输入接口

开关量输出接口有继电器输出、晶体管输出和双向晶闸管输出，其基本原理电路如图 4-6 所示。

继电器输出接口可驱动交流或直流负载，但其响应时间长，动作频率低；而晶体管输出和双向晶闸管输出接口的响应速度快，动作频率高，但前者只能用于驱动直流负载，后者只能用于交流负载。

通信接口和特殊功能模块：PLC 配有各种通信接口，这些通信接口一般都带有通信处理器。PLC 通过这些通信接口可与监视器、打印机、其他 PLC、计算机等设备实现通信，可以输出信息，远程监控和向上组成多级分布式控制系统，实现更大规模控制等功能。PLC 也配备特殊功能模块，如高速计数模块、闭环控制模块、运动控制模块等，这些模块具有独立的 CPU、系统程序、存储器以及与 PLC 系统总线相连的接口，在 PLC 主控模块的协调管理下独立地进行工作，并通过总线与主控 PLC 相连，进行数据交换。

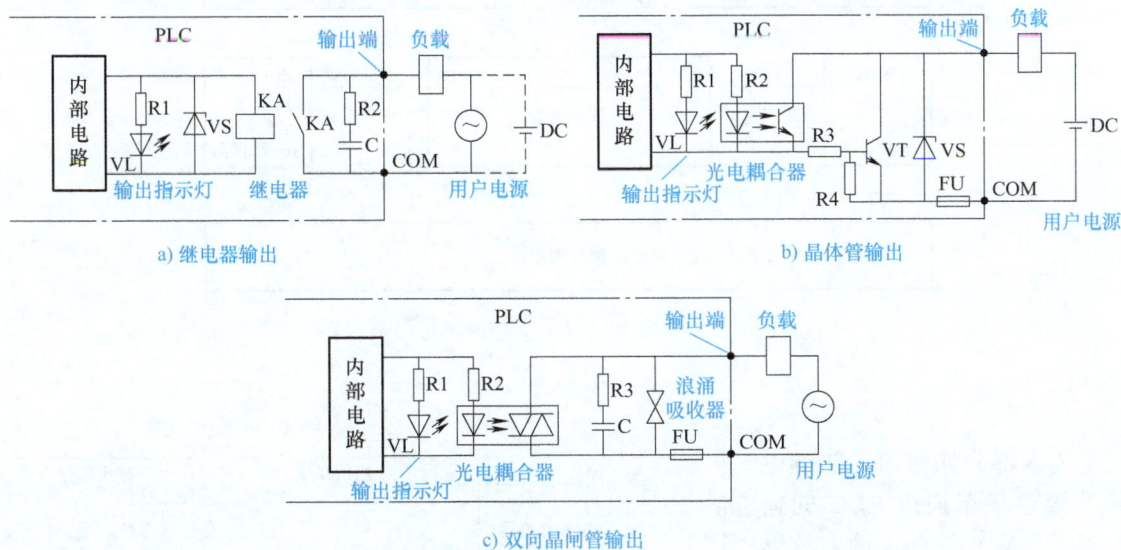

a) 继电器输出

b) 晶体管输出

c) 双向晶闸管输出

图 4-6 开关量输出接口

电源和其他外部设备：PLC 配有开关电源，以供内部电路使用，对电网提供的电源稳定度要求不高，同时还向外提供直流 24V 稳压电源，用于对外部传感器供电。除了以上所述的部件和设备外，PLC 还有许多外部设备，如 PLC 编程器、EPROM 写入器、外存储器、人/机接口装置等。

知识卡 35 PLC 的工作原理（★★☆）

1. PLC 与继电器控制系统的比较

继电器控制系统一般都是由输入部分、输出部分和控制部分组成，输入部分由按钮、位置开关及传感器等各种输入设备组成；控制部分是由接触器、继电器线圈及触点构成的具有特定逻辑功能的控制电路；输出部分是由接触器、电磁阀、指示灯等分断和接通电动机主电路的器件、电磁阀、电磁铁等驱动生产设备的各种执行元件组成。输入部分接受操作指令及被控对象发出的信号，控制电路按设计的逻辑要求决定执行什么动作或动作的顺序，然后驱动输出设备去实现各种操作。PLC 控制系统的输入输出部分与继电器控制系统一样，只是控制部分采用了微处理技术，将控制器内的存储器仿照继电器控制系统做了特定用途的划分，构成一个个"软"元件，如输入软元件、输出软元件、定时器、计时器等，并提供对应的软线圈、软触点，通过类似于电气原理图的梯形图程序，让这些"软元件"根据程序规定的逻辑或顺序动作，进而实现控制系统的功能要求，如图 4-7 所示。

由于继电器控制电路是采用硬接线将各种继电器及触点按一定的要求连接而成，所以接线复杂且故障点多，同时不易灵活改变；而 PLC 控制系统是采用程序实现的，不存在由于接线而导致的故障，而且便于修改和移植，因此采用 PLC 控制系统具有很强的优越性。

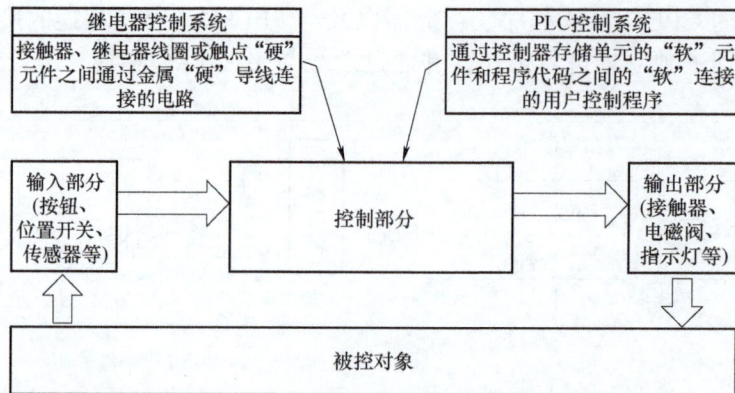

图 4-7　继电器和 PLC 控制系统对比图

2. PLC 控制的基本过程

输入部分如按钮、热继电器等接通状态通过 PLC 的输入端子采集，保存在输入软继电器"软线圈"中（写入输入存储器），用户程序应用这些输入继电器的"软触点"（读取输入存储器），并接通相应的输出继电器（写入输出存储器），输出继电器的"软触点"接通对应的端子，从而驱动执行电器，如图 4-8 所示。

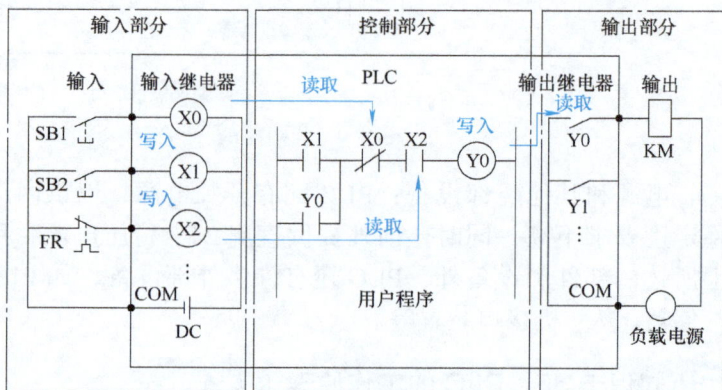

图 4-8　PLC 控制原理图

3. PLC 的扫描工作方式

继电器控制装置采用硬导线连接的并行工作方式，即某个继电器的线圈通电或断电，那么该继电器的所有常开和常闭触点不论处在控制电路的哪个位置上，都会立即同时动作。对应 PLC 而言，由于 CPU 不可能同时执行多个操作，因此 PLC 是通过分时操作（串行工作）方式，程序一条条执行。每一次执行一个操作，按顺序逐个执行，这种串行工作过程称为 PLC 的扫描工作方式。这种扫描是从第一条程序开始，在无中断或跳转控制的情况下，按程序存储顺序的先后，逐条执行用户程序，直到程序结束，然后再从头开始扫描执行，周而复始重复运行。由于 CPU 的运算处理速度极快，因而 PLC 外部出现的结果似乎是同时（并行）完成的，因此 PLC 与电器控制装置在输入/输出处理结果上并没有什么差别。

PLC 的扫描工作过程包括内部处理、通信服务、输入采样、执行程序、输出刷新五个阶段。整个过程扫描执行一遍所需的时间称为扫描周期。扫描周期与 CPU 运行速度、PLC 硬件配置及用户程序长短有关，典型值为 1～100ms。整个扫描工作过程如图 4-9 所示。

158

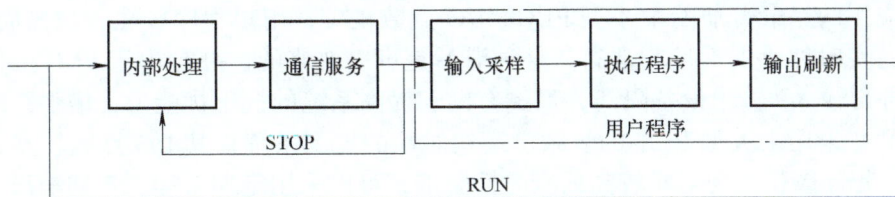

图 4-9　扫描工作过程示意图

内部处理：PLC 硬件自检，对监视定时器（WDT）复位，监视每次扫描是否超过规定时间，避免由于 CPU 内部故障使程序执行进入死循环，以及其他内部处理工作。

通信服务：与其他智能装置实现通信，如接受编程器的命令，更新编程器的显示内容等。

用户程序：输入采样阶段，PLC 按顺序对所有输入端的输入状态进行采样，存入输入映象寄存器中，输入映象寄存器被刷新。采样结束后，即使输入状态变化了，输入映象寄存器的内容也不会改变，输入状态的变化只有在下一个扫描周期的输入处理阶段才能被采样到。程序执行阶段，PLC 对程序按顺序进行扫描（若梯形图编程，则总是按先上后下，先左后右的顺序进行）。若遇跳转指令，则根据跳转条件来决定程序是否跳转，若指令中涉及输入、输出状态时，PLC 读取输入映像寄存器和元件映象寄存器相应的值，进行运算，结果再存入元件映象寄存器中。输出刷新阶段，PLC 将输出映象寄存器中与输出有关的状态（输出继电器状态）转存到输出锁存器中，并通过一定方式输出，驱动外部负载。扫描过程如图 4-10 所示。

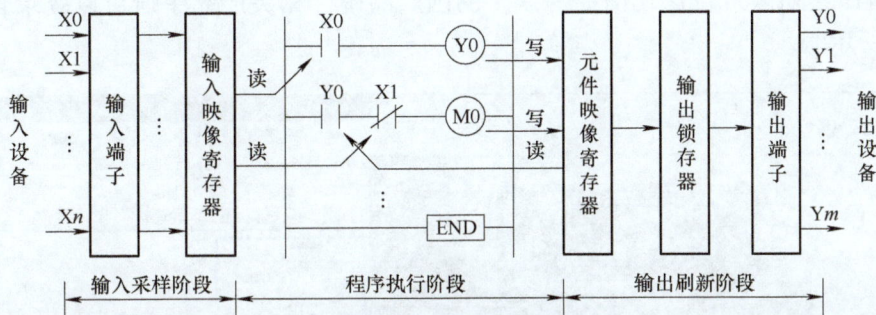

图 4-10　扫描过程示意图

在一个扫描周期内，PLC 对输入状态的采样只在输入采样阶段进行，其他阶段输入端将被封锁，直到下一个扫描周期的输入采样阶段才开放，即在一个扫描周期内，对输入状态只进行一次集中采样，这方式称为集中采样。用户程序阶段中，若对输出结果多次赋值，则以最后一次有效。输出刷新阶段才将输出状态从输出映象寄存器中输出，对输出接口进行刷新，在其他阶段里输出状态一直保存在输出映象寄存器中，即在一个扫描周期内，对输出状态只进行一次集中刷新，这种方式称为集中输出。

这种采用集中采样、集中输出的扫描工作方式，输入接口的滤波环节带来的输入延迟以及输出接口中驱动器件的动作时间带来的输出延迟，会使 PLC 输入端输入信号发生的变化，到 PLC 输出端对该输入变化做出反应，需要一段时间，这种现象称为 PLC 输入 /输出响应滞后，这种响应滞后是设计 PLC 应用系统时应注意把握的一个参数。但一般工业系统，应用的一般普通的中小型 PLC，I/O 点数较少，用户程序较短，扫描周期极短，控制系统的实时性要求不是非常高，这种滞后是可以忽略的，并且由于 PLC 工作时大多数时间与外部输入 / 输出设备隔离，反倒有助于提高系统的抗干扰能力，增强系统的可靠性。对于某些采用中大型 PLC 的复杂、高实时性的控制系统，其 I/O 点数较多，控制功能强，用户程序较长，为适应较高的实时性要求，可以采用定期采样、定期输出方式，或中断输入、输出方式以及采用智能 I/O 接口等多种方式来补充。

技能卡 14　PLC 选用和测试（★★★）

1. PLC 的选用

步骤 1：分析控制对象工艺和功能要求，选择 PLC 类别。

本项目是 Z3050 型钻床的自动化改造，单机控制、钻床进给等辅助运动均采用传统异步电动机驱动，采用 PLC 控制取代基本逻辑控制，无需运动控制、网络通信其他特殊的控制要求，因此采用普通的小微型 PLC 即可。

步骤 2：估算控制对象的 I/O 点数，选择 PLC 产品和型号。

通过前述项目的分析可知，Z3050 型钻床具有操作按钮 6 个、行程开关 6 个、转换开关 10 个，输入点数需要 22 个；接触器 11 个、指示灯 4 个，输出点数需要 15 个，留出点数余量，总点数为 40～64，输入采用直流输入即可，输出采用继电器输出即可，因此可选择市面通用的小型 PLC 产品。

步骤 3：选择产品型号。目前市面上小微型 PLC 有西门子 S7-200、三菱 FX 系列、欧姆龙 CP1H 系列以及台达、信捷等众多的国产品牌。相关产品手册可以登录官网查询，如图 4-11 所示。

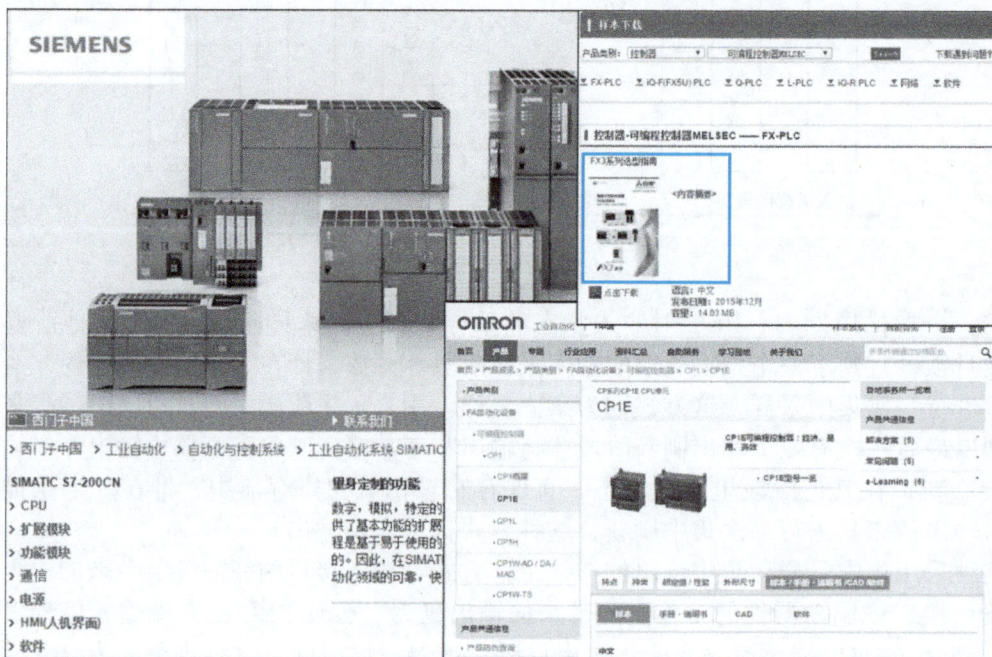

图 4-11　产品手册检索图

步骤 4：根据相关产品样本手册，确定具体的产品型号。

根据上述分析，以三菱 PLC 为例，选用 FX3U 系列，输入选直流输入，输出选用继电器输出，选择具体型号为 FX3U-48MR/DS，直流 24V 电源供电，24 点直流输入、24 点继电器输出；或者选用 FX3U-48MR/ES-A，交流 100～240V、50/60Hz 电源供电，24 点直流输入、24 点继电器输出，如图 4-12 所示。

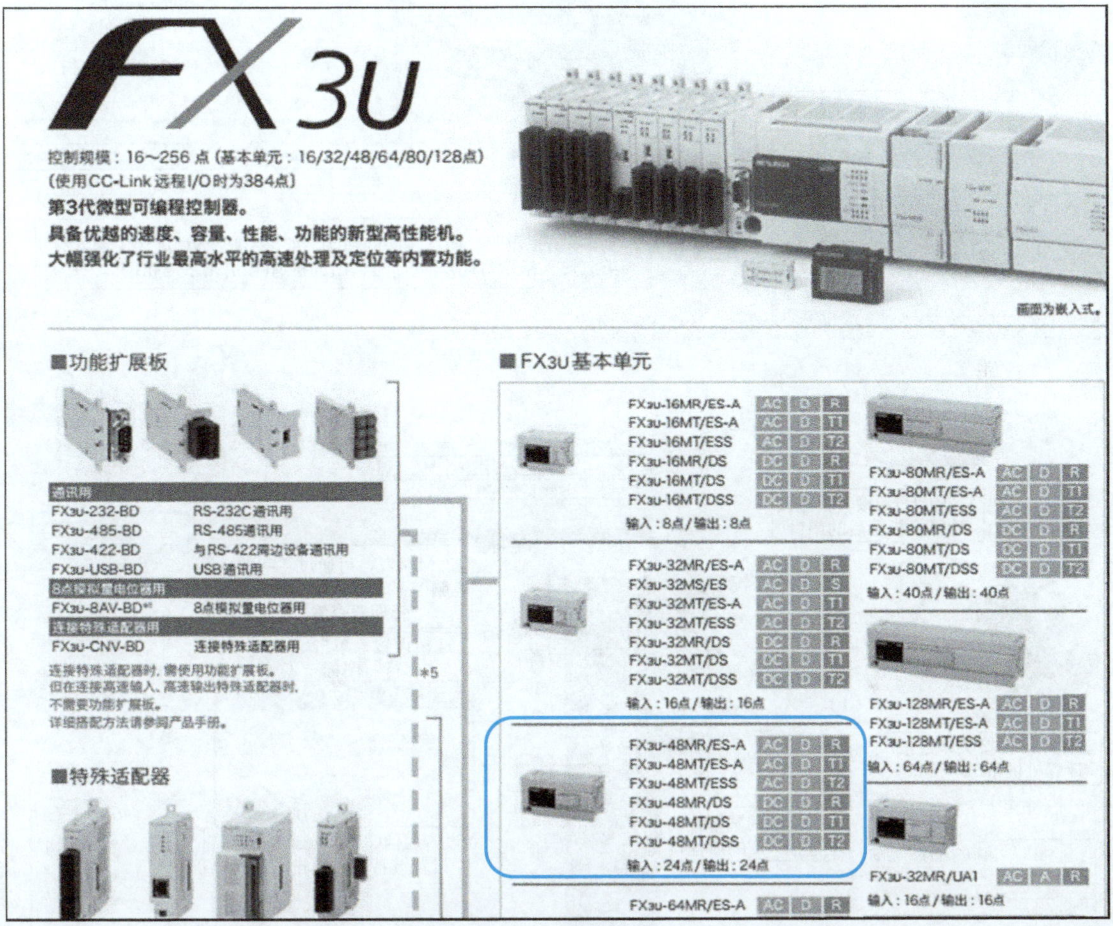

图 4-12　产品选型图

2. PLC 的测试

主要目的是现场测试一下 PLC 是否存在内部元件损坏，如电源、输入输出端子是否故障，输入输出指示灯是否正常，确保 PLC 能够正常使用。PLC 测试步骤如图 4-13 所示，其中步骤①～②检查 PLC 电源是否正常，若正常 POWER 指示灯亮绿灯；步骤③～⑤检查输入端子及指示灯是否正常，将输入端子依次搭接在 24V 电源上，对应的输入端子指示灯亮绿灯；步骤⑥～⑧主要测试输出端子，通过 SC-09 编程电缆连接编程计算机和 PLC，PLC 串口调试如图 4-14 所示，下载测试程序如图 4-15 所示，按图 4-13 中步骤⑧操作输出端子，观察输出端子指示灯进行测试。

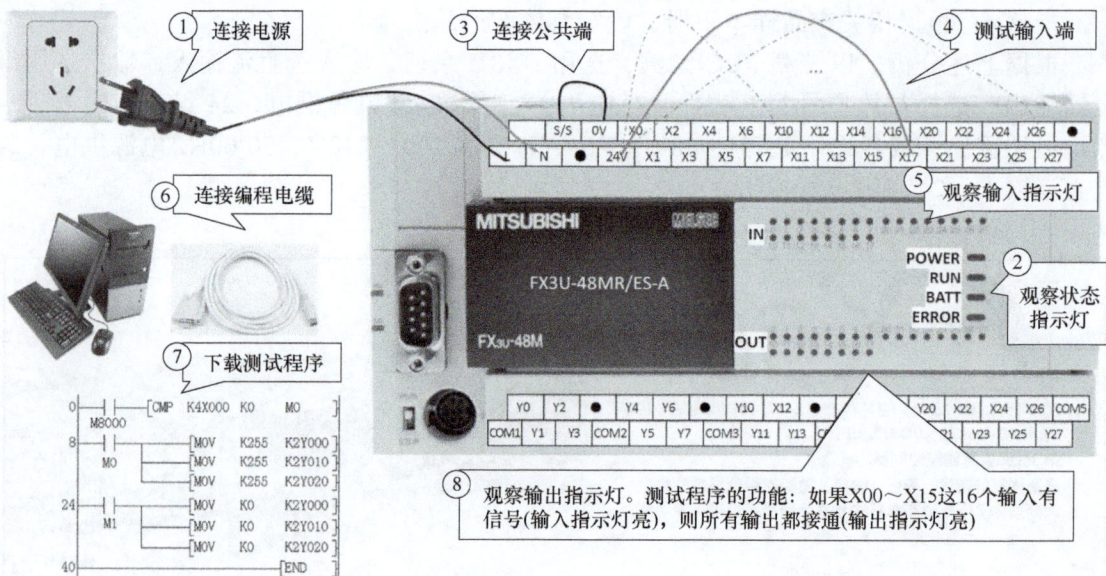

图 4-13　PLC 测试步骤

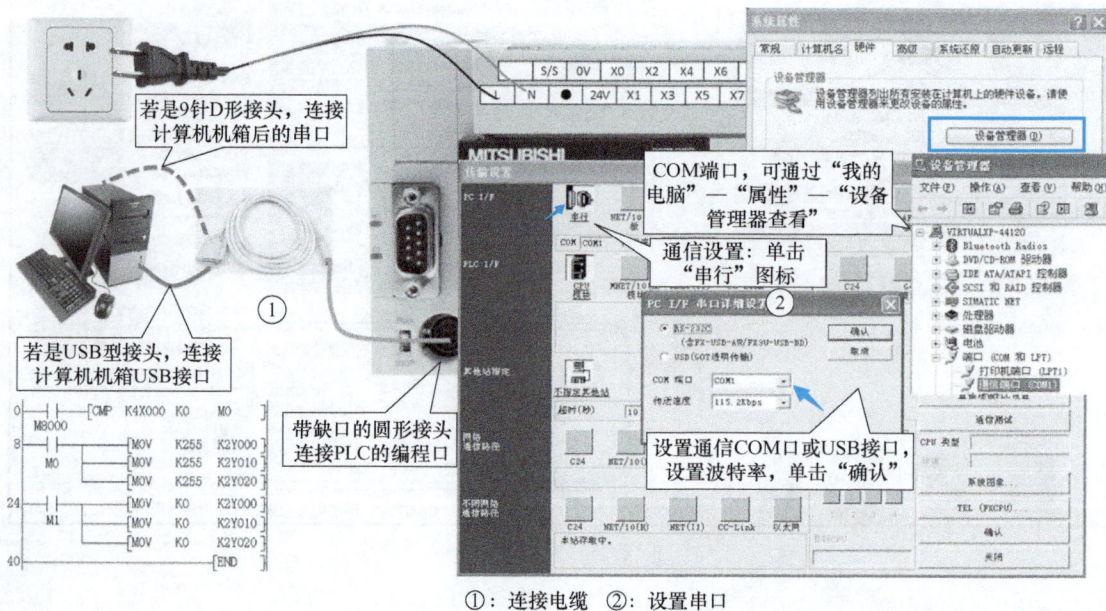

①：连接电缆　②：设置串口

图 4-14　PLC 串口调试

技能卡 15　FX 系列 PLC 产品的认识（★★★）

1. FX 系列 PLC 型号的含义

FX 系列 PLC 型号：FX[1]–[2][3][4]–[5]。

含义说明如下：

[1]：子系列，如 1S\2N\3U 等 FX 子系列型号。

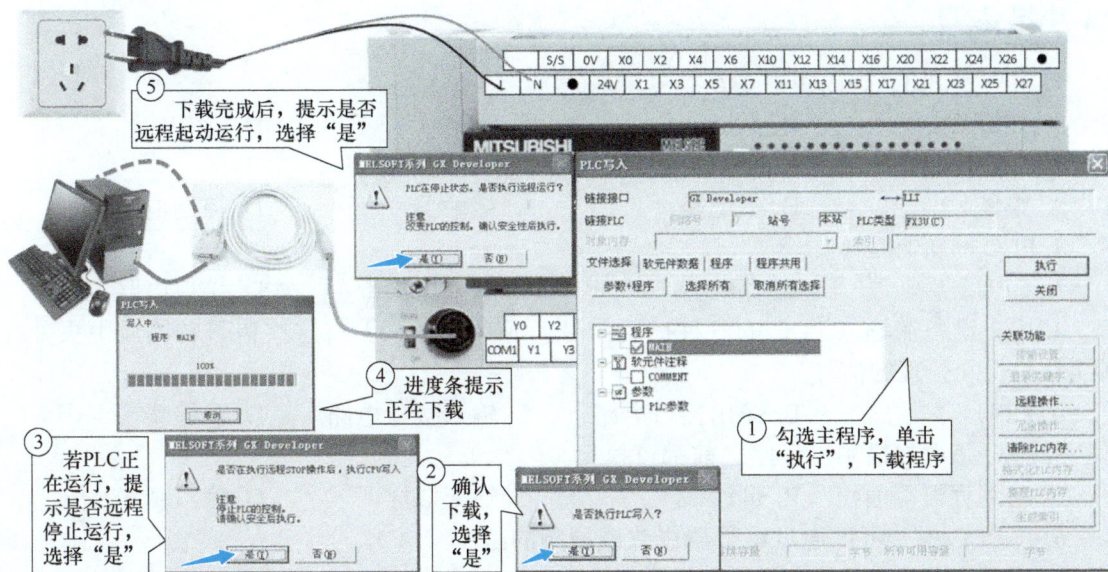

图 4-15　PLC 程序下载

[2]：I/O 总点数。

[3]：单元类型，M—基本单元，E—输入输出混合扩展单元，EX—扩展输入模块，EY—扩展输出模块。

[4]：输出方式，R—继电器输出，S—晶闸管输出，T—晶体管输出。

[5]：特殊品种，D—DC 电源，DC 输出；A1—AC 电源，AC（AC100～120V）输入或 AC 输出等；如果特殊品种一项无符号，为 AC 电源、DC 输入、横式端子排、标准输出。

如 FX2N-48MS-D 表示 FX2N 系列，48 个 I/O 点基本单位，晶闸管输出，直流电源供电，24V 直流输出型。

2. FX 系列 PLC 的硬件组成

主要有基本单元、I/O 扩展单元、扩展模块、模拟量输入输出模块、各种特殊功能模块及外部设备等。

1）基本单元：构成 PLC 系统的核心部件，内有 CPU、存储器、I/O 模块、通信接口和扩展接口等，如 FX0s-30MR-001、FX0s-30MT、FX2n-64MR-001、FX2n-80MT 等。

2）I/O 扩展单元：主要用于扩展输入输出接口单元，实现 I/O 数量的扩展，如 FX0n-40ER、FX2n-48ET、FX2n-16EYR。

3）模拟量输入输出模块：如 FX0N-3A 的该模块具有 2 路模拟量输入（0～10V 直流或 4～20mA 直流）通道和 1 路模拟量输出通道。FX2N-2AD 模块为 2 路模拟量输入。

4）其他特殊控制模块和扩展板：如 FX2N-2LC 温度调节模块，配有 2 通道温度输入和 2 通道晶体管输出，用于温度 PID 调节系统；脉冲输出模块 FX2N-1PG、定位控制器 FX2N-10GM 用于步进电动机和伺服电动机控制；FX2N-1HC 高速计数器模块可对上百千赫兹甚至兆赫兹的脉冲计数，如编码器的计数等，通信扩展板 FX2N-232-BD、FX2N-484-BD 用于串口通信连接。

❖ 小试牛刀

1. 第一台 PLC 产生的时间是（　　　　）。

A. 1967 年　　　　　　B. 1968 年　　　　　　C. 1969 年　　　　　　D. 1970 年

2. PLC 控制系统能取代继电器–接触器控制系统的部分是（　　　　）。

A. 整体　　　　　　　B. 主电路　　　　　　C. 接触器　　　　　　D. 控制电路

3. PLC 的核心是（　　　　）。

A. CPU　　　　　　　B. 存储器　　　　　　C. 输入输出部分　　　D. 接口电路

4. 用户设备需输入 PLC 的各种控制信号，通过（　　　　）将这些信号转换成中央处理器能够接受和处理的信号。

A. CPU　　　　　　　B. 输出接口电路　　　C. 输入接口电路　　　D. 存储器

5. PLC 每次扫描用户程序之前都可执行（　　　　）。

A. 与编程器等通信　　B. 自诊断　　　　　　C. 输入取样　　　　　D. 输出刷新

6. 在 PLC 中，可以通过编程器修改或增删的是（　　　　）。

A. 系统程序　　　　　B. 用户程序　　　　　C. 工作程序　　　　　D. 任何程序

7. PLC 的存储容量实际是指（　　　　）的内存容量。

A. 系统存储器　　　　B. 用户存储器　　　　C. 所有存储器　　　D. ROM 存储器

❖ 大显身手

1. 根据项目 3 钻床的电路分析，选择合适的 PLC 并完成表 4-1。

表 4-1　PLC 主要参数

输入元件类别	数量（个）	电源性质（交流 / 直流）	
输出元件类别	数量（个）	电源性质（交流 / 直流 / 晶闸管）	
I/O 总数			
PLC 供电电源采用			

2. 根据上述 I/O 分析，选择的三菱 PLC 具体型号是_____。

3. 根据上述 I/O 分析，选择的西门子 PLC 型号是_____。

4. 根据上述 I/O 分析，选择的国产 PLC 型号是_____。

5. 网络检索 FX 系列 PLC 命名规则是怎样的？FX3U–48MT–D 中的字母分别表示什么意义？

6. 网络检索 FX 系列 PLC 除了 FX3U 系列，还有哪些系列产品？FX 系列 PLC 有哪些扩展模块？

◆ 点石成金

PLC 机型选择的基本原则是在满足功能要求及保证可靠、维护方便的前提下，力争最佳的性能价格比。主要应从 PLC 的机型、容量、I/O 模块、电源模块、特殊功能模块、通信联网能力以及合理的结构形式、安装方式的选择、响应速度要求、系统可靠性、机型尽量统一等因素。

1）合理的结构形式。可选择整体式、模块式或叠装式。整体式体积较小、经济，适用工艺固定的小型控制系统，如单机控制系统；模块式功能扩展灵活方便，如 I/O 点数、模块的种类选用方便，维修方便，用于较复杂的控制系统。

2）安装方式的选择。可选择集中式、远程 I/O 式以及多台 PLC 联网的分布式。集中式简单、系统反应快、成本低；远程 I/O 式适用于装置分布范围大的大型系统；多台 PLC 联网的分布式适用于多台设备分别独立控制，又要相互联系的场合，需要附加通信模块。

3）功能选择。一般小型（低档）PLC 具有逻辑运算、定时、计数等功能，对于只需要开关量控制的设备都可满足；对于以开关量控制为主，带少量模拟量控制的系统，可选用能带模拟量输入输出单元，需加减算术运算、数据传送功能的增强型低档 PLC。控制较复杂，要求实现 PID 运算、闭环控制、通信联网等功能，可视控制规模大小及复杂程度，选用中档或高档 PLC。

4）其他要求。

冗余要求：对于一般系统，PLC 的可靠性均能满足；对可靠性要求很高的系统，应考虑是否采用冗余系统或热备用系统。

机型尽量统一：企业车间，机型尽量统一，便于备品备件的采购和管理，其功能和使用方法便于技术力量的培训和技术水平的提高，易于联网通信，便于升级为多级分布式控制系统。

任务 4-2　PLC 编程软件的使用

◆ 抛砖引玉

由于 PLC 主要靠程序来实现具体的功能，程序的编辑、修改和调试需要编程器，现在的 PLC 都是通过安装了编程软件的个人计算机来实现这些操作，这在上个任务的时候我们已经有所接触了。那么 PLC 的编程软件怎么安装？程序如何编辑？实习生小明在供货商处拿到了相关程序安装文件，现在他要在公司的计算机上安装软件并掌握程序的编辑和调试方法。

◆ 有的放矢

1. 掌握 PLC 编程软件的获取、安装、卸载等基本能力。
2. 学会应用 PLC 编程软件 GX developer 进行程序编辑操作。
3. 学会应用 PLC 编程软件 GX developer 完成程序的逻辑工程测试。
4. 掌握网络获取 PLC 相关软件手册等资源的能力。

❖ 聚沙成塔

知识卡 36　PLC 的编程软件（★★☆）

　　编程装置的作用是编辑、调试、输入用户程序，也可在线监控 PLC 内部状态和参数，与 PLC 进行人机对话，是开发、应用、维护 PLC 不可缺少的工具。编程装置可以是专用编程器，也可以是配有专用编程软件包的通用计算机系统。专用编程器是由 PLC 厂家生产，专供该厂家生产的某些 PLC 产品使用，主要由键盘、显示器和外存储器接插口等部件组成。专用简易型编程器只能联机编程，而且不能直接输入和编辑梯形图程序，需将梯形图程序转化为指令表程序才能输入。但是简易编程器体积小、价格便宜，可以直接插在 PLC 的编程插座上，或者用专用电缆与 PLC 相连，以方便编程和调试。有些简易编程器带有存储盒，可用来储存用户程序，如三菱的 FX-20P-E 简易编程器。现在的趋势是使用以个人计算机为基础的编程装置，用户只要购买 PLC 厂家提供的编程软件和相应的硬件接口装置即可。它既可以编制、修改 PLC 的梯形图程序，又可以监视系统运行、打印文件、仿真系统等，配上相应的软件还可实现数据采集和分析等许多功能。三菱 PLC 的编程器如图 4-16 所示。

a) 专用编程器　　　　　　　　　　b) 编程软件

图 4-16　三菱 PLC 的编程器

技能卡 16　PLC 编程软件的获取（★★★）

　　推荐通过三菱电机自动化（中国）有限公司官网获取。网络搜索进入官网，选择"技术服务"→"资料下载"→"软件下载"，类别选择"控制器"，即可搜索到"GX Works2"软件，单击右侧查看，即可进入下载界面。提示：下载页可以免费获取软件序列号，需要提交个人相关信息，同时下载软件需要免费注册。当然也可以通过其他工控论坛等途径获取编程软件和序列号，这里不再详述，如图 4-17 所示。

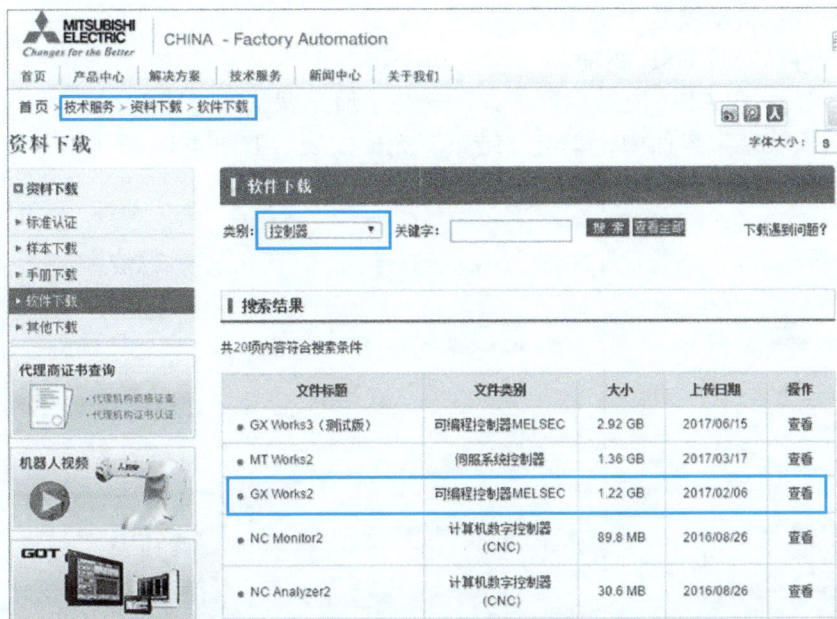

图 4-17　编程软件获取图

技能卡 17　编程软件的安装（★★★）

步骤①：解压安装包，双击"setup.exe"安装文件，提示关闭其他应用程序，选择"是"。
步骤②：进入安装界面，选择"下一步"继续。
步骤③：选择安装目标文件夹，可以根据需要更改目录，选择"下一步"继续。
步骤④：填写序列号等信息，选择"下一步"继续，如图 4-18 所示。

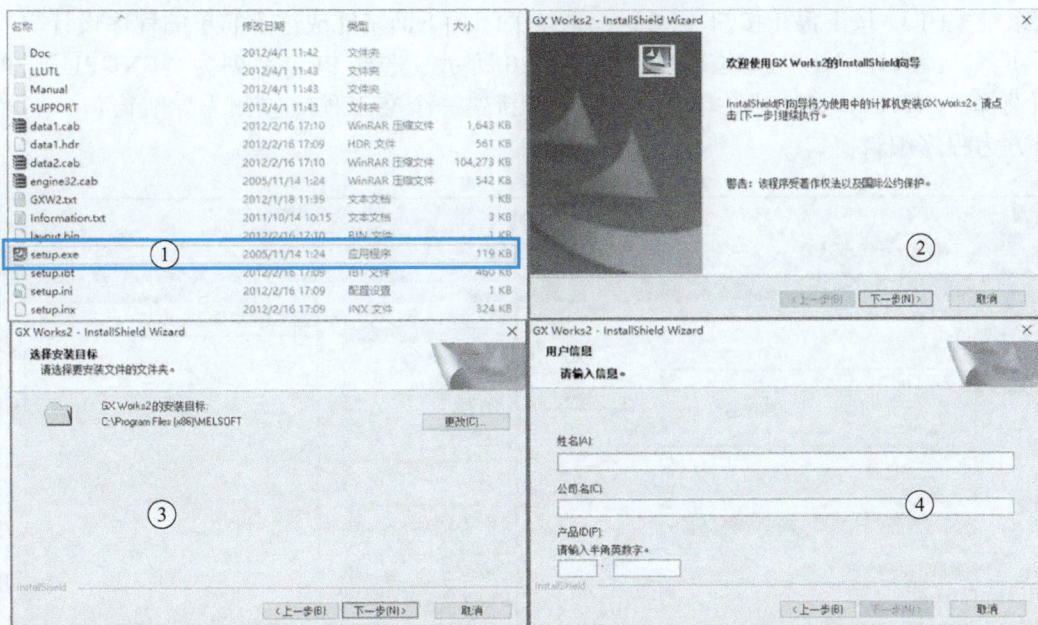

图 4-18　GX Works2 安装步骤图 1

步骤⑤～⑧：自动安装主程序。

步骤⑨：自动安装 USB 驱动。

步骤⑩：显示"LCPU 记录设置工具"安装手册，默认选择即可。

步骤⑪：安装结束界面中，单击"结束"完成安装，如图 4-19 所示。

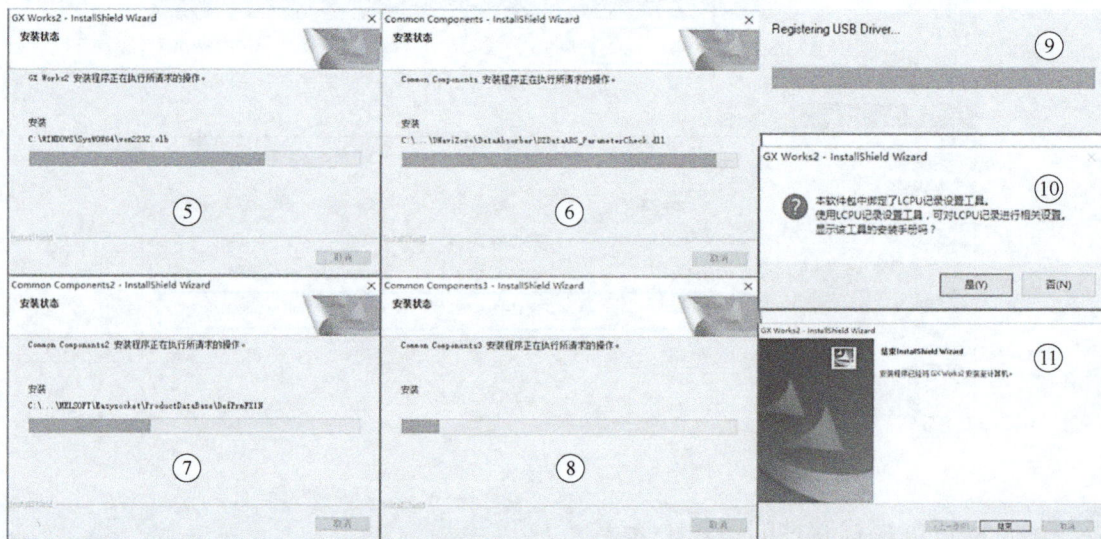

图 4-19　GX Works2 安装步骤图 2

技能卡 18　应用编程软件建立一个起停控制程序（★★★）

任何一个系统都有基本的起停控制要求，具体如下：按下起动按钮（SB1），系统起动并保持运行（采用输出寄存器 Y0 作为系统运行指示灯，Y0 得电时表示系统起动，失电时表示系统关闭），按下停止按钮（SB2），系统关闭。下面来完成这个简单的程序设计。

步骤 1：选择"□"新建工程，如图 4-20 所示。选择 PLC 系列为"FXCPU"，PLC 类型选择"FX3U/FX3UC"，单击"确定"，新建一个空工程。左侧为导航窗口，右侧白色地方为程序编辑窗口。

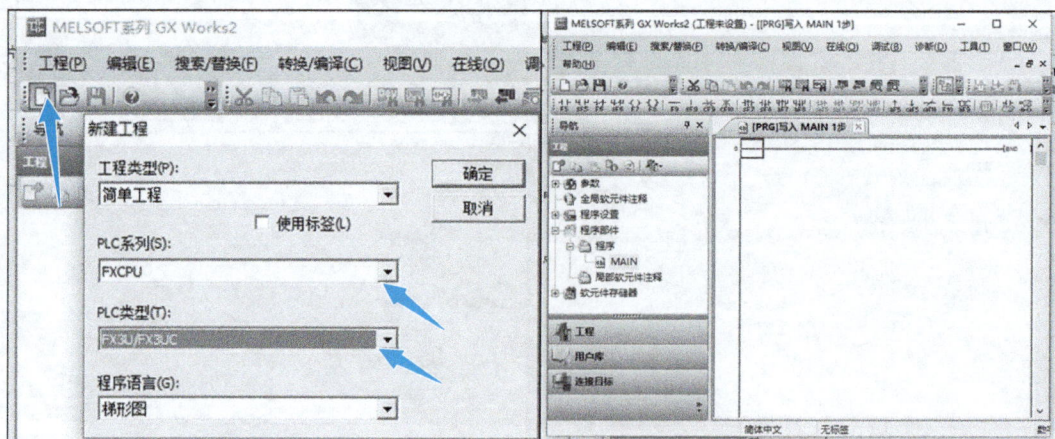

图 4-20　新建工程图

168

步骤 2：认识软件常用菜单，如图 4-21 所示。"工程"主要包含 PLC 项目新建、保存、PLC 类型及模块等设置；"编辑"主要是剪切、复制及程序编辑操作，与通用软件相差不多；"在线"用于 PLC 程序上传、下载和监视等；"调试"用于模拟测试、单步调试、中断调试、强制输入等。

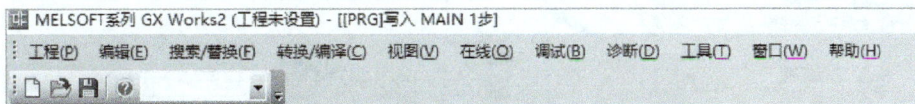

图 4-21　菜单栏

步骤 3：认识常用工具栏，如图 4-22 所示。"程序通用"工具栏，用于程序剪切、复制，软元件、指令等搜索，具有程序上传、下载及运行监视和模拟调试等功能。"梯形图"工具栏，用于梯形图程序编辑，程序注释编辑，程序查看、编辑和监视模式的切换等。

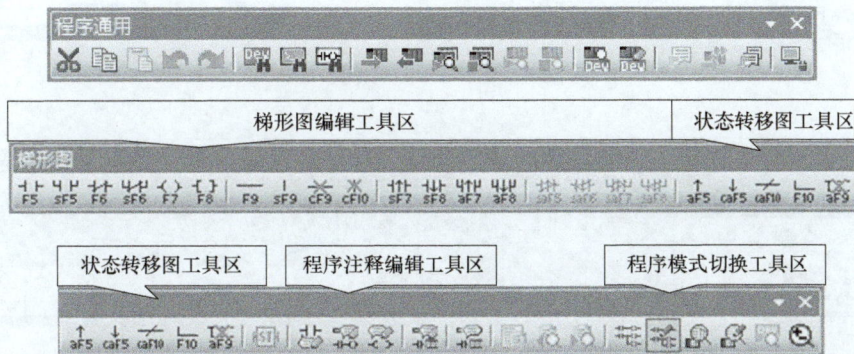

图 4-22　常用工具栏

步骤 4：编辑 PLC 起停控制程序。鼠标单击，将光标▢（蓝色矩形框）放到左上角标号"0"，即程序开始的地方，鼠标选择梯形图工具栏中的常开触点▦，单击，出现一个梯形图输入对话框，在中间空白处填入"X0"，如图 4-23 所示。单击"确定"后在白色程序编辑窗口生成一个▦的梯形图，如图 4-24 所示。按照这个方式，参照图 4-25、图 4-26 完成程序的编辑，得到图 4-27 所示的梯形图程序。按"F4"或者选择 转换/编译(C)，选择"转换"，完成梯形图的转换，梯形图程序背景变为白色，如图 4-28 所示。

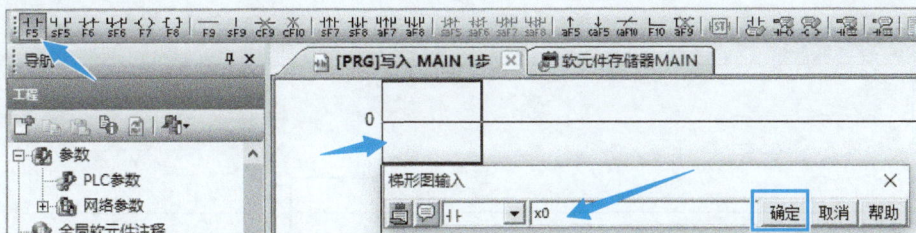

图 4-23　编辑第 1 条梯形图

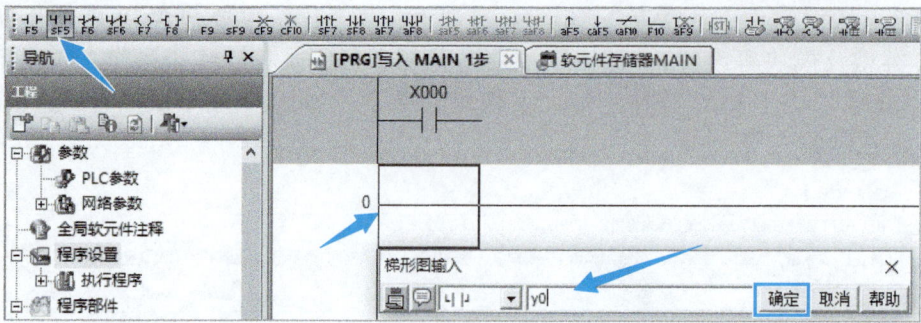

图 4-24　编辑第 2 条梯形图

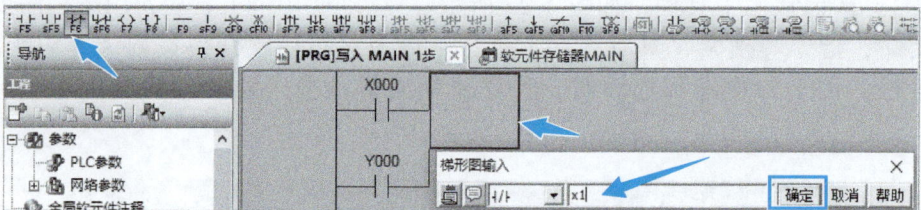

图 4-25　编辑第 3 条梯形图

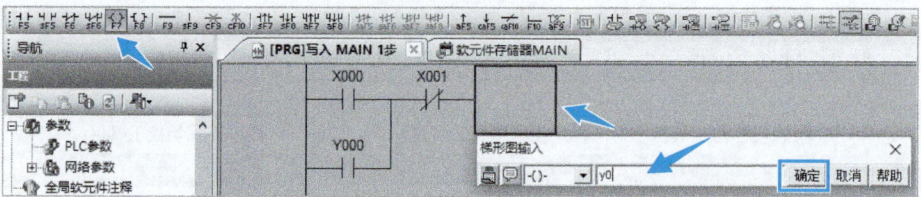

图 4-26　编辑第 4 条梯形图

图 4-27　编辑第 5 条梯形图

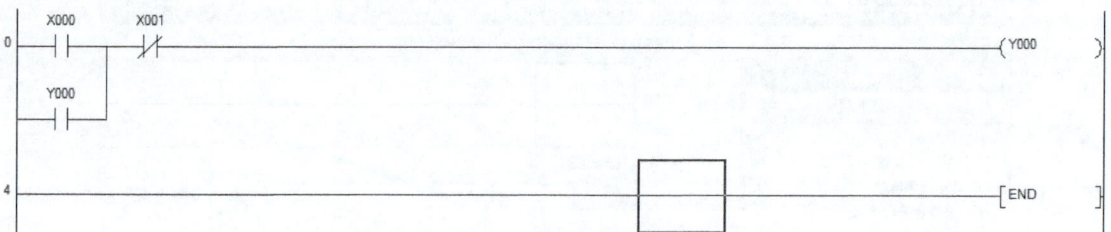

图 4-28　完成梯形图编辑

步骤 5：为程序增加注释。增加注释可以增加程序的可读性，鼠标选择梯形图 X000，单击，在梯形图 X000 下方空白处单击鼠标，出现注释输入对话框，输入"起动按钮"，单击"确定"，X000 下方出现绿色的注释，如图 4-29 所示。按照这个方法可以完成其他的注释，如图 4-30 所示。

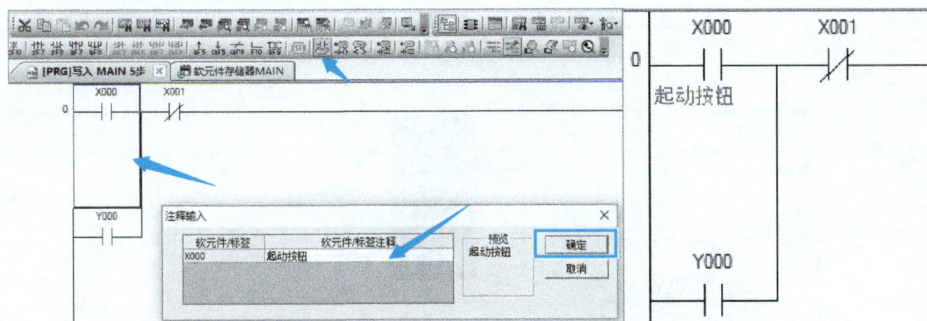

图 4-29　增加注释

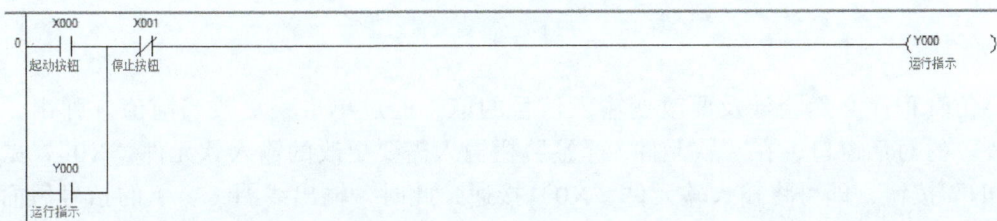

图 4-30　完成注释编辑

步骤 6：调试程序。程序编辑完成后，单击"　"启动模拟调试，如图 4-31 所示，弹出"PLC 写入"和"GX Simulator2"两个窗口。"PLC 写入窗口"中间的进度条表示程序下载进度，中间是下载状态提示，程序下载完成，单击下方"关闭"即可。"GX Simulator2 窗口"，中间开关框中有两个复选框，选择 STOP 将仿真器停止运行，选择 RUN 启动仿真器。

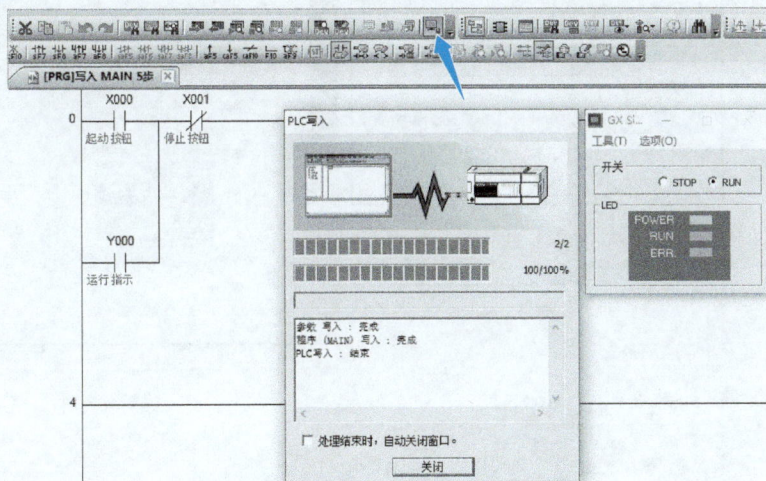

图 4-31　启动 PLC 逻辑测试

仿真器启动后 PLC 模拟运行，其中仿真器窗口的"RUN"指示灯变为绿灯，PLC 程序窗口自动变为"监视模式"，这个图标被点亮，同时程序中被接通的触点显示蓝色背景，不接通的没有蓝色背景，光标的位置也变为实心蓝色矩形框，如图 4-32 所示。

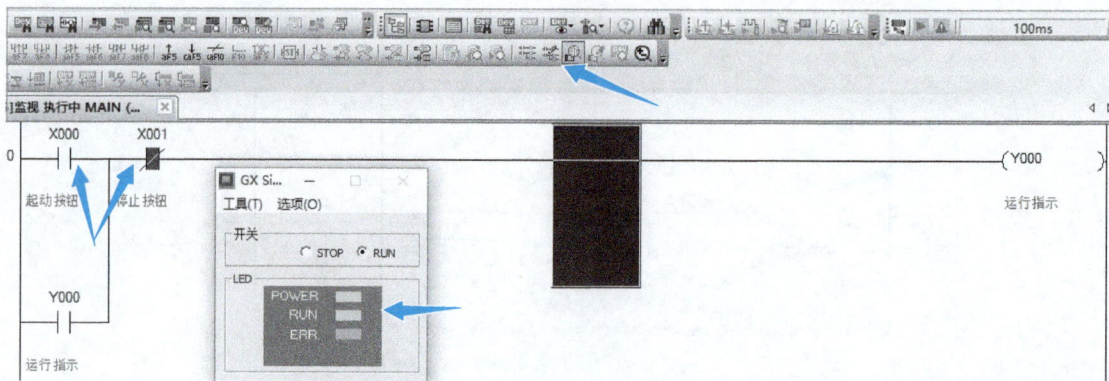

图 4-32　PLC 逻辑测试状态指示

要仿真程序必然会涉及要改变输入信号的值，通过单击更改当前值，弹出"当前值更改"的对话窗口，在"软元件 / 标签"栏输入需要更改的输入软元件"X0"，鼠标单击"ON"按钮，即可将输入软元件"X0"接通，此时，输出线圈（　）的括号后面有蓝色背景，对应的触点也变为蓝色背景，表示通过程序执行，输出软元件"Y0"已经被接通，如图 4-33 所示。

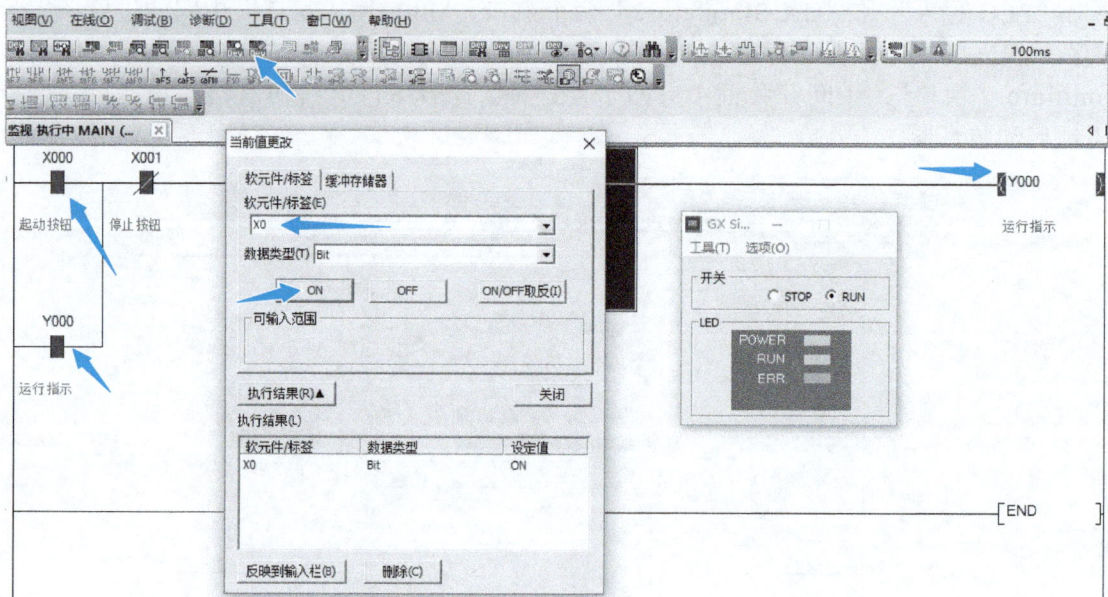

图 4-33　起动按钮按下的 PLC 程序调试

"当前值更改"的对话窗口中，保持"软元件 / 标签"栏是"X0"的前提下，继续用鼠标单击"OFF"按钮，输入软元件"X0"被关闭，程序中对应的触点蓝色背景消失，但是输出软元件"Y0"仍然保持接通。这就模拟了"起动按钮"按下（接通）到松开（断开）的过程，也就是起动指令发布的过程。起动指令发布后，通过程序执行，输出软元件"Y0"接通，系统已经起动了，如图 4-34 所示。

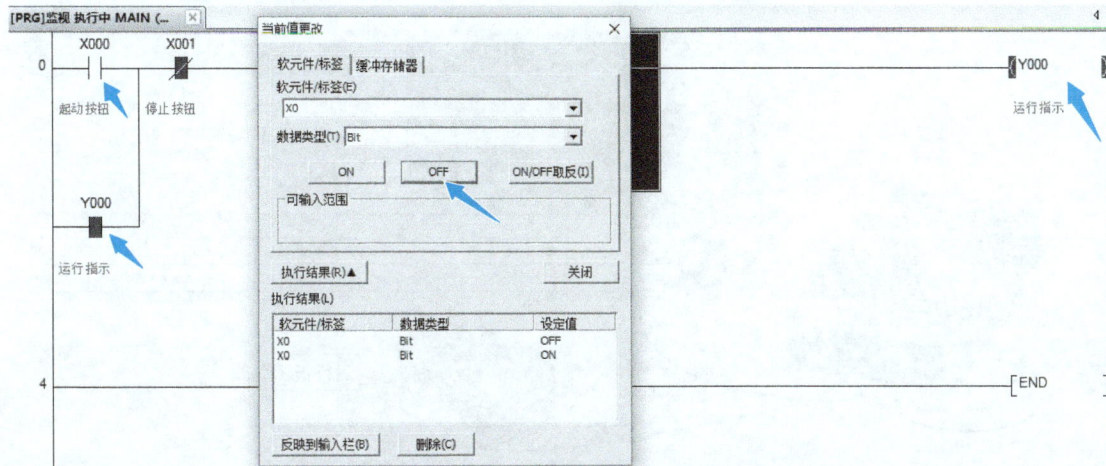

图 4-34　起动按钮松开的 PLC 程序调试

将"软元件 / 标签"栏的软元件改为"X1"，同样按照上述操作，模拟"停止按钮"按下（接通）到松开（断开）的过程，也就是停止指令发布的过程，结果就是关闭输出软元件"Y0"，系统停止运行，有兴趣的读者可以自行测试。

技能卡 19　PLC 的接线（★★★）

程序编辑完成并调试好之后，就可以下载到 PLC 中，操作方法可参考技能卡 18。PLC 要实现既定的功能，不仅需要下载程序，还需要通过外部线路连接输入设备和输出设备，从上个任务图 4-5 和图 4-6 中已经学习过 PLC 的输入输出接口的基本原理。根据上个技能卡编辑好的程序，实现起停控制和运行指示，需要 1 个起动按钮、1 个停止按钮，还需要一个指示灯。为了简单，采用的按钮都是直流 24V，电源采用 PLC 内置的 24V 直流电源，指示灯也采用直流 24V，外接一个通用的开关电源，如图 4-35 所示。接线的方法如下：

1）两个按钮的一侧接线端接到一起，连接到 PLC 内置电源"24V"端子，另外一侧分别连接"输入软继电器 X0、X1"镜像对应的端子 X0 和 X1；PLC"输入软继电器"的公共端 S/S 端接入 PLC 内置电源"0V"端子。

2）输出指示灯的一侧接线端连接到外部开关电源"+V"端子（24V），另外一侧连接"输出软继电器 Y0"镜像对应的端子 Y0；PLC"输出软继电器 Y0～Y3"对应的公共端子 COM1 连接到外部开关电源"–V"端子（0V）。

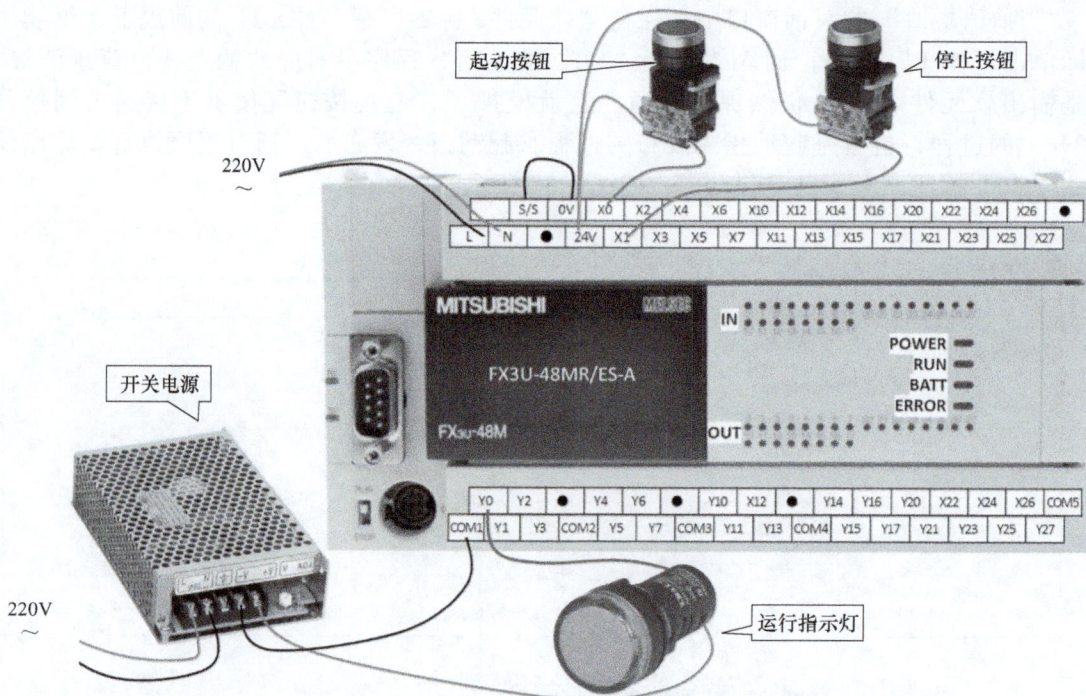

图 4-35　PLC 接线实物图

❖ 小试牛刀

1. 请概括一下三菱 PLC 的编程软件有哪些功能？

2. GX Works2 编程软件能支持哪几种图形化编程方法？

3. GX Works2 编程软件如何设置，才能在监视模式下写入程序？

4. GX Works2 编程软件如何关闭和打开注释显示？

❖ 大显身手

1. 根据本任务的演示和指导，请通过网络查询并下载三菱 PLC 的编程软件，获取软件安装的序列号，并在课余时间安装在自己的计算机上，方便以后的学习。

2. 根据本任务的演示和指导，请帮"达人秀"节目组设计一个三人表决程序，具体要求是甲、乙、丙三位评委面前均有一个输入按钮，分别对应 PLC 的 X1、X2、X3。按下输入按钮，对应的评委指示灯（分别对应 Y1、Y2、Y3）被点亮。当有 2 人及以上的灯被点亮时，PASS 灯（对应 Y0）被点亮，表示选手通过。请设计这个程序，并用 PLC 模拟调试处理。

❖ 点石成金

PLC 的使用，主要通过应用编程软件编程实现具体的控制功能，当前一般的 PLC 制造商都会提供编程软件，可以通过官方的网站进行下载并安装。安装时要注意以下几点：

1）为了避免安装出错，请在安装之前关闭正在运行的软件、杀毒软件、安全卫士等。

2）安装之前请查看安装软件的兼容性说明，部分 PLC 安装软件对 Window 操作系统版本具有一定要求，如 64 位和 32 位操作系统。目前主流 Window 7 / 8 操作系统均适用大部分 PLC 品牌，但是一般需要专业版本、旗舰版，建议不要安装在家庭版上。

3）安装前需要了解安装步骤，如仍在广泛应用的三菱 FX 系列编程软件 GX Developer 8.86，按照之前需要找到安装文件中的 EnvMEL 文件夹，安装 GX Developer 软件运行环境。在安装过程中，会有以下选项，比如提示选择"监视专用 GX Developer"，若勾选，编程软件就只能监视，不能编辑程序。对不了解的选项尽量保持默认或者通过安装手册、网络检索之后再确定是否选择。

4）PLC 程序编辑一般采用梯形图编程，这是一种图形化语言，一般都提供梯形图编辑的相关工具栏。编辑程序时光标是一种矩形框，要通过多练习逐步习惯这种方式。

任务 4-3　Z3050 型摇臂钻床 PLC 改造的硬件电路设计

◆ 抛砖引玉

采用 PLC 控制某一生产设备，需要进行软硬件设计。硬件设计主要是 PLC 控制系统的接线图，设计接线图之前，先必须要明确哪些是这个 PLC 控制系统的输入元件和输出元件，并列写出 I/O 分配表。技术部工程师肖工将 Z3050 的电气控制原理图给实习生小明，让他根据原理图列出 I/O 清单，并绘制 PLC 接线图。

◆ 有的放矢

1. 识读电气原理图能力。
2. 能识别哪些是控制系统的输入元件，哪些是输出元件。
3. 能根据已有的元件性质选择合适电源，做出合理的 I/O 分配。

◆ 聚沙成塔

📃 知识卡 37　Z3050 型摇臂钻床电气控制原理图分析（★★☆）

Z3050 型摇臂钻床共有四台电动机，M1 为主轴电动机，主要实现主轴旋转并通过机械传动机构变速和正反转；M2 为摇臂升降电动机，实现摇臂的升降运动；M3 为液压泵电动机，主要实现摇臂、内外立柱的夹紧和放松；M4 为冷却泵电动机，提供切削液。Z3050 型钻床的电气原理图如图 4-36 所示。

1. 主电路

Z3050 型摇臂钻床的主电路采用 380V、50Hz 三相交流电源供电。控制电路、照明和指示电路均由变压器 TC 降压后供电，电压分别为 127 V、36 V 和 6V。QS1 为机床总电源开关。该钻床配备四台电动机，M1 为主轴电动机，由交流接触器 KM1 控制，只要求单向旋转，主轴的正反转由机械手柄操作；M2 为摇臂升降电动机，要求具有正反转功能，由交流接触器 KM2、KM3 控制其正反转，由于该电动机短时工作，故不设过载保护电器；M3 为液压泵电动机，要求具有正反转控制，由交流接触器 KM4、KM5 控制，该电动机的主要作用是供给夹紧、放松装置压力，实现摇臂、立柱和主轴箱的夹紧与放松。

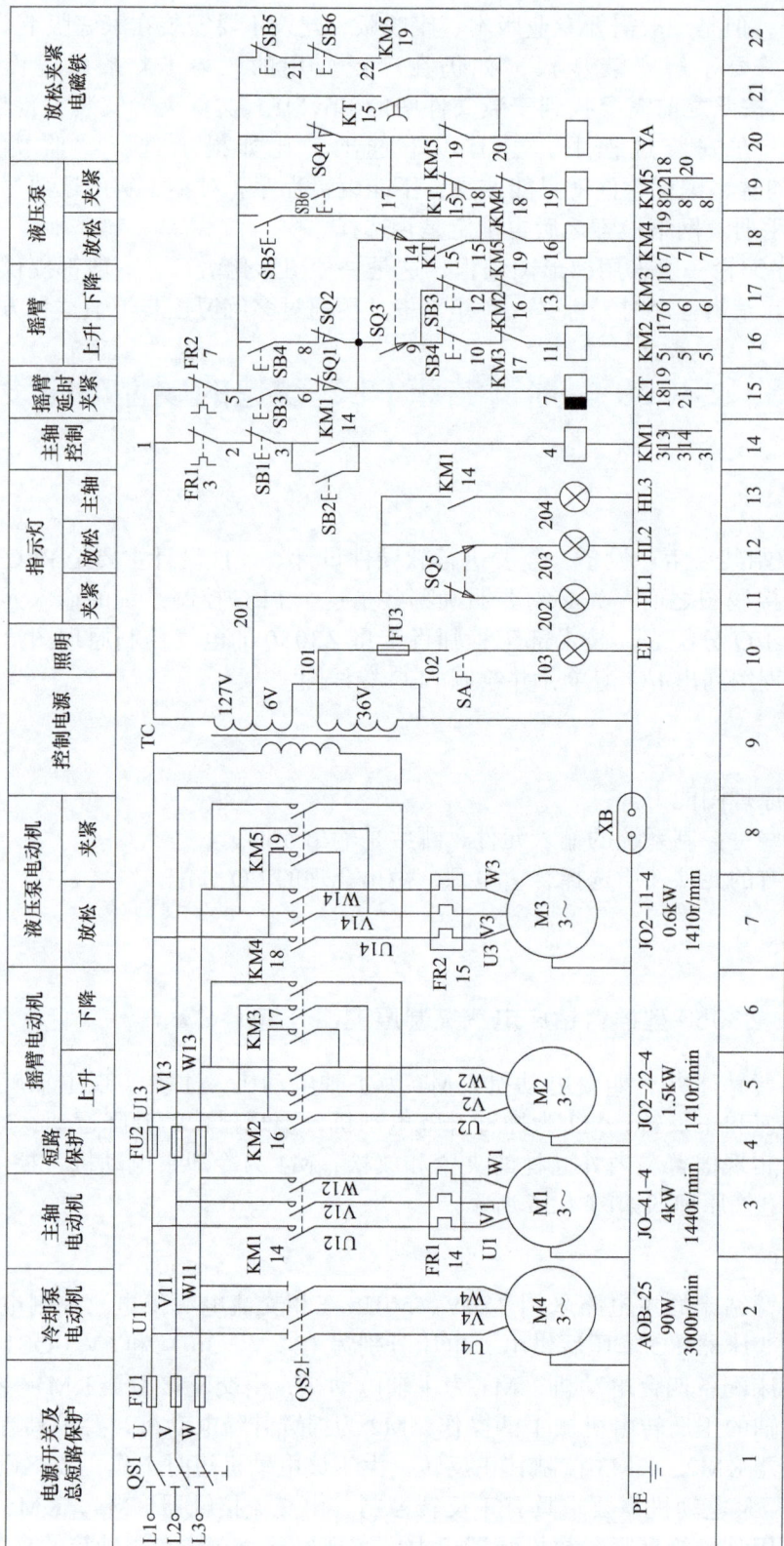

图 4-36 Z3050 型钻床的电气原理图

M4 为冷却泵电动机，只能正转控制，由于该电动机功率较小，故不设过载保护。除冷却泵电动机采用开关 QS2 直接起动外，其余三台电动机均采用接触器起动方式。四台电动机均设有接地保护措施，M1、M3 分别由热继电器 FR1、FR2 作为过载保护，熔断器 FU1 兼作 M1、M4 的短路保护，熔断器 FU2 为 M2、M3 及控制变压器一次侧的短路保护。

2. 控制电路

（1）主轴电动机 M1 的控制　合上电源开关后，按起动按钮 SB2，接触器 KM1 线圈得电吸合，主电路中主触点闭合，主轴电动机 M1 起动，同时其辅助常开触点 KM1（14 区）闭合自锁，辅助常开触点 KM1（13 区）闭合，指示灯 HL3 亮。停车时，按下 SB1，接触器 KM1 线圈断电释放，其所有触点复位，M1 停转，指示灯 HL3 熄灭。

（2）摇臂上升、下降控制

1）摇臂上升。长按摇臂上升按钮 SB3，则时间继电器 KT 线圈得电，其瞬时闭合触点（18 区）闭合，延时断开常开触点 KT（18 区）闭合，使电磁铁 YA 和接触器 KM4 线圈得电，接触器 KM4 主触点闭合，液压泵电动机 M3 起动正向旋转，供给压力油，压力油经两位六通阀进入摇臂的松开油腔，推动活塞运动，活塞推动菱形块，将摇臂松开。同时，活塞杆通过弹簧片压位置开关 SQ2，使其常闭触点 SQ2（18 区）断开，常开触点 SQ2（16 区）闭合。前者切断了接触器 KM4 的线圈电路，接触器 KM4 所有触点复位，液压泵电动机 M3 停车；后者使交流接触器 KM2 线圈得电，其主触点闭合，摇臂升降电动机 M2 起动正向运转，带动摇臂上升。

若此时摇臂尚未松开，则位置开关 SQ2 常开触点（16 区）不闭合，接触器 KM2 不能得电吸合，摇臂将不能上升。

当摇臂上升至所需位置时，松开按钮 SB3，则接触器 KM2 和时间继电器 KT 同时断电释放，电动机 M2 停车，摇臂停止上升。

由于断电型时间继电器 KT 断电，经 1～3s 时间的延时后，其延时闭合常闭触点 KT（19 区）闭合，使接触器 KM5 线圈得电，接触器 KM5 主触点闭合，液压泵电动机 M3 反向旋转。此时，YA 仍处于吸合状态，压力油从相反方向经两位六通阀进入摇臂夹紧油腔，向相反方向推动活塞和菱形块，使摇臂夹紧，在摇臂夹紧的同时，活塞杆通过弹簧片压位置开关 SQ3（20 区）的常闭触点，使其断开，使 KM5 和 YA 都失电释放，液压泵电动机 M3 停车，完成了摇臂松开、上升和夹紧的整套动作。

2）摇臂下降。长按摇臂下降按钮 SB4，则时间继电器 KT 线圈得电，其瞬时常开触点 KT（18 区）闭合，延时断开常开触点（21 区）闭合，使电磁铁 YA 和接触器 KM4 线圈得电，接触器 KM4 主触点闭合，液压泵电动机 M3 起动正向旋转，供给压力油。压力油经两位六通阀进入摇臂的松开油腔，推动活塞运动，活塞推动菱形块，将摇臂松开。同时，活塞杆通过弹簧片压位置开关 SQ2，使其常闭触点 SQ2（18 区）断开，常开触点 SQ2（16 区）闭合。前者切断了接触器 KM4 的线圈电路，接触器 KM4 触点复位，液压泵电动机 M3 停车；后者使交流接触器 KM3 线圈得电，其主触点闭合，摇臂升降电动机 M2 起动，反向运转，带动摇臂下降。

同理，若此时摇臂尚未松开，则位置开关 SQ2 触点（16 区）不闭合，接触器 KM3

不能得电吸合，摇臂将不能下降。

当摇臂下降至所需位置时，松开按钮 SB4，则接触器 KM3 和时间继电器 KT 同时断电释放，电动机 M2 停车，摇臂停止下降。

由于断电型时间继电器 KT 断电，经 1～3s 时间的延时后，其延时闭合常闭触点 KT（19 区）闭合，使接触器 KM5 线圈得电，接触器 KM5 主触点闭合，液压泵电动机 M3 反向旋转，此时，YA 仍处于吸合状态，压力油从相反方向经两位六通阀进入摇臂夹紧油腔，向相反方向推动活塞和菱形块，使摇臂夹紧，在摇臂夹紧的同时，活塞杆通过弹簧片压位置开关 SQ4（20 区）的常闭触点，使其断开，使 KM5 和 YA 都失电释放，液压泵电动机 M3 停车，完成了摇臂松开、下降和夹紧的整套动作。

（3）立柱和主轴箱的夹紧与松开控制

1）立柱和主轴箱的松开控制。按下松开按钮 SB5，接触器 KM4 线圈得电吸合，其主触点闭合，液压泵电动机 M3 正向旋转，供给压力油，压力油经两位六通阀（此时电磁铁 YA 处于释放状态）进入立柱和主轴箱松开液压缸，推动活塞及菱形块，使立柱和主轴箱分别松开，活塞杆通过弹簧片压位置开关 SQ4，松开指示灯 HL2 亮。

2）立柱和主轴箱的夹紧控制。按下夹紧按钮 SB6，接触器 KM5 线圈得电吸合，其主触点闭合，液压泵电动机 M3 反向旋转，供给压力油，压力油经两位六通阀（此时电磁铁 YA 处于释放状态）进入立柱和主轴箱夹紧液压缸，推动活塞及菱形块，使立柱和主轴箱分别夹紧，夹紧指示灯 HL1 亮。

3. 照明电路

由转换开关 SA 实现对照明灯 EL 的控制，熔断器 FU3 实现对照明电路的短路保护。

知识卡 38　Z3050 型摇臂钻床电气控制电路的特点（★★☆）

Z3050 型摇臂钻床的电气控制电路有以下几个特点：

1）主轴变速及正反转控制是通过机械方式实现的。

2）由于控制电路电气元件较多，故通过控制变压器 TC 与三相电网进行电隔离，提高了操作和维护时的安全性。

3）利用位置开关 SQ1-1、SQ1-2 来限制摇臂的升降行程。当摇臂上升至极限位置时，SQ1-1（15 区）断开，使 KM2 线圈失电释放，升降电动机 M2 停车，摇臂停止上升。当摇臂下降至极限位置时，SQ1-2（16 区）断开，KM3 线圈失电释放，M2 停车，摇臂停止下降。

4）时间继电器的主要作用是控制 KM5 的吸合时间，使升降电动机停车后，再夹紧摇臂。KT 的延时时间视需要设定，整定时间一般为 1～3s。

5）摇臂的自动夹紧是由位置开关 SQ3 来控制的，如果液压夹紧系统出现故障而不能自动夹紧摇臂，或者由于 SQ3 调整不当，在摇臂夹紧后不能使 SQ3 的动触头断开，都会使液压泵电动机 M3 处于长时间过载运行状态而造成毁坏。为防止损坏电动机 M3，电路中使用了热继电器 FR2，其整定值应根据 M3 的额定电流来调整。

6）在摇臂升降电动机的正反转控制过程中，接触器 KM2、KM3 不允许同时得电动作，以防电源短路。为避免因操作失误等原因造成短路故障，在摇臂上升和下降的控制电路中，采用接触器的辅助触点互锁及采用复合按钮联锁的双重保护方法来确保电路的安全。

技能卡 20　确定 PLC 的输入和输出元件（★★★）

1）根据 Z3050 型摇臂钻床的电气控制原理图，列写 Z3050 型摇臂钻床的电气元件名称、符号及用途要求等信息，便于 I/O 分类及后续自动化改造使用，见表 4-2。

表 4-2　Z3050 型摇臂钻床电气元件符号及功能说明

符号	名称及用途	符号	名称及用途
M1	主轴电动机	QS1、QS2	组合开关
M2	摇臂升降电动机	SQ1～SQ5	位置开关
M3	液压泵电动机	TC	控制变压器
M4	冷却泵电动机	SB1～SB6	按钮
KM1～KM5	交流接触器	FU1～FU6	熔断器
KT	时间继电器	YA	电磁铁
FR1、FR2	热继电器	EL	照明灯
		HL1～HL3	机床指示灯

2）输入输出分配表的设计。输入元件一般是发布控制系统起动、停止、回退、进给等指令的开关、按钮等主令电器，或者是位置到位（行程或接近开关）、压力达到（压力继电器）、温度到达（热继电器）等检测系统信息的传感器，或者是其他开关信号（如接触器的辅助触点）等。输出元件一般是用于 PLC 控制系统指示及驱动外部负载、生产机械的器件，如报警指示灯、接触器（驱动电动机）、电磁阀（控制液压回路）、电磁铁（驱动机械机构）等。

关于输入输出电源的选择，虽然原钻床的按钮、行程开关等输入信号是采用 127V 交流连接的，但是一般而言按钮开关的触点是交直流通用的，因此为简单起见，输入信号电源采用 PLC 自带的 24V 直流电源；原钻床的输出有三种电源，因此可保留原设备控制变压器提供的三种不同电源，但是要根据不同电源合理分配输出点。本项目采用的 FX3U-48MR PLC 分别有五组输出：Y0～Y3 组公共端 COM1、Y4～Y7 组公共端 COM2、Y10～Y13 组公共端 COM3、Y14～Y17 组公共端 COM4、Y20～Y27 组公共端 COM5。由上述分析可以得到本项目的 I/O 分配表见表 4-3。

表 4-3　Z3050 型钻床输入输出分配表

地址	元件	用途简述	地址	元件	用途简述	电源
X0	SB1	主轴停止按钮	Y0	KM1	主轴电动机 M1 控制	
X1	SB2	主轴起动按钮	Y1	KM2	摇臂电动机 M2 上升控制	
X2	SB3	摇臂上升按钮	Y2	KM3	摇臂电动机 M2 下降控制	
X3	SB4	摇臂下降按钮	Y3	KM4	液压泵电动机 M3 正转	AC 127V
X4	SB5	主轴箱/立柱松开按钮	Y4	KM5	液压泵电动机 M3 反转	
X5	SB6	主轴箱/立柱夹紧按钮	Y5	YA	电磁阀控制	

（续）

输入分配			输出分配			
地址	元件	用途简述	地址	元件	用途简述	电源
X6	SQ1-1	摇臂上升极限位	Y10	HL1	夹紧指示灯	
X7	SQ1-2	摇臂下降极限位	Y11	HL2	松开指示灯	AC 6V
X10	SQ2	摇臂松开到位限位	Y12	HL3	主电动机工作指示灯	
X11	SQ3	摇臂夹紧到位限位	Y14	EL	照明灯	AC 36V
X12	SQ4	主轴箱松开到位限位				
X13	SA	照明灯开关				
X14	FR1	主轴过载保护				
X15	FR2	液压泵过载保护				

技能卡 21 绘制 Z3050 型钻床 PLC 接线图（★★★）

步骤 1：根据 PLC 的硬件手册，绘制好 PLC 的端子图。

步骤 2：根据输入分配表，绘制输入端接线图，注意输入公共端 S/S 端子的接法。S/S 端主要用于输入信号为直流电源时的传感器极性选择，源型输入（NPN）就是高电平有效，意思是电流从输入点流入，此时输入信号的公共连接端接直流电源正极，PLC 端子的公共端连接直流电源负极，如图 4-37 所示。漏型输入（PNP）则相反。对没有正负极的输入信号而言，S/S 端接 24V 或 0V 均可以。

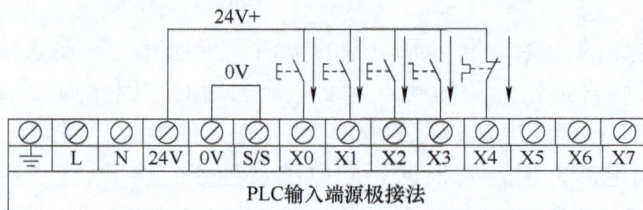

图 4-37 源型输入（NPN）的接法

步骤 3：按照不同的电源分组，绘制输出端的接线图，如图 4-38 所示。

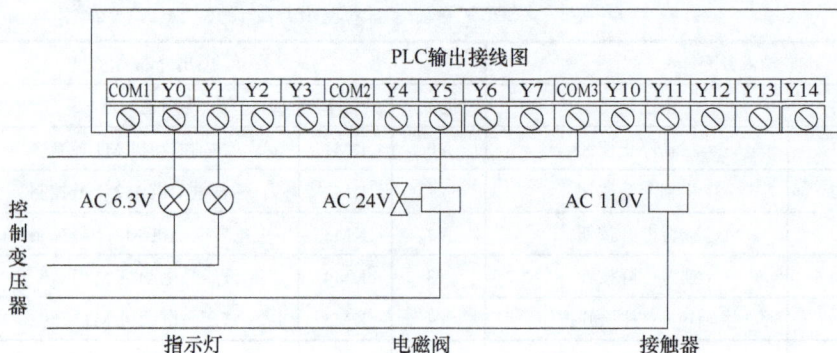

图 4-38 PLC 输出分组的接法

◆ 小试牛刀

1. 改造继电器控制电路时，由于时间继电器可以采用 PLC 内部定时器取代其功能，因此不需要再将时间继电器作为 PLC 的输入信号。 （　）

2. FX3U-48MR 采用的是晶闸管输出，因此输出可以接直流电源负载。 （　）

3. 若 FX3U-48MR 输入信号是开关量，输入公共 S/S 端可以接 0V，也可以接 24V。 （　）

4. 输入源极接法是外部电源向 PLC 的输入端子送电，FX3U PLC 所有输入信号的公共连接点接 24V 电源，S/S 端接 0V。 （　）

5. PLC 输出是分组输出，只能接不同的电源。 （　）

◆ 大显身手

根据上述 I/O 分析和 Z3050 型钻床的电气原理图，完成 PLC 控制系统接线图。注意绘制图形的时候，符号要采用标准符号。输入电源请采用 PLC 自带的 24V 电源，输出电源已经绘制好，请根据不同的器件要求补画完整，如图 4-39 所示。

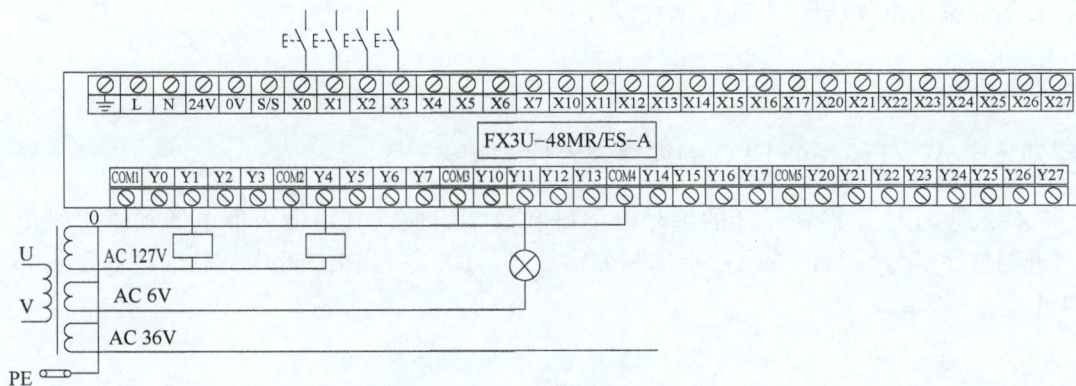

图 4-39 PLC 控制系统接线图

◆ 点石成金

前面任务解释了控制系统都有输入和输出信号，通过输入信号才能把控制指令、外部检测信号等送入控制系统，执行控制系统程序，将程序运行的结果通过输出部分驱动负载或生产机械。因此，输入输出分配之前需要界定清楚哪些是输入信号，哪些是输出信号；还需要根据输入元器件的电源性质确定是否需要分组，采用什么样的电源。开关类输入信号一般是交直流通用，对电源没有其他要求。但是传感器类输入信号特别是三线式传感器输入，由于需要外接电源，需要源极输入和漏极输入的区分。对应输出信号而言，由于很多设备的电源性质和电压大小不一致，需要考虑分组输出，每组单独接电源；对于不同的电源性质，对 PLC 输出端也有要求。普通交流输出，采用继电器型或晶闸管型输出端子即可，若用外接电子电路如变频器、步进驱动器等，则需要采用晶体管型端子输出，但要注意是源极输出（NPN）型还是漏极输出（PNP）型。

任务 4-4　Z3050 型摇臂钻床的 PLC 控制程序设计

❖ 抛砖引玉

通过上述 Z3050 型钻床的电气原理可以知道，机械设备的拖动几乎都是电动机拖动的，因此电动机被称为工业动力之母，而通用机床一般采用三相异步电动机拖动，因此我们学习 PLC 也必须首先掌握如何用 PLC 控制三相异步电动机。Z3050 型钻床共用 4 台电动机拖动，技术工程师肖工正好要调试电气控制柜，他将其中钻床控制系统调试的任务交给了实习生小明，要求其能够分析 PLC 接线图，逐个分析异步电动机控制 PLC 程序，模拟接线并完成功能测试。

❖ 有的放矢

1. 了解 PLC 梯形图编程语言及特点。
2. 掌握基本与或非逻辑指令、电路块指令、堆栈指令及应用。
3. 掌握 PLC 定时器、计时器等指令和经验编程的方法。
4. 学会应用翻译法完成 PLC 编程设计。

❖ 聚沙成塔

📲 知识卡 39　FX 系列 PLC 的编程软元件（★★☆）

FX 系列 PLC 编程软元件的编号由字母和数字组成，其中输入继电器和输出继电器用八进制数字编号，其他均采用十进制数字编号。FX 系列 PLC 的内部软继电器及编号见表 4-4。

表 4-4　FX 系列 PLC 的内部软继电器及编号

编程软元件种类		FX1S	FX0N	FX1N	FX2N（FX2NC）	FX3U（FX3UC）
输入继电器 X（按八进制编号）		X0～X17（不可扩展）	X0～X43（可扩展）	X0～X43（可扩展）	X0～X77（可扩展）	X0～X367（可扩展）
输出继电器 Y（按八进制编号）		Y0～Y15（不可扩展）	Y0～Y27（可扩展）	Y0～Y27（可扩展）	Y0～Y77（可扩展）	Y0～Y367（可扩展）
辅助继电器 M	普通用	M0～M383	M0～M383	M0～M383	M0～M499	M0～M499
	保持用	M384～M511	M384～M511	M384～M1535	M500～M3071	M500～M7679
	特殊用	M8000～M8255（具体见使用手册）				M8000～M8511
状态寄存器 S	初始状态用	S0～S9	S0～S9	S0～S9	S0～S9	S0～S9
	返回原点用	—	—	—	S10～S19	S10～S19
	普通用	S10～S127	S10～S127	S10～S999	S20～S499	S20～S499

（续）

编程软元件种类		FX1S	FX0N	FX1N	FX2N（FX2NC）	FX3U（FX3UC）
状态寄存器 S	保持用	S0～S127	S0～S127	S0～S999	S500～S899	S500～S899（可变）、S1000～S4095（固定）
	信号报警用	—	—	—	S900～S999	S900～S999
定时器 T	100ms	T0～T62	T0～T62	T0～T199	T0～T199	T0～T199
	10ms	T32～T62	T32～T62	T200～T245	T200～T245	T200～T245
	1ms		T63	—	—	T256～T511
	1ms 累积	T63	—	T246～T249	T246～T249	T246～T249
	100ms 累积	—	—	T250～T255	T250～T255	T250～T255
计数器 C	16 位增计数（普通）	C0～C15	C0～C15	C0～C15	C0～C99	C0～C99
	16 位增计数（保持）	C16～C31	C16～C31	C16～C199	C100～C199	C100～C199
	32 位可逆计数（普通）	—	—	C200～C219	C200～C219	C200～C219
	32 位可逆计数（保持）	—	—	C220～C234	C220～C234	C220～C234
	高速计数器	C235～C255（具体见使用手册）				
数据寄存器 D	16 位普通用	D0～D127	D0～D127	D0～D127	D0～D199	D0～D199
	16 位保持用	D128～D255	D128～D255	D128～D7999	D200～D7999	D200～D7999
	16 位特殊用	D8000～D8255	D8000～D8255	D8000～D8255	D8000～D8255	D8000～D8511
	16 位变址用	V0～V7 Z0～Z7	V Z	V0～V7 Z0～Z7	V0～V7 Z0～Z7	V0～V7 Z0～Z7
指针 N、P、I	嵌套用	N0～N7	N0～N7	N0～N7	N0～N7	N0～N7
	跳转用	P0～P63	P0～P63	P0～P127	P0～P127	P0～P4095
	输入中断用	I00*～I50*	I00*～I30*	I00*～I50*	I00*～I50*	I00*～I50*
	定时器中断	—	—	—	I6**～I8**	I6**～I8**
	计数器中断	—	—	—	I010～I060	I010～I060
常数 K、H	16 位	K：-32768～32767　H：0000～FFFF				
	32 位	K：-2147483648～2147483647　H：00000000～FFFFFFFF				

注：上述编程软元件的具体参数和内容可以参考 FX3U 用户手册（硬件篇）。

知识卡 40　梯形图的编程规则（★★☆）

1. 梯形图编程的基本概念

PLC 采用的是面向控制过程、面向问题的"自然语言"编程。国际电工委员会（IEC）公布的 IEC1131-3（可编程序控制器语言标准）说明了 PLC 有功能表图（Sequential Function Chart）、梯形图（Ladder Diagram）、功能块图（Function Black Diagram）、指令表（Instruction List）、结构文本（Structured Text）5 种编程语言，其中梯形图和功能块图为图形语言，指令表和结构文本为文字语言，功能表图是一种结构块控制流程图。

由于梯形图与电器控制系统的电路图很相似，具有和电路图一样直观易懂的优点，容易被工厂电气人员掌握，特别适用于开关量逻辑控制，是使用最多的图形编程语言，被称为 PLC 的第一编程语言。梯形图编程中，常用到软元件（软继电器）、母线、能流和逻辑解算四个基本概念。

软元件：之前已经提过，梯形图中的编程元件沿用了继电器的名称，如输入继电器、输出继电器、内部辅助继电器等，由于它们不是真实的物理继电器，而是一些存储单元，因此称为软继电器。若该存储单元为"1"状态，也就是该软继电器为"ON"状态，表示梯形图中对应软继电器的线圈"通电"，其常开触点接通，常闭触点断开；同样若该存储单元为"0"状态，表示梯形图中对应软继电器的线圈"断电"，其常开触点恢复断开，常闭触点恢复接通。

母线：梯形图两侧的垂直公共线称为母线。在分析梯形图的逻辑关系时，为了借用继电器电路图的分析方法，可以想象左右两侧母线（左母线和右母线）之间有一个左正右负的直流电源电压，母线之间有"能流"从左向右流动，右母线一般不画出。

能流：在梯形图"电路"中，假想了一个"概念电流"或"能流"，能流只能从左向右流动，即从左母线流向右母线，与执行用户程序时逻辑运算的顺序是一致的。图 4-40a 中可能有两个方向的能流流过触点 5（经过触点 1、5、4 或经过触点 3、5、2），这不符合能流只能从左向右流动的原则，因此应改为图 4-40b 所示的梯形图。

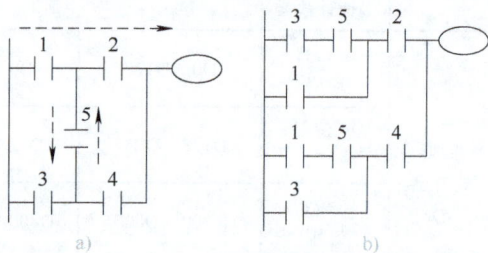

图 4-40　能流的表示

逻辑解算：根据集中采样阶段输入映像寄存器中的状态（1 或 0），反映在梯形图中就是各触点的接通和断开，由这些触点的通断状态可以得到梯形图中各线圈的状态（1 或 0），这个过程，称为梯形图的逻辑解算，也就是 PLC 程序执行过程。这个过程按从左至右、从上到下的顺序进行，逻辑解算是解算的结果，马上可以被后面的逻辑解算所利用。

2. 梯形图编程的基本规则

1）每一个梯级都是从左母线开始，最后终止于右母线（右母线可以不画出）。线圈不能与左母线相连，中间必须要有触点；触点不能与右母线相连，中间必须要有线圈，如图 4-41 所示。

2）梯形图中的触点可以任意串联或并联，触点的使用次数不受限制。

3）继电器线圈只能并联而不能串联，一般情况下，在梯形图中同一线圈只能出现一次。如果在程序中同一线圈使用了两次或多次，称为"多线圈输出"。部分 PLC 将其视为语法错误，没法通过编译；有些 PLC 不认为是语法错误，但总是最后一个线圈输出有效，因为前面的输出被覆盖，这会造成程序逻辑错误。值得注意的是，如三菱 FXPLC 中，在有跳转指令或步进指令的梯形图中允许双线圈输出。

4）电路块串并联时，应遵循"上重下轻，左重右轻"的规律，如图 4-42 所示。这样所编制的程序清晰美观、节省程序语句。

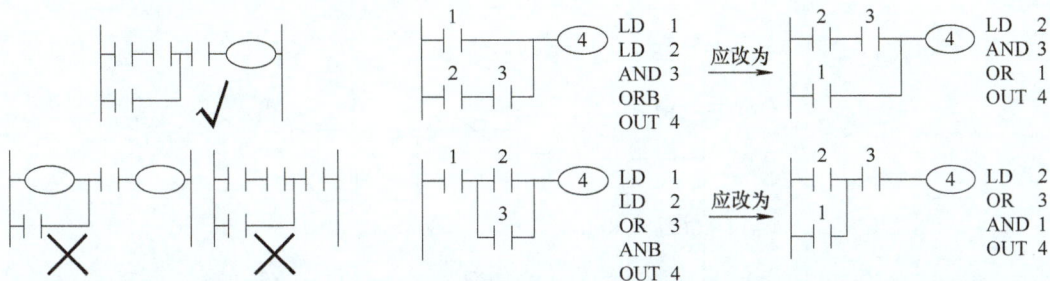

图 4-41　梯级绘制规则　　　　图 4-42　"上重下轻，左重右轻"的编程规则

5）对于不可编程梯形图必须经过等效变换，变成可编程梯形图，例如图 4-40 所示。

技能卡 22　Z3050 型摇臂钻床的照明和指示控制（★★★）

绘制照明和指示控制的梯形图程序：根据电气原理图和 I/O 分配表，照明 EL 受 SA 常开触点控制，HL1 受 SQ4 常闭触点控制，HL2 受 SQ4 常开触点控制，HL3 在主轴电动机工作时点亮。将原理图中相应的电气元件用 PLC 的软元件替代，将继电器的常开触点用 ┤├ 表示，常闭触点用 ┤/├ 表示，线圈用（）表示。输入转换开关、行程开关，输出指示灯已经在上一个任务做好了 I/O 分配。通过替换之后改画成梯形图程序如图 4-43 所示。

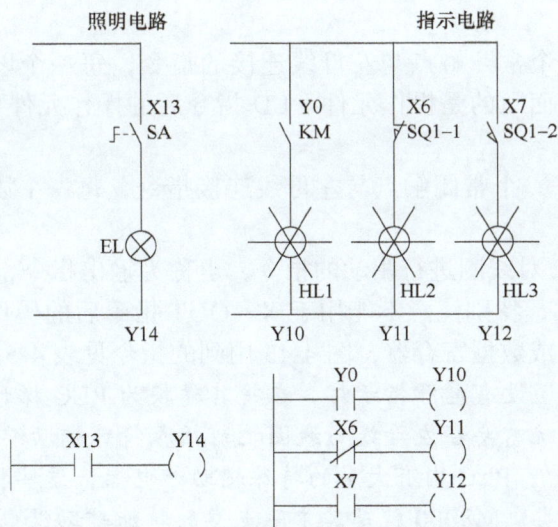

图 4-43　Z3050 型摇臂钻床的照明和指示控制

技能卡 23　Z3050 型摇臂钻床主轴电动机的起动和停止控制（★★★）

根据电气原理图和 I/O 分配表，主轴电动机的起动按钮是 SB2，停止按钮为 SB1，I/O 分配为 X1 和 X0。注意：输入接点在接入 PLC 输入端时，通常是常开触点接入，如停止按钮 SB1，接入 PLC 输入端子的是其常开触点。通过软元件替换之后改画成梯形图程序如图 4-44b 所示，但是在电路块串并联时，应遵循"上重下轻，左重右轻"的规律，故将梯形图程序改为图 4-44c 所示，以使得编制的程序清晰美观、节省程序语句。

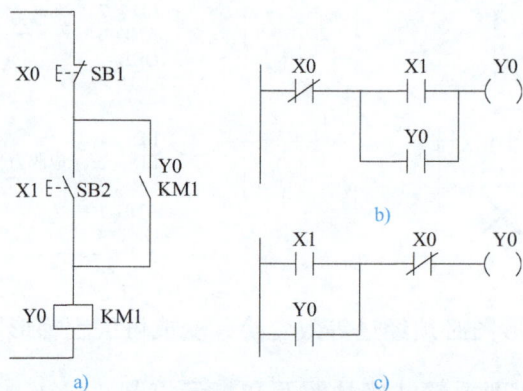

图 4-44　钻床主轴电动机的起动和停止控制

知识卡 41　Z3050 型钻床改造需要用到的 PLC 指令（★★★）

上述控制程序设计主要是通过触点简单的串并联来实现逻辑功能的，主要涉及的指令有输入输出指令、逻辑操作指令和堆栈指令。

1. 输入输出指令

LD（取指令）：一个常开触点与左母线连接的指令，每一个以常开触点开始的逻辑行都用此指令。指令后面写的是操作元件，LD 指令后的操作元件可以为 X、Y、M、T、C、S。

LDI（取反指令）：一个常闭触点与左母线连接指令，每一个以常闭触点开始的逻辑行都用此指令。

OUT（输出指令）：对线圈进行驱动的指令，也称为输出指令，OUT 指令后的操作元件为 Y、M、T、C 和 S，特别注意不能用于 X。OUT 指令后的操作元件是定时器和计数器时，还要设置常数 K 或数据寄存器，图 4-43 用到的指令见表 4-5。

注意：有些机床中还设有电源指示灯，在将其转换为 PLC 梯形图指令时，由于不能将左母线直接接线圈，就需要在左母线与线圈之前插入特殊辅助继电器 M8000 的常开触点。那么什么是 M8000？PLC 内有大量的特殊辅助继电器，这些特殊辅助继电器，可分成触点型和线圈型两大类。M8000 就是其中触点类的特殊辅助继电器，其线圈由 PLC 自动驱动，用户只可使用其触点。几个常用的特殊辅助继电器功能如下：

表 4-5　图 4-43 梯形图对应的指令表

图 4-43 左侧的 PLC 指令	图 4-43 右侧的 PLC 指令
LD　X13 OUT　Y14	LD　Y0 OUT　Y10 LDI　X6 OUT　Y11 LD　X7 OUT　Y12

M8000：运行监视器（在 PLC 运行中接通），M8001 与 M8000 逻辑相反。M8002：初始脉冲（仅在运行开始时瞬间接通），M8003 与 M8002 逻辑相反。M8011、M8012、M8013 和 M8014 分别是产生 10ms、100ms、1s 和 1min 时钟脉冲的特殊辅助继电器。这些信息均可以在 PLC 手册或编程软件的帮助文档中获取，请读者自行查询。

2. 逻辑操作指令

AND（与指令）：一个常开触点串联连接指令，完成逻辑"与"运算。

ANI（与反指令）：一个常闭触点串联连接指令，完成逻辑"与非"运算。

OR（或指令）：用于单个常开触点的并联，实现逻辑"或"运算。

ORI（或非指令）：用于单个常闭触点的并联，实现逻辑"或非"运算。

AND/ANI/OR/ORI 都指是单个触点串联或并联连接的指令，串联或并联次数没有限制，可反复使用；指令后的操作元件为 X、Y、M、T、C 和 S。

ORB（块或指令）：用于两个或两个以上的触点串联连接的电路之间的并联。

ANB（块与指令）：用于两个或两个以上的触点并联连接的电路之间的串联。

图 4-44 用到的指令见表 4-6。

表 4-6　图 4-44 梯形图对应的指令表

梯形图（b）指令表	梯形图（c）指令表
LDI　X0 LD　X1 OR　Y0 ANB OUT　Y0	LD　X1 OR　Y0 ANI　X0 OUT　Y0

ORB/ ANB 指令的使用说明：几个串联电路块并联连接时或几个并联电路块串联连接时，每个电路块开始时应该用 LD 或 LDI 指令；有多个电路块串并联，如对每个电路块使用 ORB 指令，串并联的电路块数量没有限制；也可以在串并联电路块后面连续使用 ORB/ANB 指令，但这种程序写法不推荐使用，LD 或 LDI 指令的使用次数不得超过 8 次，也就是 ORB 只能连续使用 8 次以下，如图 4-45 所示。图 4-45 梯形图对应的指令表见表 4-7。

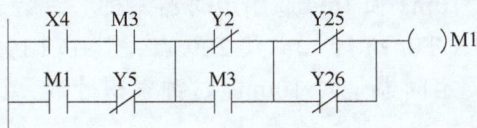

图 4-45　电路块与和电路块或指令的应用

指令表		指令表	
LD	X4	OR	M3
AND	M3	ANB	
LD	M1	LD	Y25
ANI	Y5	OR	Y26
ORB		ANB	
LDI	Y2	OUT	M1

3. 堆栈指令

堆栈指令（MPS/MRD/MPP）用于多重输出电路，为编程带来便利，栈的特点是先入后出，在 FX 系列 PLC 中有 11 个存储单元，专门用来存储程序运算的中间结果，称为栈存储器。堆栈指令没有目标元件，MPS 和 MPP 必须配对使用。

MPS（进栈指令）：将运算结果送入栈存储器的第一段，同时将先前送入的数据依次移到栈的下一段。

MRD（读栈指令）：将栈存储器的第一段数据（最后进栈的数据）读出且该数据继续保存在栈存储器的第一段，栈内的数据不发生移动。

MPP（出栈指令）：将栈存储器的第一段数据（最后进栈的数据）读出且该数据从栈中消失，同时将栈中其他数据依次上移。图 4-46 中就用到了堆栈指令。若 Y25 梯级下方还有一个梯级，如下方的虚线所示，那么分支点中间的指令用 MRD，最下方用 MPP 指令。

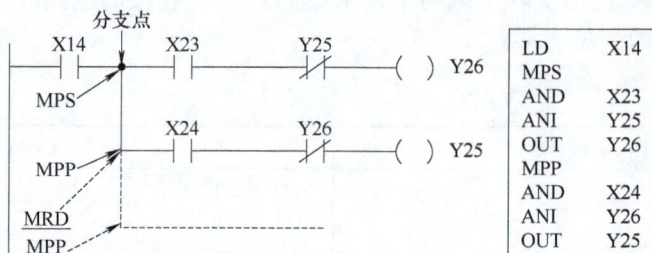

图 4-46　堆栈指令的应用

在 Z3050 型摇臂钻床改造时，还需要用到定时器，定时器的作用等同于继电控制电路中的时间继电器。FX 系列中定时器可分为通用定时器、积算定时器二种。它们是通过对一定周期的时钟脉冲进行累计而实现定时的，时钟脉冲有周期为 1ms、10ms、100ms 三种，当所计数达到设定值时触点动作。设定值可用常数 K 或数据寄存器 D 的内容来设置。

通用定时器的特点是不具备断电的保持功能，即当输入电路断开或停电时定时器复位。通用定时器有 100ms、10ms 和 1ms 通用定时器三种。

1）100ms 通用定时器（T0～T199）：共 200 点，其中 T192～T199 为子程序和中断服务程序专用定时器。这类定时器是对 100ms 时钟累积计数，设定值为 1～32767，所以其定时范围为 0.1～3276.7s。

2）10ms 通用定时器（T200～T245）：共 46 点。这类定时器是对 10ms 时钟累积计数，设定值为 1～32767，所以其定时范围为 0.01～327.67s。

3）1ms 通用定时器（T256～T511）：共 256 点。这类定时器是对 1ms 时钟累积计数，设定值为 1～32767，所以其定时范围为 0.001～32.767s。

使用通用定时器类似于低压电器中的通电延时时间继电器，当定时器的"软线圈"接通时开始延时，时间到时定时器的延时"软触点"动作。如图 4-47 所示，当输入 X0 接通时，定时器 T200 从 0 开始对 10ms 时钟脉冲进行累积计数，当计数值与设定值 K123 相等时，定时器的常开触点接通 Y0，经过的时间为 $123 \times 0.01s = 1.23s$。当 X0 断开后定时器复位，计数值变为 0，其常开触点断开，Y0 也随之断电。若外部电源断电，定时器也将复位。积算定时器的工作原理请大家查询 PLC 手册。

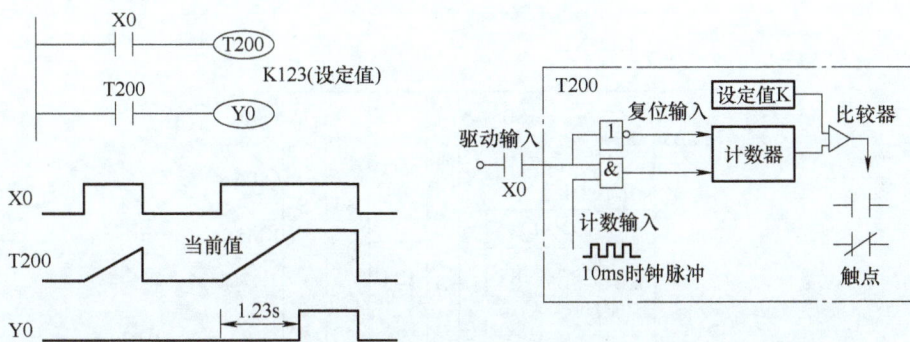

图 4-47　通用定时器工作原理

通过上述分析可知，由于 FX 系列 PLC 的定时器只有在其线圈通电时才能延时，如需要实现定时器线圈在断电时延时，也就是断电延时继电器功能，需要通过 PLC 编程实现，具体的编程方法如图 4-48 所示，M100 就实现了断电延时功能。要注意的是，在钻床摇臂、主轴箱和立柱的夹紧与放松过程中，不仅用到了断电延时常开和常闭触点，还用到了瞬动触点，图 4-48 中断电延时常开和常闭触点就是 M100 对应的常闭和常开触点，瞬动触点其实与输入软件 X1 的触点是等效的，这个要点会应用到接下来的钻床摇臂、主轴箱和立柱的夹紧与放松编程中。

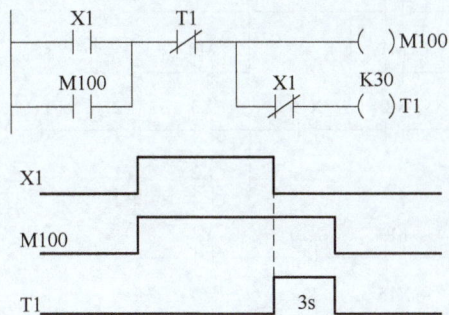

图 4-48　断电延时定时器原理

技能卡 24　Z3050 型摇臂钻床摇臂升降的 PLC 控制（★★★）

根据电气原理图分析可知，按下 SB3 摇臂上升，按下 SB4 摇臂下降。上升或下降的过程如下：上升按钮按下—摇臂松开（YA 得电和 KM4 得电）—松开到位（SQ2 接通）—摇臂上升（KM2 得电）；上升按钮松开—延时后夹紧（KT 延时闭合常闭触点接通 KM5，此时，YA 仍处于吸合状态）—夹紧到位（SQ3 接通）—停止夹紧（KM5 失电、YA 失电）。这个控制要求中 KT 需要断电延时，采用图 4-48 中 PLC 断电延时定时器的设计，M0 和 M1 作为断电延时的辅助继电器，其中延时动作的辅助触点仍采用 M1 的辅助触点表示，瞬动触点采用 M0 的辅助触点表示。同样根据 I/O 分配表，通过软元件替换之后的电气控制如图 4-49 所示，梯形图程序如图 4-50 所示。

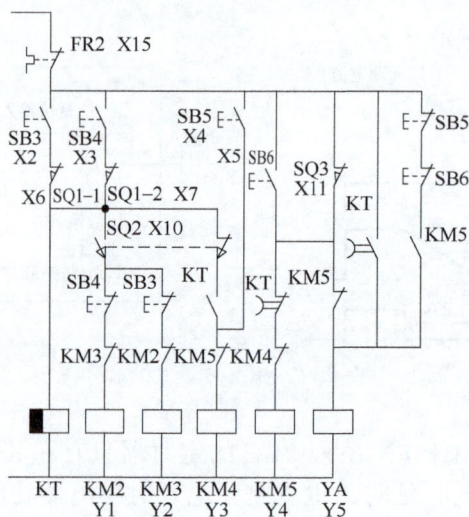

图 4-49　Z3050 型摇臂钻床摇臂升降电气控制和软元件对应图

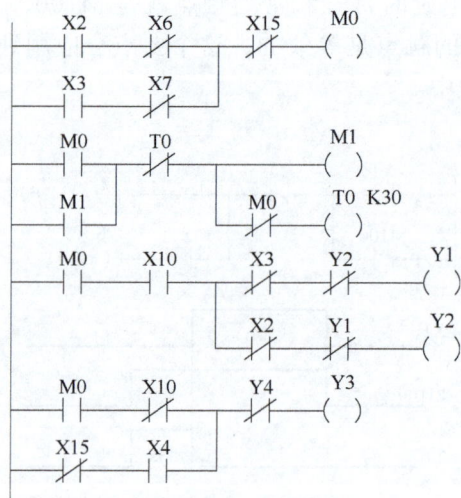

图 4-50　钻床摇臂升降控制 PLC 梯形图

❖ **小试牛刀**

1. PLC 内定时器的功能相当于继电控制系统中的_____。

2. PLC 内定时器的时基脉冲有_____、_____、_____。

3. FX 系列 PLC 中的定时器可分为_____和_____。

4. LD 指令称为"_____"，其功能是使常开触点与_____连接。

5. AND 指令称为"_____"，其功能是使继电器的常开触点与其他继电器的触点_____。

6. 画梯形图时每一个逻辑行必须从_____母线开始，终止于_____母线；_____母线只能接继电器的触点，_____母线只能接继电器的线圈。

7. ANB 指令是电路块与指令，ORB 是电路块或指令，指令后面没有其他操作数。（　　）

8. 栈操作中，MPS 与 MPP 必须成对出现，MRD 指令可以根据应用随意出现。（　　）

9. OUT 指令可以驱动任何软继电器，如中间辅助继电器、输入继电器等。（　　）

10. OUT 指令可以连续使用，成为串行输出，且不受使用次数的限制。（　　）

11. 定时器 T 使用 OUT 指令后，还需要有一条常数设定值语句。（　　）

12. 参照图 4-47 关于定时器的使用，编程设计实现图 4-51 所示的梯形图程序。

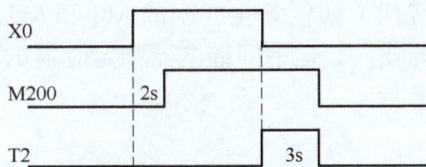

图 4-51　时序图

❖ **大显身手**

1. Z3050 型摇臂钻床主轴箱、立柱放松和夹紧的 PLC 梯形图程序如图 4-52 所示，请在下方的方框中填写梯形图所对应的指令语句表。

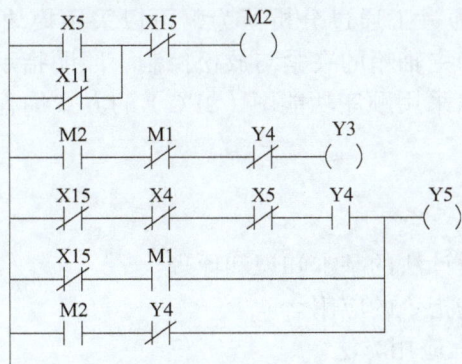

图 4-52　立柱和主轴箱的夹紧与放松的 PLC 梯形图程序

```



```

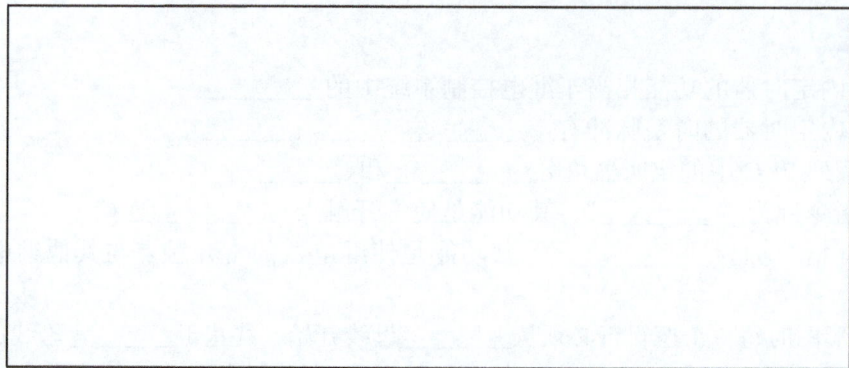

2.请汇总完成整个摇臂钻床的 PLC 控制程序设计,用编程软件编辑好程序,并根据电气控制原理添加必要的注释。

◆ 点石成金

1)本次任务中采用的编程方法是翻译法,所谓"翻译"就是将电气控制图翻译成梯形图。翻译的方法是将所有的电器符号替代为 I/O 地址以及对应的中间继电器地址,照着电气控制图的"葫芦"画梯形图程序这个"瓢"。

2)翻译过程中可能会有一些问题,一是触点逻辑如果过于复杂,可以拆解,将部分触点构成的逻辑用中间变量替代,如任务 4-4 中的 M0 和 M2,同时可以根据控制功能分模块翻译,化繁为简,逐个击破;二是中间继电器和定时器的处理,特别是断电延时定时器的处理,上述任务已做说明。

任务 4-5　Z3050 型摇臂钻床的 PLC 程序优化设计

◆ 抛砖引玉

技术部对车间的一台 Z3050 型钻床做 PLC 改造期间,由于原设备采用的是电气控制图翻译过来的梯形图程序,控制采用的是继电器逻辑思维,可读性不高,设备负责人希望能够优化程序设计,在同样满足设备功能工艺要求的前提下,尽量提高程序的可读性,便于设备使用和维护。工程师肖工通过分析认为,可以采用模块化编程,分为主轴起停控制、摇臂升降控制、立柱和主轴箱的夹紧与放松控制、照明指示控制四个程序模块,由于摇臂控制逻辑较复杂,可以采用顺序功能图(SFC)的方式编程,思路确定后要求实习生小明完成程序优化设计。

◆ 有的放矢

1.理解顺序控制程序设计法的基本知识和原理。

2.掌握主控指令和步进指令的应用。

3.掌握 SFC 图形化编程应用方法。

4.掌握 PLC 程序模块化编程的方法。

◆ **聚沙成塔**

知识卡 42　顺序功能图的设计方法（★★☆）

顺序控制设计法是一种专门用于顺序控制系统的程序设计方法，最基本的思想是将控制系统的一个工作周期划分为若干个顺序相连的阶段，这些阶段称为步（STEP），所以有时候也将这种方法称为步进设计法。这种设计方法直观、理解方便，修改和阅读也很方便，很容易被初学者接受，也会提高程序设计和调试的效率，被很多有经验的工程师广泛应用。正因为如此，PLC 生产厂家为这种顺序控制设计提供了专用的编程元件和步进指令，还提供了设计调试这种 SFC 图形化编程的工具平台，使这种设计方法成为 PLC 程序设计的主要方法。顺序功能图（SFC）主要由步、有向连线、转换、转换条件和动作组成。

1. 步的划分

步（STEP）是控制系统工作周期内的某个或某些输出状态稳定不变的阶段，若干个顺序相连的步组成一个控制系统的工作周期。步的这种划分方法使代表各步的编程元件与 PLC 各输出状态之间有着极为简单的逻辑关系。步的划分不是唯一的，可以根据被控对象工作状态的变化，也可以根据 PLC 输出状态的变化，根据编程者的需要进行或粗或细的划分。

如某液压工作台的一个工作周期描述如下：

工作台在原位停止，按下起动按钮工作台快进运行，到达 SQ1 位置，工作台变为工进运行，当压力继电器 KP 动作时，继续维持工进状态同时延时 1s，延时到，工作台快退返回原位。分析工进和停留这两步可知，两步的输出虽然一样，但是停留步还增加一个定时功能，因此可以将其作为独立的两步，由于输出是一样的，也可以只作为一个步，在这个步中 KP 条件满足时起动延时即可。在 SFC 中步用方框表达，编程时一般用 PLC 内部编程元件来代表各步（辅助继电器 M 或状态器 S），如图 4-53 所示，这样在根据功能表图设计梯形图时较为方便。

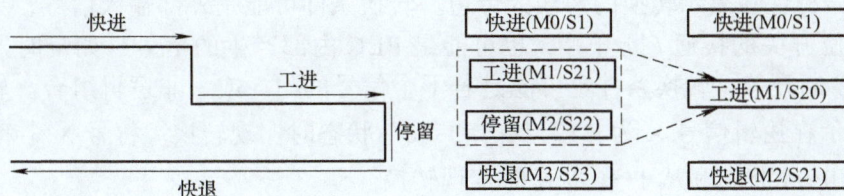

图 4-53　步的划分

步分普通步和初始步。初始步一般是系统初始状态处理的步，初始状态一般是系统等待起动命令的相对静止的状态。初始步用双线方框表示，每一个功能表图至少应该有一个初始步。

步一般需要完成某些"动作"。这些动作一般是 PLC 系统的输出，用于驱动生产负载的接触器和电磁阀。有的是实现中间控制的定时器计数器等，也可能是用于控制下级控制器的指令，如变频器、伺服器的使能信号、方向信号等。某一步中的动作可以是一个也可是多个，用与步相连的矩形框中的文字或符号来表示，多个动作可以用多个框层叠在一起表示，如图 4-54 所示。

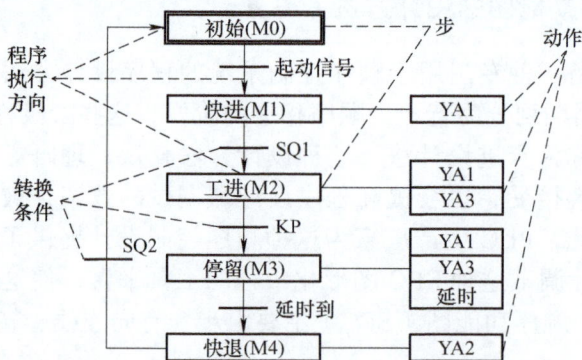

图 4-54　功能表图的绘制

步有激活和非激活两种状态，当系统正处于某一步时，该步处于活动状态，称该步为"活动步"。步处于活动状态时，相应的动作被执行。若为保持型动作，则该步不活动时继续执行该动作；若为非保持型动作，则指该步不活动时，动作也停止执行。一般在功能表图中保持型的动作应该用文字或助记符标注，而非保持型动作不要标注。

2.转换及转换条件的确定

在功能表图中，随着时间的推移和转换条件的实现，将会发生步的活动状态的顺序进展，这种进展按有向连线规定的路线和方向进行。在画功能表图时，将代表各步的方框按它们成为活动步的先后次序排列，并用有向连线连接起来，有向连线上用箭头表示活动状态进行的方向，进行方向习惯上是从上到下或从左至右，在这两个方向有向连线上的箭头可以省略，如图 4-54 所示。

相邻两步间有转换，转换是两个相邻步的分界，用有向连线上与有向连线垂直的短画线来表示，转换是根据控制过程的发展，将当前步的活动状态转移到下一个步的过程。转换条件是转换这个过程是否执行的逻辑条件，转换条件可以用文字语言、布尔代数表达式或图形符号标注在表示转换的短线的旁边。转换条件可能是外部输入信号，如按钮、指令开关、限位开关的接通/断开等，也可能是 PLC 内部产生的信号，如定时器、计数器触点的接通/断开等，转换条件也可能是若干个信号的与、或、非逻辑组合。转换条件 X 和 $\overline{X}$ 分别表示在逻辑信号 X 为"1"状态和"0"状态时实现转换。符号 X↑ 和 X↓ 分别表示当 X 从 0→1 状态和从 1→0 状态时实现转换。

3.顺序功能图的绘制

通过对控制系统进行分析，将工作周期划分成步，分析功能要求找到步与步之间的转移条件、各步对应的输出动作、步转移的方向等，最终绘制出控制系统功能表图，或称状态转移图。功能图有如下的基本结构：

单序列：单序列由一系列相继激活的步组成，每一步的后面仅接有一个转换，每一个转换的后面只有一个步，如图 4-55a 所示。

选择序列：选择序列的开始称为分支，如图 4-55b 所示，转换符号只能标在水平连线之下。如果步 5 是活动的，并且转换条件 e=1，则发生由步 5→步 6 的进展；如果步 5 是活动的，并且 f=1，则发生由步 5→步 9 的进展。在某一时刻，一般只允许选择一个序列。

选择序列的结束称为合并，如图 4-55c 所示。如果步 5 是活动步，并且转换条件 m=1，则发生由步 5→步 12 的进展；如果步 8 是活动步，并且 n=1，则发生由步 8→步 12 的进展。

并行序列：并行序列的开始称为分支，如图 4-56a 所示，当转换条件的实现导致几个序列同时激活时，这些序列称为并行序列。当步 4 是活动步，并且转换条件 a=1、3、7、9 这三步同时变为活动步，同时步 4 变为不活动步。为了强调转换的同步实现，水平连线用双线表示。步 3、7、9 被同时激活后，每个序列中活动步的进展将是独立的。在表示同步的水平双线之上，只允许有一个转换符号。

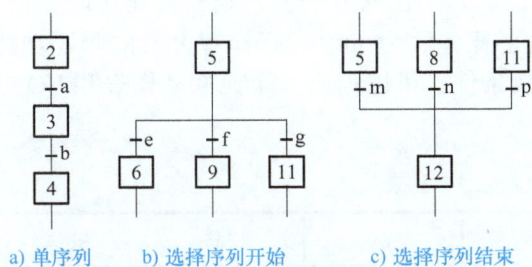

a) 单序列　　b) 选择序列开始　　c) 选择序列结束

图 4-55　单序列与选择序列

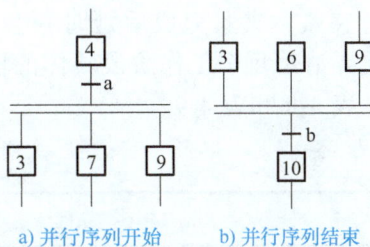

a) 并行序列开始　　b) 并行序列结束

图 4-56　并行序列

并行序列的结束称为合并，如图 4-56b 所示，在表示同步的水平双线之下，只允许有一个转换符号。当直接连在双线上的所有前级步都处于活动状态，并且转换条件 b=1 时，才会发生步 3、6、9 到步 10 的进展，即步 3、6、9 同时变为不活动步，而步 10 变为活动步。并行序列表示系统的几个同时工作的独立部分的工作情况。

子步：某一步可以包含一系列子步和转换，通常这些序列表示整个系统的一个完整的子功能。子步的使用使系统的设计者在总体设计时容易抓住系统的主要矛盾，用更加简洁的方式表示系统的整体功能和概貌，而不是一开始就陷入某些细节之中，如图 4-57 所示。设计者可以从最简单的对整个系统的全面描述开始，然后画出更详细的功能表图，子步中还可以包含更详细的子步，这使设计方法的逻辑性很强，可以减少设计中的错误，缩短总体设计和查错所需要的时间。

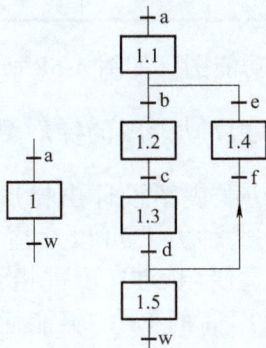

图 4-57　子步

4.顺序功能图转换的基本规则

顺序功能图是通过步的活动状态转换来完成控制系统功能的实现，转换的核心主要有两个方面，一是转换的条件，二是转换的结果。

转换实现必须同时满足两个条件：一是该转换所有的前级步都是活动步；二是相应的转换条件得到满足。

转换的结果有两个操作：一是使所有由有向连线与相应转换符号相连的后续步都变为活动步；二是使所有由有向连线与相应转换符号相连的前级步都变为不活动步。

技能卡 25　摇臂升降控制的顺序功能图绘制（★★★）

根据前述任务知道摇臂钻床摇臂升降控制的控制功能描述如下：当按下上升按钮时，摇臂首先需要松开，当松开完成后，摇臂上升，上升到位松开按钮，摇臂停止延时一会，起动摇臂夹紧，夹紧完成后延时一会，完成这个任务。为了绘制好摇臂上升的顺序功能图，还要弄清楚每个工作阶段具体的输出和转换条件，可以列出一个元件动作表和 I/O 分配表，见表 4-8 和表 4-9。

表 4-8　摇臂上升过程元件动作表

步	当前步转移的条件	KM4	YA	KM5	KM2
上升前	上升按钮 SB3 被按下	−	−	−	−
摇臂松开	松开到位 SQ2 接通	＋	＋	−	−
摇臂上升	上升按钮 SB3 被松开	−	＋	−	＋
延时	KT 延时到	−	＋	−	−
摇臂夹紧	夹紧到位 SQ3 接通	−	＋	＋	−
结束					

表 4-9　摇臂上升过程 I/O 分配表

PLC I/O	X2	X10	X12	Y1	Y3	Y4	Y5
输入 / 输出设备	SB3	SQ2	SQ3	KM2	KM4	KM5	YA

根据元件动作表，绘制出顺序功能图，如图 4-58 所示。

技能卡 26　摇臂升降控制的顺序功能图的梯形图编程（★★★）

梯形图的编程方式是指根据功能表图设计出梯形图的方法。这里介绍三种方法，一是使用通用指令的编程方式，这种方式可以适应各厂家的 PLC 在编程元件、指令功能和表示方法上的差异；二是使用 STL 步进指令的编程方式，这种是依赖三菱 PLC 的专用步进指令实现，其他厂商的 PLC 不能通用；三是使用 SFC 图形化编程方式。

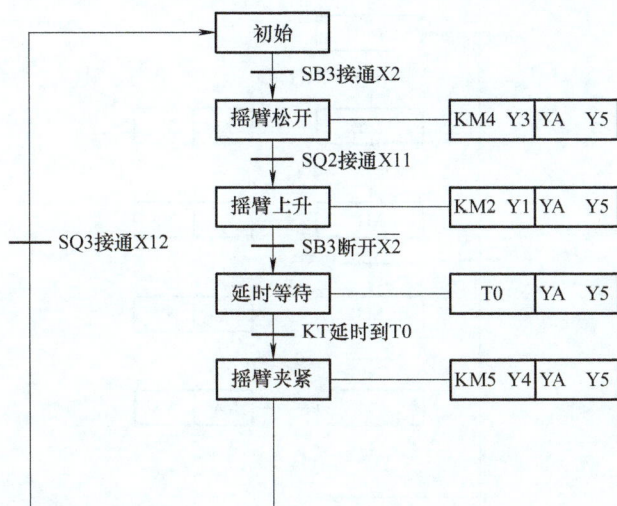

图 4-58　摇臂上升的顺序功能图

1. 使用通用指令的编程方式

编程时用辅助继电器代表步。某一步为活动步时，对应的辅助继电器为 "1" 状态，转换实现时，该转换的后续步变为活动步。由于转换条件大都是短信号，即它存在的时间比它激活的后续步为活动步的时间短，因此应使用有记忆（保持）功能的电路来控制代表步的辅助继电器。属于这类的电路有 "起保停电路" 和具有相同功能的使用 SET、RST 指令的电路。图 4-59a 所示 M_{i-1}、M_i 和 M_{i+1} 是功能表图中顺序相连的 3 步，X_i 是步 M_i 之前的转换条件。

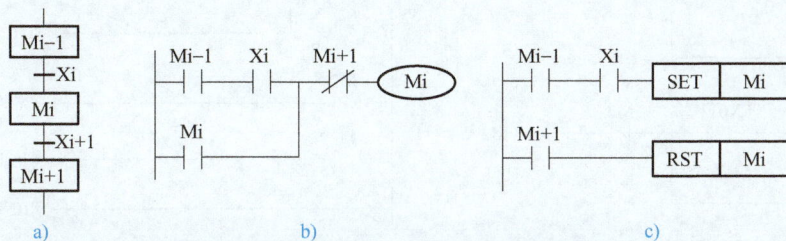

图 4-59　使用通用指令的编程方式示意图

编程的关键是找出起动条件和停止条件。根据转换实现的基本规则，转换实现的条件是它的前级步为活动步，并且满足相应的转换条件，所以步 M_i 变为活动步的条件是 M_{i-1} 为活动步，并且转换条件 $X_i=1$，在梯形图中则应将 M_{i-1} 和 X_i 的常开触点串联后作为控制 M_i 的起动电路，如图 4-59b 所示。当 M_i 和 M_{i+1} 均为 "1" 状态时，步 M_{i+1} 变为活动步，这时步 M_i 应变为不活动步，因此可以将 $M_{i+1}=1$ 作为使 M_i 变为 "0" 状态的条件，即将 M_{i+1} 的常闭触点与 M_i 的线圈串联。也可用 SET、RST 指令来代替 "起保停电路"，如图 4-59c 所示。这种编程方式仅仅使用与触点和线圈有关的指令，任何一种 PLC 的指令系统都有这一类指令，所以称为使用通用指令的编程方式，可以适用于任意型号的 PLC。

根据上述分析，可以绘制出使用通用指令的摇臂上升顺序功能图，如图 4-60 所示，对应的梯形图如图 4-61 所示。

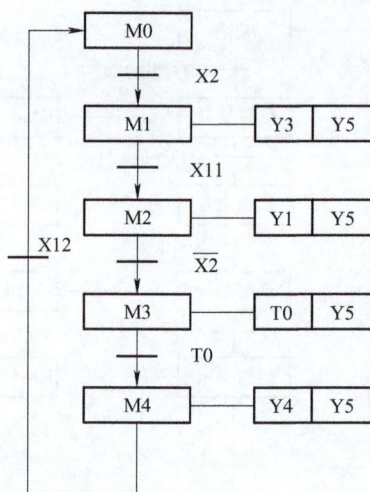

图 4-60　使用通用指令的摇臂上升顺序功能图

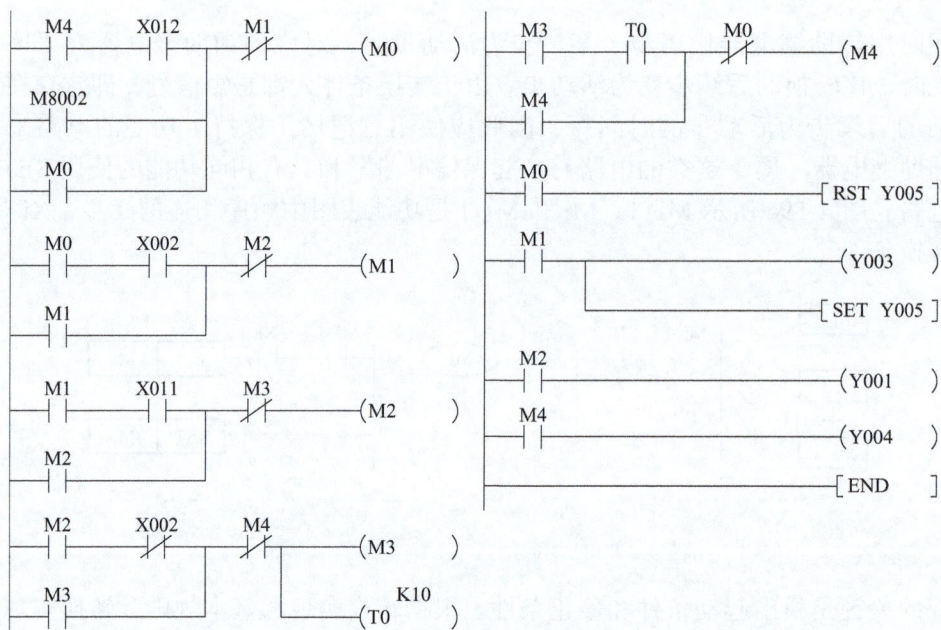

图 4-61　使用通用指令的摇臂上升梯形图

2. 使用 STL 步进指令的编程方式

若使用 STL 步进指令的编程方式，由于 STL 指令只能驱动 PLC 内部的状态寄存器 S，所以步的符号只能用状态寄存器 S 元件表达，根据表 4-4 可知，FX3U 的内部状态寄存器 S0～S9 用于初始状态，S10～S19 用于返回原点，S20～S499 用于通用状态，因此绘制的摇臂上升顺序功能图如图 4-62 所示，对应的梯形图如图 4-63 所示。

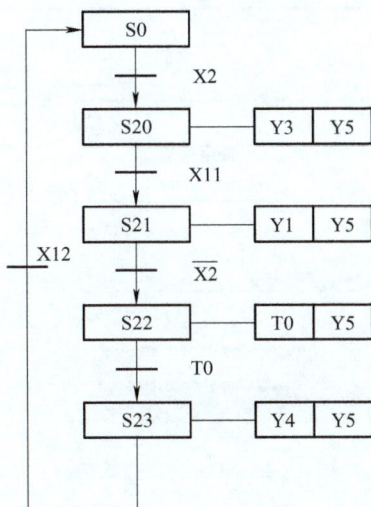

图 4-62   使用 STL 指令的摇臂上升顺序功能图

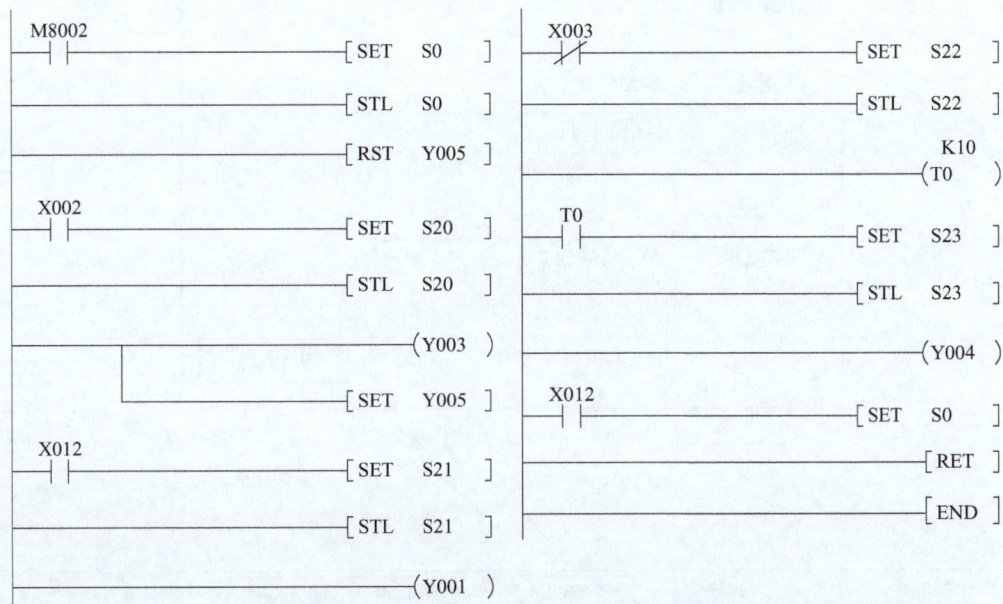

图 4-63   使用 STL 指令的摇臂上升梯形图

技能卡 27   摇臂升降控制的顺序功能图的 SFC 编程（★★★）

很多 PLC 提供顺序功能图的图形化编程方式，三菱 FX3U 系列 PLC 也提供了这种图形化编程方式，在新建工程的时候通过单击"程序语言"的下三角选择 SFC 编程，如图 4-64 所示，单击"确定"，弹出"块信息设置"窗口，设置好标题名字，如图 4-65 所示，单击"执行"，则生成一个编号为"000"的块，中间是块的功能图编辑区，右侧是某步或条件的输出和输入设置编辑区，如图 4-66 所示。

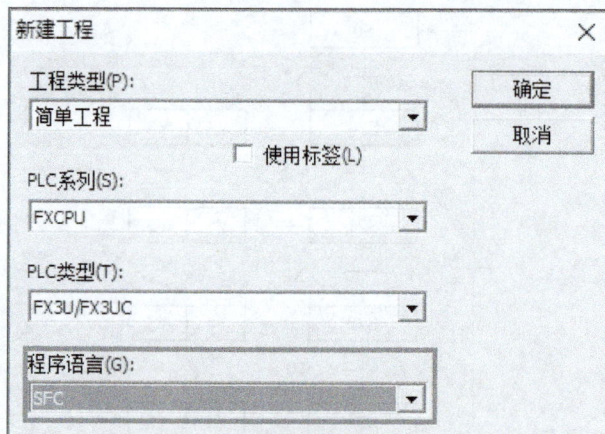

图 4-64　SFC 编程方式选择

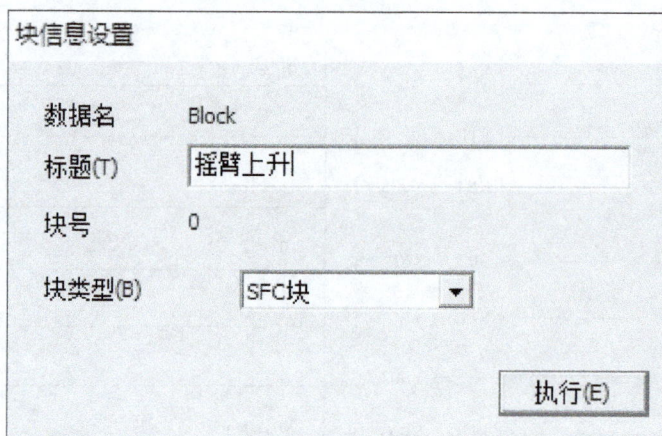

图 4-65　块标题设置

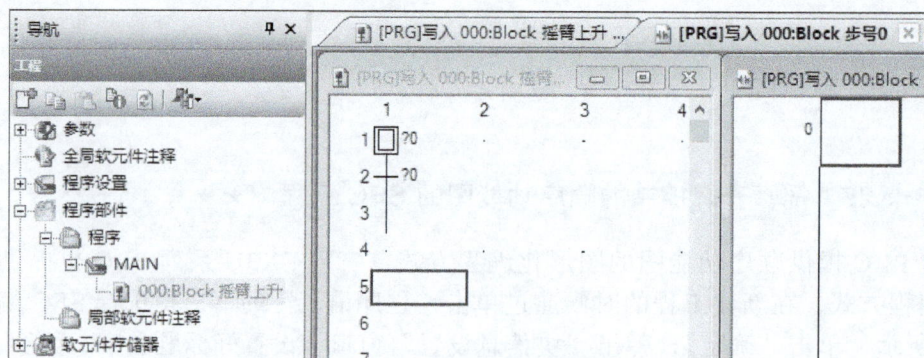

图 4-66　SFC 编辑界面

SFC 顺序功能图的编辑非常容易，在菜单下方有一个 SFC 编辑工具栏，上面有很多编辑工具，如需要加入一个"步"，单击工具栏 图标插入步，如需要加入一个"条件"，单击工具栏 图标插入条件，可以自行设定"步"和"条件"的编号，为增加程序可读性，还可以增加"步"的注释。要注意的是"步"后面只能添加"条件"，"条件"的后面只能添加"步"。也可以使用快捷键 F5，这样更便捷，SFC 编写如图 4-67 所示。

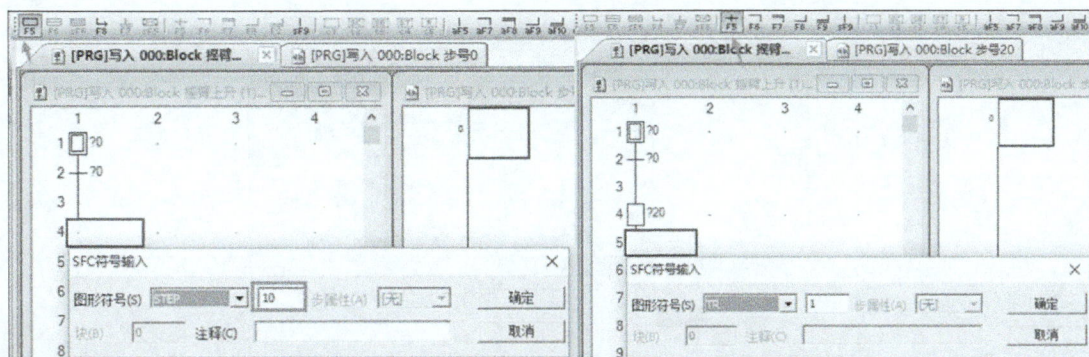

图 4-67　SFC 编写

SFC 顺序功能图编辑完成后，需要编辑对应的"动作"和"条件"，鼠标左键选择一个"步"，在该"步"对应右侧编辑动作，"动作"编辑采用梯形图的方式，通过"OUT"指令或者"置位或复位"指令驱动线圈；"条件"编辑也采用梯形图的方式，通过"LD"指令加载触点条件，通过"TRAN"指令实现转换，如图 4-68 所示。程序编辑完成后，通过仿真或者 PLC 运行，可以监控状态图的转移情况，若该步被激活，会显示蓝色的背景，选择该激活步，对应的动作也会以蓝色背景指示有输出，如图 4-69 所示。

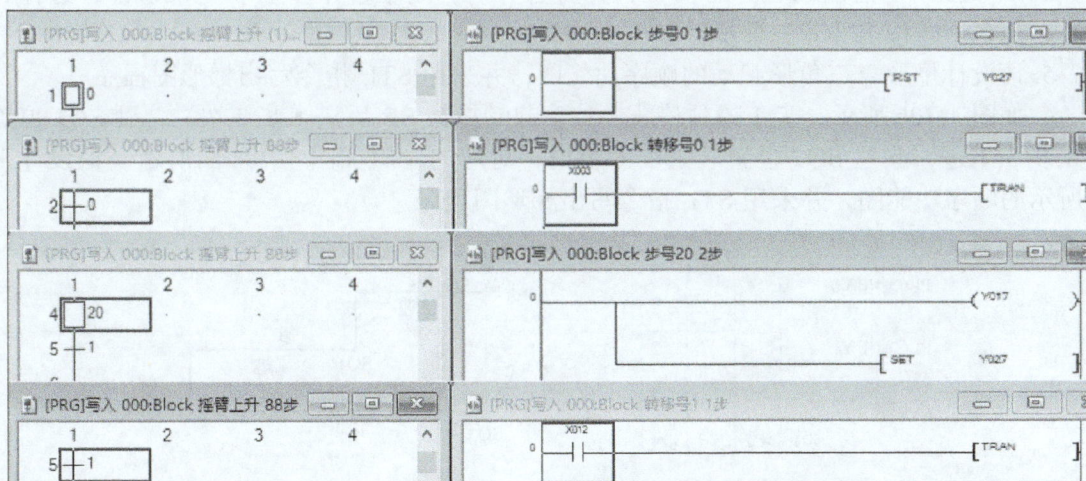

图 4-68　SFC 程序的编辑

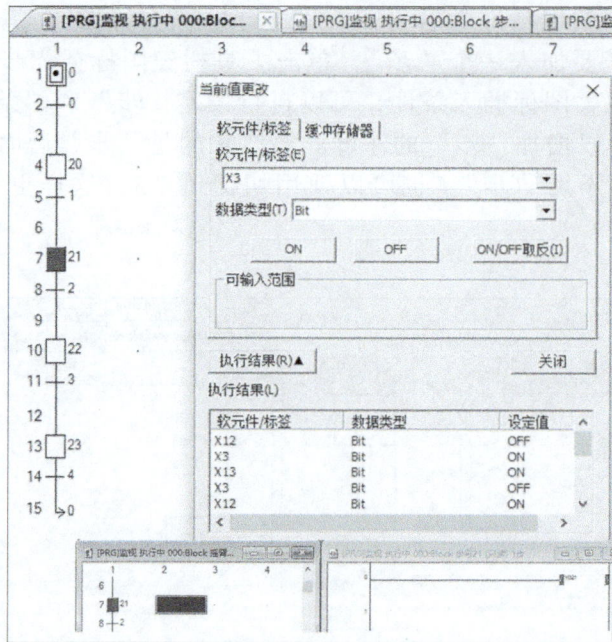

图 4-69　SFC 程序的调试

❖ 小试牛刀

1. 顺序控制编程的状态寄存器中，S0～S9 一般用于_____功能，S10～S19 一般用于_____功能，S20～S499 一般用于_____功能。

2. 只要转移条件满足，该转移条件后的"步"就立即激活，对应动作就会有输出。（　　）

3. 顺序控制功能图的分支有两种，并行分支时，是在转移条件后会并行有多个步；选择分支时，是在步后有多个转移条件。（　　）

4. 顺序控制功能图的合并有两种，并行合并时，是在多个步后有一个条件；选择合并时，是多个转移条件有一个步。（　　）

5. 请设计星形 – 三角形起动的顺序功能图，并采用 STL 指令写出梯形图程序。

6. 如图 4-70b 所示，步 1 原位停止，按下起动按钮 SB 后进入步 2 快进，到 SQ1 位置转入步 3 工进，到达 SQ2 位置转入步 4 快退，对应的输出如图 4-70a 图所示。请设计工艺所示的顺序功能图，并采用 STL 指令写出梯形图程序。

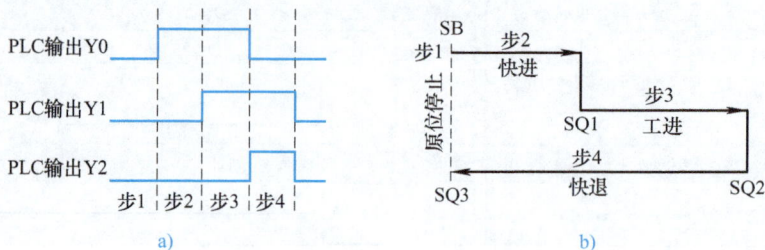

图 4-70　PLC 输出图与设计工艺图

◆ 大显身手

根据上述知识和技能的学习，我们知道了顺序功能图编程的基本知识和程序编辑的基本技能，现在来完善摇臂升降控制的顺序功能图编程。上述摇臂升降控制的顺序功能图是不完善的，因为只考虑摇臂上升控制的普通情况，对应一些特别的情况需要考虑，如操作者在操作过程中，误操作按下摇臂上升之后，会立即松手，此时的摇臂还未放松完毕，通过电气控制原理图可知，这种情况摇臂会延时后自动起动夹紧过程，如图 4-71 所示，电气工艺要求是虚线所示的路径；但是对图 4-71 所示的功能图而言，只能按黑实线逐步执行，首先必须执行放松到位，SQ3 接通之后再起动延时夹紧，因此不符合工艺要求。如何实现虚线所示的功能呢？

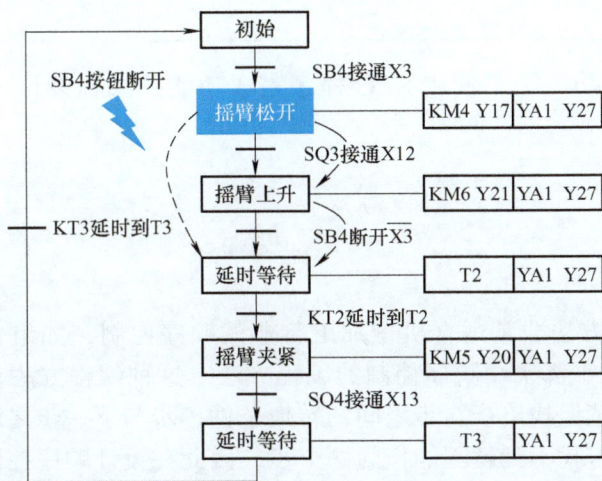

图 4-71　摇臂上升顺序功能图

1. 请修改这个功能图，满足虚线路径的功能要求，绘制在框内。

2. 根据修改后的功能图，使用通用指令完成梯形图程序设计。

3.根据修改后的功能图，使用 STL 指令完成梯形图程序设计。

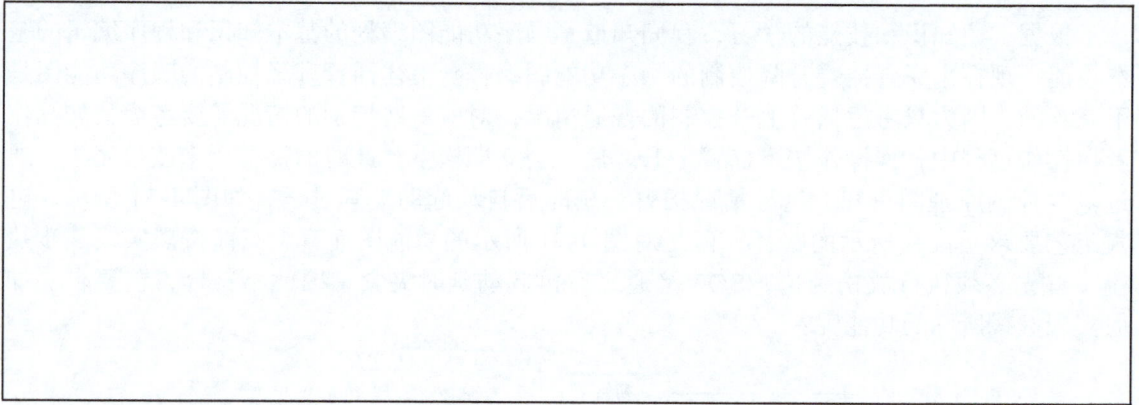

4.根据修改后的功能图，使用 SFC 程序完成功能图编程设计，在自己的计算机上完成。

◆ 点石成金

1.学会找到合适的转换条件

顺序控制的编程方法非常适合机械加工行业的顺序控制，如组合机床的 PLC 控制、数控机床 PLC 控制几乎都采用顺序控制的编程方法。这种编程方法首先是要能清晰地将工序划分为步，并清楚地找出步与步之间的转换条件。步与下一步之间应该一定能找到一个明确的转换条件，若找不到就不能作为两个步，因此在设计顺序控制功能图的时候，转换条件也是顺序控制图设计的一个要点。

2.理解顺序控制设计法的关键就是要记住三个"2"

1）步有 2 个状态：激活状态、不激活状态。只有处于激活状态时，该步才能有对应输出；处于不激活状态时，该步对应的输出即使与左母线接通也没有输出。

2）步的激活有 2 个条件：一是前续步是激活的，二是当前转换条件满足。

3）步的转移有 2 个结果：一是后续步变为激活，二是当前步变为不激活的状态。

3.绘制功能表图应注意的问题

1）两个步绝对不能直接相连，必须用一个转换将它们隔开。

2）两个转换也不能直接相连，必须用一个步将它们隔开。

3）功能表图中初始步是必不可少的，它一般对应于系统等待起动的初始状态，这一步可能没有什么动作执行，因此很容易遗漏。如果没有该步，无法表示初始状态，系统也无法返回停止状态。

4）只有当某一步所有的前级步都是活动步时，该步才有可能变成活动步。如果用无断电保持功能的编程元件代表各步，则 PLC 开始进入 RUN 方式时各步均处于"0"状态，因此必须要有初始化信号，将初始步预置为活动步，否则功能表图中永远不会出现活动步，系统将无法工作。

项目闯关

关卡一　Z3050 型摇臂钻床基本电气操作

任务情境：车间一台 Z3050 型摇臂钻床线路老化，需要对其控制电路进行 PLC 升级改造，小李又和师父一起开始工作了，现在师父指导他进行 Z3050 型摇臂钻床的电气操作。假如你是小李，请参照 Z3050 型摇臂钻床操纵位置图（见图 4-72）与 Z3050 型摇臂钻床电气操作提示练习摇臂钻床的操作，练习完毕后，通过现场演示或口述的方式模拟操作过程，完成考核。考核评分标准见表 4-10。

表 4-10　Z3050 型摇臂钻床基本电气操作考核评分标准

序号	考核内容	考核要求	评分标准	配分	扣分	得分
1	主轴电动机起动及停止		1. 不能起动主轴电动机，扣 5 分 2. 不能停止主轴电动机，扣 5 分	10 分		
2	摇臂升降		1. 不能进行摇臂上升操作，扣 10 分 2. 不能进行摇臂下降操作，扣 10 分	20 分		
3	主轴箱和立柱的松开与夹紧		1. 不能同时进行主轴箱和立柱松开或夹紧，扣 10 分 2. 不能单独进行主轴箱松开或夹紧，扣 5 分 3. 不能单独进行立柱松开或夹紧，扣 5 分	20 分		
4	主轴箱水平移动	按照流程操作，不缺步、不跳步；注重细节，操作过程细致，不出错	1. 不能进行主轴箱向左移动，扣 5 分 2. 不能进行主轴箱向右移动，扣 5 分	10 分		
5	冷却泵的起动及停止		1. 不能起动冷却泵电动机，扣 5 分 2. 不能停止冷却泵电动机，扣 5 分	10 分		
6	紧急停止及解除		1. 不能起动紧急停止状态，扣 5 分 2. 不能解除紧急停止状态，扣 5 分	10 分		
7	机床照明和保护		1. 不能打开照明灯，扣 5 分 2. 不能关闭照明灯，扣 5 分	10 分		
8	关机		不断开总电源，扣 10 分	10 分		
9	定额工时	0.5h	每超过 1min（不足 1min 以 1min 计），扣 5 分			
	起始时间		合计	100 分		
	结束时间		教师签字	年　　月　　日		

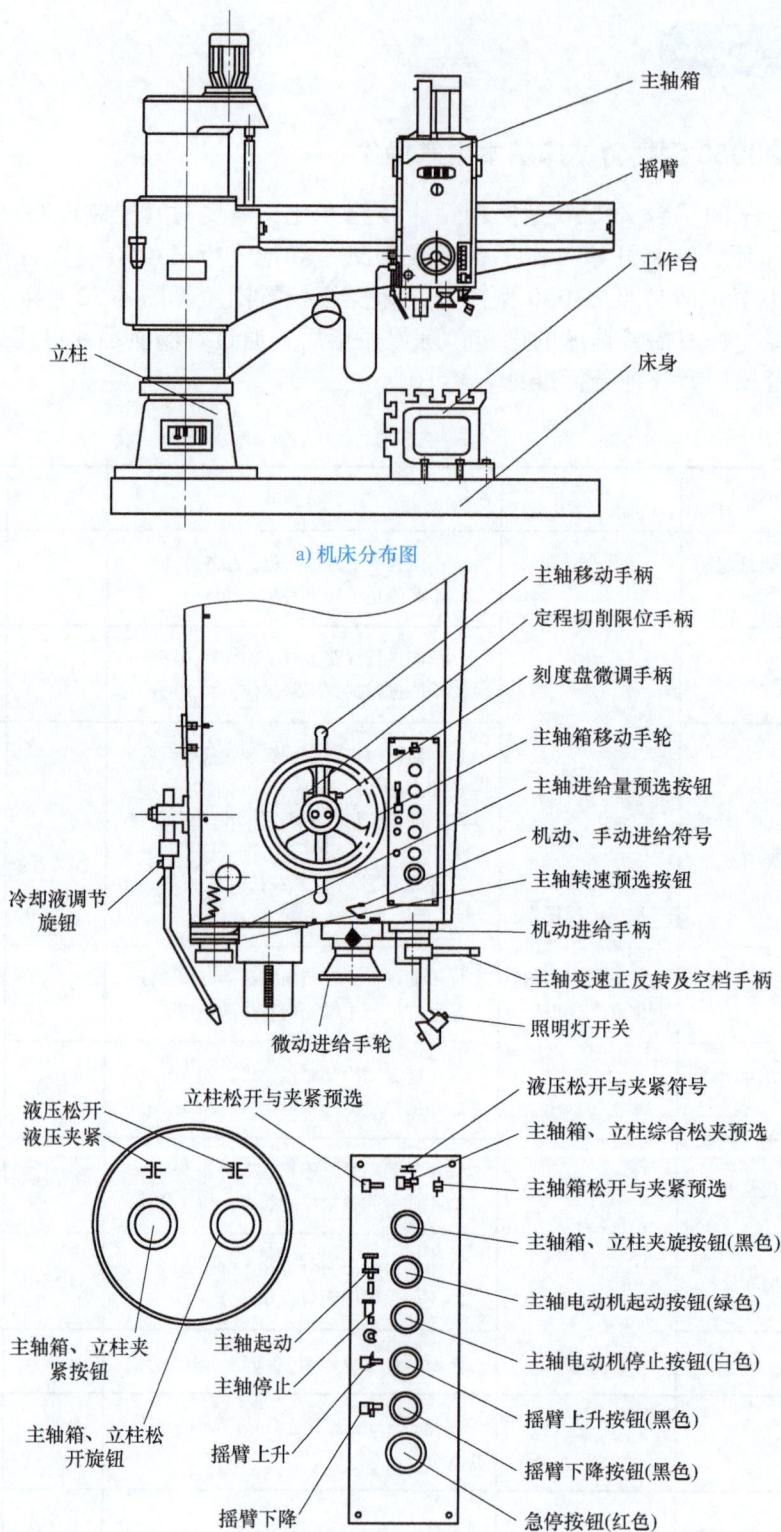

a) 机床分布图

b) 主轴箱板面

图 4-72 Z3050 型摇臂钻床操纵位置图

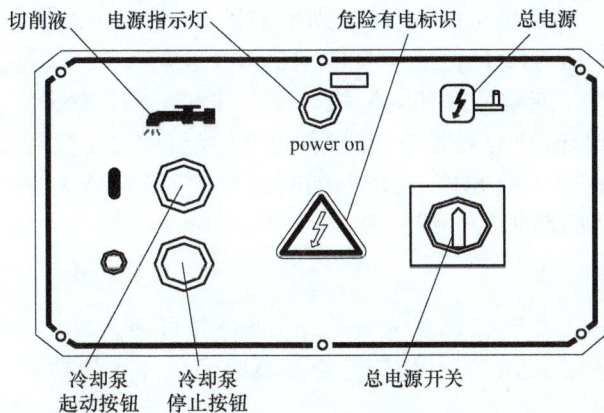

c) 立柱上的标签图

图 4-72 Z3050 型摇臂钻床操纵位置图（续）

附 Z3050 型摇臂钻床电气操作提示

1. 开车前的准备

打开摇臂上的电器箱，合上空气断路器 QF2、QF3、QF4，然后关好电器箱。

2. 开机

合上立柱下面的总电源开关 QS1，这时电源指示 HL1 灯亮，表明设备已经通电。

3. 主轴电动机的旋转

按下起动按钮 SB3，交流接触器 KM1 通电吸合并自锁，主轴电动机 M1 旋转；按下停止按钮 SB2，交流接触器 KM1 失电释放，主轴电动机 M1 停转。

4. 摇臂升降

按上升（或下降）按钮 SB4（或 SB5），通过 PLC 使交流接触器 KM4 通电吸合，液压泵电动机 M3 正向旋转，压力油经分配阀进入摇臂松夹液压缸的松开油腔，推动活塞和菱形块使摇臂松开，同时活塞杆通过弹簧片压限位开关 SQ2，通过 PLC 使交流接触器 KM4 失电释放，交流接触器 KM2（或 KM3）通电吸合，液压泵电动机 M3 停止旋转，升降电动机 M2 旋转带动摇臂上升（或下降）。

当摇臂上升（或下降）到所需位置时，松开按钮 SB4（或 SB5），通过 PLC 使交流接触器 KM2（或 KM3）失电释放，升降电动机 M2 停止运转，摇臂停止上升（或下降）。然后经 2s 交流接触器 KM5 通电吸合，液压泵电动机 M3 反向旋转，供给压力油，压力油经分配阀进入摇臂松夹液压缸的夹紧液压腔使摇臂夹紧，同时活塞杆通过弹簧片压限位开关 SQ3，通过 PLC 使交流接触器 KM5 失电释放，液压泵电动机 M3 停止旋转。

行程开关 SQ1（SQ1a、SQ1b）用来限制摇臂的升降行程，当摇臂升降到极限位置时，SQ1（SQ1a、SQ1b）动作，交流接触器 KM2（或 KM3）断电，升降电动机 M2 停止旋转，摇臂停止升降。

5. 立柱和主轴箱的松开或夹紧，既可单独进行又可同时进行

1）立柱和主轴箱的松开与夹紧同时进行。首先把转换开关 SA 扳到中间位置，这时

按下松开（或夹紧）按钮 SB6（或 SB7），则电磁铁 YA1、YA2 得电吸合，经过 1～3s 接触器 KM4（或 KM5）通电吸合，液压泵电动机 M3 正转（或反转），供压力油给液压缸的松开（或夹紧）油腔，推动活塞和菱形块，使立柱和主轴箱松开（或夹紧）。

2）立柱和主轴箱的松开与夹紧单独进行。把转换开关 SA 扳到左边（或右边），按下松开（或夹紧）按钮 SB6（或 SB7），仿照同时进行的原理，YA1 或 YA2 单独得电吸合，即可实现立柱和主轴箱的单独松开或夹紧。

6. 冷却泵的起动和停止

按下起动按钮 SB9，交流接触器 KM6 通电吸合并自锁，冷却泵电动机旋转；按下停止按钮 SB8，交流接触器 KM6 失电释放，冷却泵电动机停止旋转。

7. 紧急停止及解除

按下带自锁的紧急停止按钮 SB1，所有电动机均停止运转，机床处于紧急停止状态。按箭头方向旋转紧急停止按钮 SB1，急停按钮将复位，紧急停止状态解除。

注意： 按下急停按钮后，机床内某些电气元件仍然带电，只要关断总电源开关 QS1，机床内除总电源开关一次侧外均不带电。

8. 关机

如机床停止使用，为确保人身和设备安全需关断总电源开关 SQ1。

☑ 关卡二　Z3050 型摇臂钻床日常维保操作

任务情境：对 Z3050 型摇臂钻床的试车已经结束，现在小李要跟着师父学习如何对 Z3050 型摇臂钻床进行日常维保操作，请按照点检标准练习操作，练习完毕后，并通过现场演示或口述的方式模拟操作过程，完成考核。考核评分标准见表 4-11。

表 4-11　Z3050 型摇臂钻床电气操作考核评分标准

序号	考核内容	考核要求	评分标准	配分	扣分	得分
1	机床操作	按照标准对机床设备进行点检	检查手柄/手轮、按钮及指示灯，缺一项扣 1 分	25 分		
2	机床动作		观察各轴运动，刀架、尾座运动是否正常，缺一项扣 1 分	25 分		
3	机床状态		检查传动带是否松动，齿轮、电动机等运动部件是否有噪声，油温、油管、电动机是否温度过高，缺一项扣 1 分	25 分		
4	机床油路		油箱、管路是否泄漏，油箱、切削液箱液位是否低于 1/3，缺一项扣 1 分	25 分		
5	定额工时	0.5h	每超过 1min（不足 1min 以 1min 计），扣 5 分			
起始时间			合计	100 分		
结束时间			教师签字		年　月　日	

附　Z3050 型摇臂钻床日常点检标准（见表 4-12）

表 4-12　设备点检标准

设备名称	摇臂钻床			Z3050×31		392542251001	
点检项目		点检方法	点检频次	点检标准		责任人	点检部位图示
机床操作	操作手柄	目视、触摸	日	手柄操作灵活、定位可靠		操作人员	
	按钮、指示灯	目视、触摸	日	按钮操作灵活、各指示灯显示正确		操作人员	
机床动作	主轴	目视	日	主轴正、反转、停车、自动进给正常、变速正常		操作人员	
	主轴箱	目视、感觉	日	主轴箱夹紧与松开正常、移动轻便		操作人员	
	摇臂	目视、感觉	日	摇臂夹紧与松开正常、转动轻便		操作人员	
	立柱	目视、感觉	日	立柱夹紧与松开正常、转动轻便		操作人员	
	限位开关	目视	日	各限位开关工作正常		操作人员	
泄漏	主轴箱上、下油池	目视	日	主轴箱油池、油路是否存在漏油现象		操作人员	
	主轴箱夹紧油泵油池	目视	日	主轴箱夹紧油泵油池、油路是否存在漏油现象		操作人员	
	立柱夹紧油泵油池	目视	日	立柱夹紧油泵油池、油路是否存在漏油现象		操作人员	
	立柱润滑油泵油池	目视	日	立柱润滑油泵油池、油路是否存在漏油现象（图2）		操作人员	
声音	主轴运动	耳听	日	主轴运转是否存在异常响声		操作人员	
	电动机、油泵	耳听	日	电动机、油泵工作时是否存在异常响声		操作人员	
温度	各电动机、油泵电动机	触摸	日	用手触摸各电动机、是否存在发烫现象		操作人员	
	油箱、管路	目视、触摸	日	各油箱正常油温应低于50℃，用手触摸油管是否存在发烫现象		操作人员	
振动	主轴运动	目视、感觉	日	观察主轴运转是否存在振动现象		操作人员	
油量切削	主轴箱上、下油池	目视	周	油量是否低于 1/3 液位，少则添加 46# 液压油（图3、4）		操作人员	
	立柱夹紧油泵油池	目视	周	油量是否低于 1/3 液位，少则添加 46# 液压油（图1）		操作人员	
	主轴箱夹紧油泵油池	目视	周	油量是否低于 1/3 液位，少则添加 46# 液压油		操作人员	
	立柱润滑油泵油池	目视	周	油量是否低于 1/3 液位，少则添加 46# 液压油（图2）		操作人员	
液量	切削液箱	目视	周	切削液量是否低于 1/3 液位，少则添加		操作人员	

✅ 关卡三　Z3050 型摇臂钻床典型故障检修

任务情境：小李和师父已经完成了 Z3050 型摇臂钻床的 PLC 改造，可是在试车过程中出现了一些故障。请参考 Z3050 型摇臂钻床电路图（见图 4-73）与 Z3050 型摇臂钻床电气控制电路故障检修要求及评分标准（见表 4-13），完成 Z3050 型摇臂钻床检修的闯关任务。

故障 1：合上电动机 QS1，主轴电动机、冷却泵电动机都能正常运行，可是摇臂不能升降、立柱与主轴箱也不能松开、夹紧。请根据故障现象分析原因并排除故障。提示：故障在 PLC 电源处。

故障 2：排除故障 1 后，按下摇臂上升起动按钮 SB4，摇臂不能上升。请根据故障现象分析原因并排除故障。提示：此时 PLC 输入端 I1 指示灯亮，输出端 Q1、Q2 指示灯不亮。

故障 3：排除故障 2 后，进行摇臂的升降操作，此时摇臂可以上升但不能下降（提示：此时 PLC 输入端 I2 指示不亮）。请根据故障现象分析原因并排除故障。

故障 4：排除故障 3 后，再先后按下松开按钮 SB6，立柱与主轴箱不能松开。请根据故障现象分析原因并排除故障。提示：按下 SB6，PLC 输入端 I5 指示灯亮，输出端 Q4 指示灯亮。

表 4-13　Z3050 型摇臂钻床电气控制电路故障检修要求及评分标准

序号	考核内容	考核要求	评分标准	配分	扣分	得分
1	主轴、冷却泵电动机能正常起动，摇臂不能升降，立柱与主轴箱也不能松开、夹紧	分析故障范围，确定故障点并排除故障	1. 不能确定故障范围，扣 10 分 2. 不能找出原因，扣 5 分 3. 不能排除故障，扣 5 分	20 分		
2	按下摇臂上升起动按钮 SB4，摇臂不能上升	分析故障范围，确定故障点并排除故障	1. 不能确定故障范围，扣 10 分 2. 不能找出原因，扣 10 分 3. 不能排除故障，扣 10 分	30 分		
3	摇臂可以上升但不能下降	分析故障范围，确定故障点并排除故障	1. 不能确定故障范围，扣 10 分 2. 不能找出原因，扣 10 分 3. 不能排除故障，扣 5 分	25 分		
4	立柱与主轴箱不能松开	分析故障范围，确定故障点并排除故障	1. 不能确定故障范围，扣 10 分 2. 不能找出原因，扣 10 分 3. 不能排除故障，扣 5 分	25 分		
5	安全文明生产	按生产操作规程	违反安全文明生产规程，扣 10~30 分			
6	定额工时	4h	每超过 5min（不足 5min 以 5min 计），扣 5 分			
起始时间		合计		100 分		
结束时间		教师签字		年　月　日		

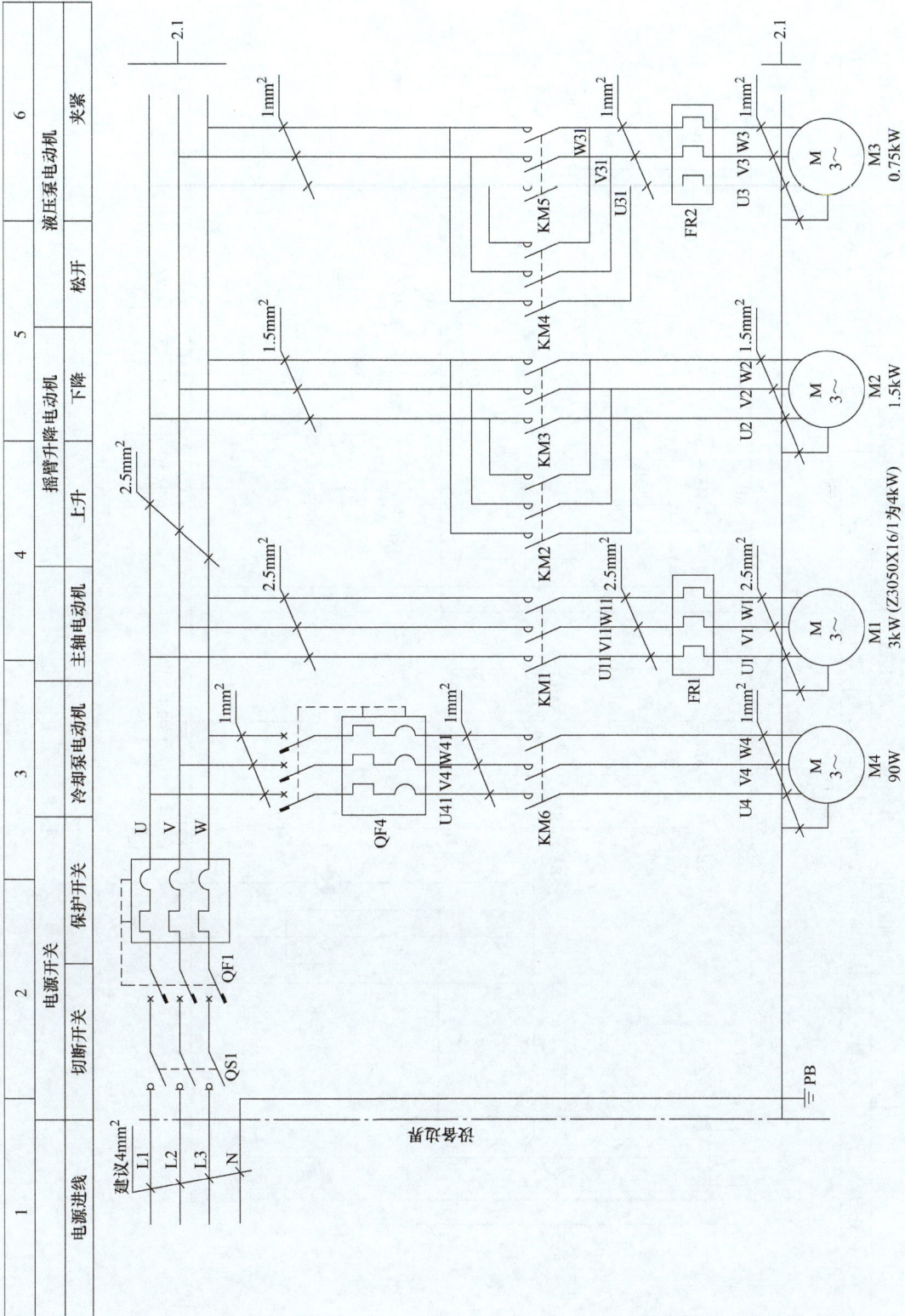

1	2		3	4		5		6
	电源开关							
	切断开关	保护开关	冷却泵电动机	主轴电动机	摇臂升降电动机		液压泵电动机	
电源进线					上升	下降	松开	夹紧

图 4-73　Z3050 型摇臂钻床电路图

a)

建议4mm²

L1
L2
L3
N

QS1

QF1

U V W

接地母线

PB

QF4

U41 V41 W41 1mm²

1mm²

KM6

U4 V4 W4 1mm²
M4
3~
90W

KM1

U11 V11 W11 2.5mm²

FR1

U1 V1 W1 2.5mm²
M1
3~
3kW (Z3050X16/1为4kW)

2.5mm²

KM2

2.5mm²

KM3

U2 V2 W2 1.5mm²
M2
3~
1.5kW

1.5mm²

KM4

KM5

W31
V31
U31

FR2

U3 V3 W3 1mm²
M3
3~
0.75kW

1mm²

2.1

2.1

211

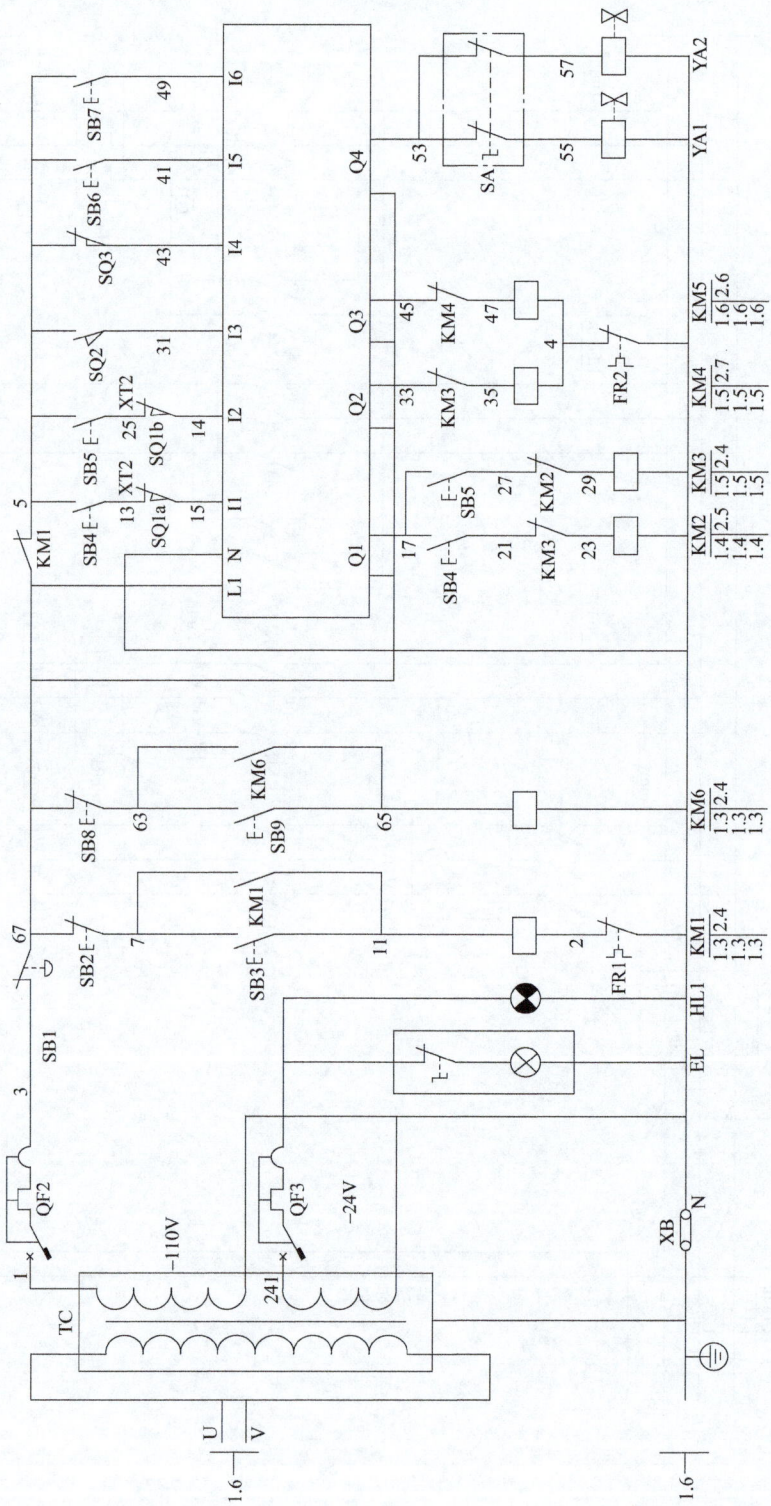

图 4-73　Z3050 型摇臂钻床电路图（续）

b)

附　Z3050 型摇臂钻床 PLC 梯形图程序（见图 4-74）

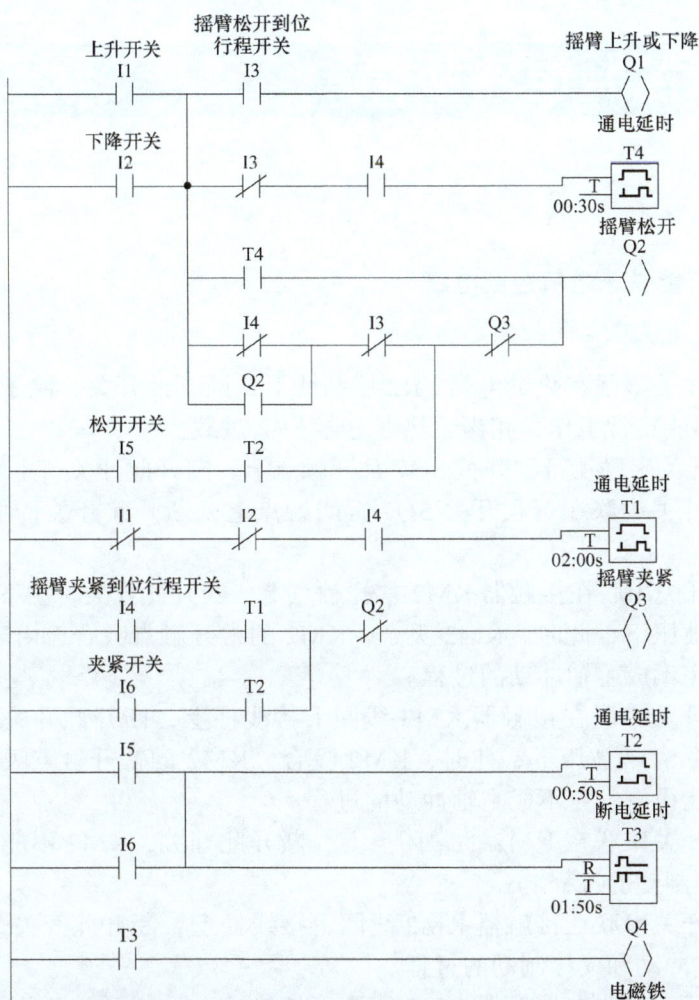

图 4-74　Z3050 型摇臂钻床 PLC 梯形图程序

"中国铁建技术能手"成长记

　　宋海鹏，质量能手，多次参与生产改善，其中 4.8m 变速箱内撑环机器人焊接改善被评为二级改善方案，与公司技术人员一起参与机器人新产品试制焊接，解决了多项机器人焊接程序、焊接工艺难题；关心企业发展，承担实习生训练任务，快速提升实习生技能，使其更快融入生产；2019 年荣获湖南省技术能手称号，获得第三届全国智能制造应用技术大赛湖南省一等奖、第三届全国智能制造应用技术大赛全国决赛二等奖；2019 年中国铁建重工集团质量改进与生产精益改善技能比武获改善先锋小组称号。

附录

常见机床控制电路故障

◆ **X62W 型万能铣床电气控制电路**

1. X62W 型万能铣床电气控制电路故障

1）1 号故障开关串联在热继电器 FR2 控制线上，断开此开关，除了电源指示灯和照明灯以外其他都不能正常工作，相当于热继电器 FR2 过载。

2）2 号故障开关串联在行程开关 SQ7 常开触点上，断开此开关，主轴不能冲动控制。

3）3 号故障开关串联在行程开关 SQ7 常闭触点上，断开此开关，主轴能冲动控制，但不能起动。

4）4 号故障开关串联在接触器 KM2 常开触点上，断开此开关，压下变速手柄后，冲动行程开关 SQ7 被压下，此时，KM2 吸合，KM2 的常开触点吸合，由于故障点的存在，KM6 不能得电，完不成主轴冲动的过程。

5）5 号故障开关串联在接触器 KM3 线圈下接线柱上，断开此开关，压下变速手柄后，冲动行程开关 SQ7 被压下，此时，KM2 吸合，KM2 的常开触点吸合，由于故障点的存在，KM6 不能得电，完不成主轴冲动的过程。

6）6 号故障开关串联在 KM2 的常闭点上，断开此开关，KM2 不能正常得电，主轴完不成冲动和反接制动的过程。

7）7 号故障开关串联在接触器 KM2 线圈上接线柱上，断开此开关，KM2 不能正常吸合，主轴完不成冲动和反接制动的过程。

8）8 号故障开关串联在接触器 KM2 线圈下接线柱上，断开此开关，KM2 不能正常得电，主轴完不成冲动和反接制动的过程。

9）9 号故障开关串联在 KM1 的常闭触点上，断开此开关，KM1 不能正常得电，主轴完不成正常起动的过程。

10）10 号故障开关串联在接触器 KM1 线圈上接线柱上，断开此开关，KM1 不能正常吸合，主轴完不成正常起动的过程。

11）11 号故障开关串联在接触器 KM1 线圈下接线柱上，断开此开关，KM1 不能正常得电，主轴完不成正常起动的过程。

12）12 号故障开关串联在接触器 KM1 自锁触点上，断开此开关，KM1 不能自锁，起动按钮释放后即停止运转。

13）13 号故障开关串联在控制工作台冲动行程开关 SQ6-1 常开触点上，此开关断开，工作台做冲动运动时，线圈 KM4 无法得电。

14）14 号故障开关串联在控制工作台冲动行程开关 SQ6-1 常闭触点上，断开此开关，不能正常进行向左向右工作。

15）15 号故障开关串联在 118 号线上，断开此开关，左右运动不能正常进行。

16）16 号故障开关串联在 KM4 的常闭触点，断开此开关，KM4 不能得电，向下、向后、向右运动不能正常进行。

17）17 号故障开关串联在接触器 KM4 线圈上接线柱上，断开此开关，KM4 不能得电，向下、向后、向右运动不能正常进行。

18）18 号故障开关串联在接触器 KM4 线圈下接线柱上，断开此开关，KM4 不能得电，向下、向后、向右运动不能正常进行。

19）19 号故障开关串联在 120 号线上，断开此开关，除了向右运动其他运动方式都不能正常进行。

20）20 号故障开关串联在行程开关 SQ3 的常开触点上，断开此开关，工作台向下、向后运动不能正常进行。

21）21 号故障开关串联在 119 号线上，断开此开关，上下前后运动不能正常进行。

22）22 号故障开关串联在 122 号线上，断开此开关，上下前后运动不能正常进行。

23）23 号故障开关串联在 121 号线上 SB5 和 SB6 之间，断开此开关，按下 SB5 可以快速移动而按下 SB6 却不能正常进行。

24）24 号故障开关串联在 124 号线上，断开此开关，当主轴正常运转时行程开关 SQ5 常闭触点闭合，SA3-2 闭合后，KM5 线圈不能得电工作。

25）25 号故障开关串联在行程开关 SQ2 常开触点上，断开此开关，向左运动不能正常进行。

26）26 号故障开关串联在 KM3 的常闭触点上，断开此开关，KM3 不能得电，向上、向前、向左运动不能正常进行。

27）27 号故障开关串联在接触器 KM3 线圈上接线柱上，断开此开关，KM3 不能得电，向上、向前、向左运动不能正常进行。

28）28 号故障开关串联在接触器 KM5 线圈上接线柱上，断开此开关，KM5 不能得电，快速移动不能正常进行。

29）29 号故障开关串联在接触器 KM5 线圈下接线柱上，断开此开关，KM5 不能得电，快速移动不能正常进行。

30）30 号故障开关串联在接触器 KM6 线圈上，断开此开关，KM6 线圈不能得电，冲动不能正常进行。

2. X62W 型万能铣床电气控制电路故障图

X62W 型万能铣床电气控制电路故障图如附图 1 所示。

◆ Z3050 型摇臂钻床电气控制电路

1. Z3050 型摇臂钻床电气控制电路故障

1）1 号故障开关串联在 106 线上，断开此开关，冷却泵缺相，不能正常运行。

2）2 号故障开关串联在 115 号线上，断开此开关，控制变压器无法得电，控制电路无法正常工作，液压泵电动机正常运行。

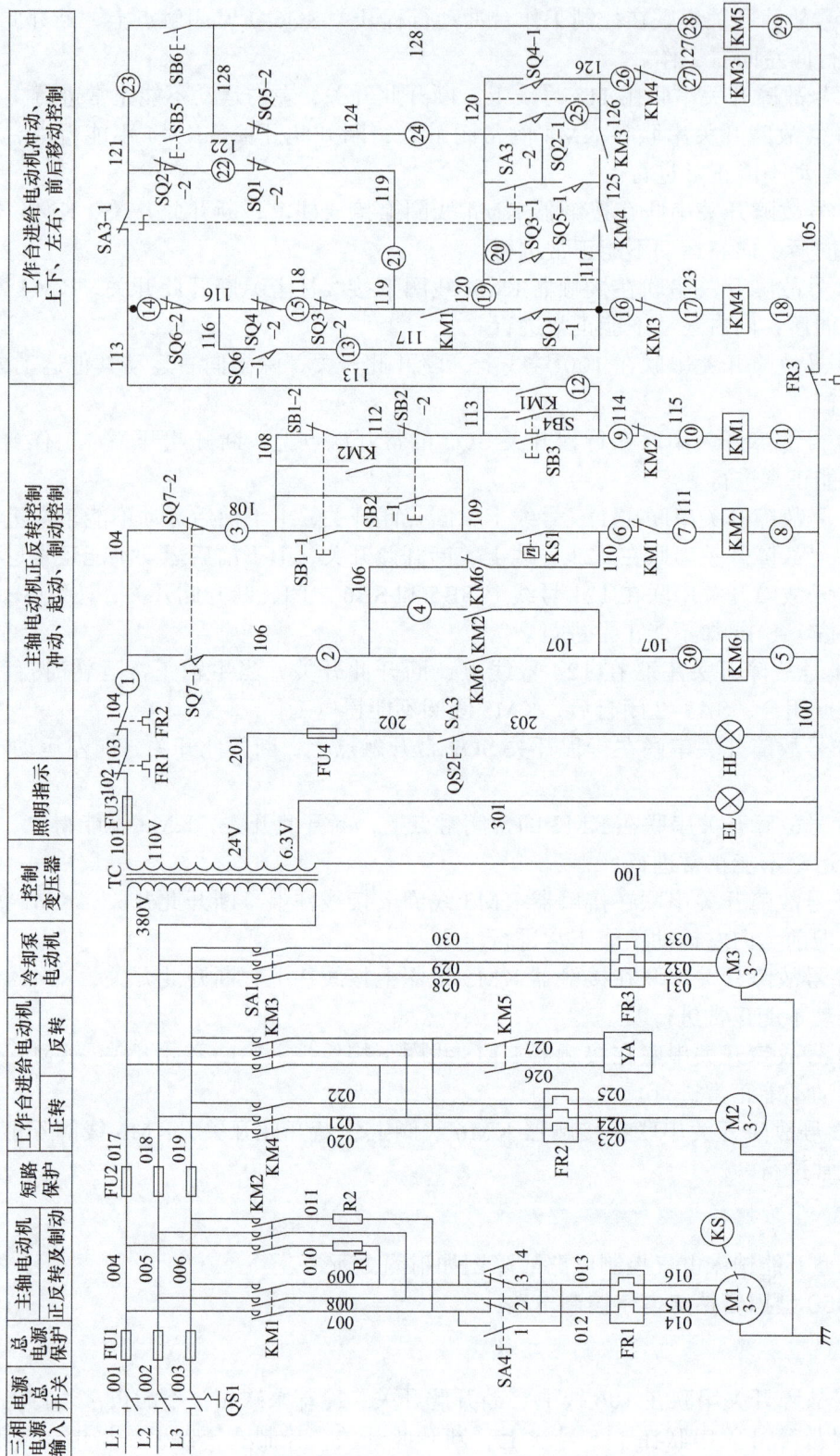

附图 1　X62W 型万能铣床电气控制电路故障图

3）3 号故障开关串联在 126 号线上，断开此开关，液压泵电动机缺相，不能正常运行。

4）4 号故障开关串联在控制回路公共点上，断开此开关，指示灯和照明灯正常工作，控制电路无法正常工作。

5）5 号故障开关串联在 204 号线上，断开此开关，照明灯无法正常工作。

6）6 号故障开关串联在接触器 KM1 下接线柱上，断开此开关，KM1 不能正常得电，主轴电动机无法正常工作。

7）7 号故障开关串联在 212 号线上，断开此开关，按下 SB3 摇臂不能正常上升。

8）8 号故障开关串联在时间继电器 KT 线圈下接线柱上，断开此开关，时间继电器 KT 不能正常得电，摇臂不能正常延时夹紧。

9）9 号故障开关串联在 216 号线上，断开此开关，KM2 线圈不能正常得电，摇臂不能正常上升。

10）10 号故障开关串联在接触器 KM2 线圈下接线柱上，断开此开关，KM2 线圈不能正常得电吸合，摇臂不能正常上升。

11）11 号故障开关串联在 218 上，断开此开关，KM3 线圈不能正常得电吸合，摇臂不能正常下降。

12）12 号故障开关串联在接触器 KM3 线圈下接线柱上，断开此开关，KM3 线圈不能正常得电吸合，摇臂不能正常下降。

13）13 号故障开关串联在液压泵放松按钮 SB5-1 常开触点上，断开此开关，按下 SB5 摇臂不能正常放松。

14）14 号故障开关串联在 KM4 的常闭触点，断开此开关，KM4 线圈不能正常得电吸合，摇臂不能正常放松。

15）15 号故障开关串联在接触器 KM4 的线圈下接线柱上，断开此开关，KM4 线圈不能正常得电吸合，摇臂不能正常放松。

16）16 号故障开关串联在接触器 KM4 和时间继电器的常闭触点，断开此开关，KM5 不能正常得电吸合，摇臂不能正常夹紧。

17）17 号故障开关串联在接触器 KM5 线圈下接线柱上，断开此开关，KM5 线圈不能正常得电吸合，摇臂不能正常夹紧。

18）18 号故障开关串联在电磁铁 YA 上的常闭触点，断开此开关，相当于继电器 KM5 常闭触点开路。

19）19 号故障开关串联在 226 号线上，断开此开关，电磁铁不能正常延时动作。

20）20 号故障开关串联在电磁铁线圈下接线柱上，断开此开关，电磁铁不能正常得电工作。

2. Z3050 型摇臂钻床电气控制电路故障图

Z3050 型摇臂钻床电气控制电路故障图如附图 2 所示。

◆ M7120 型平面磨床电气控制电路故障

1. M7120 型平面磨床电气控制电路故障

1）1 号故障开关串联在控制变压器 TC 输入端，断开此开关，控制变压器无电源输入，控制电路无法工作。

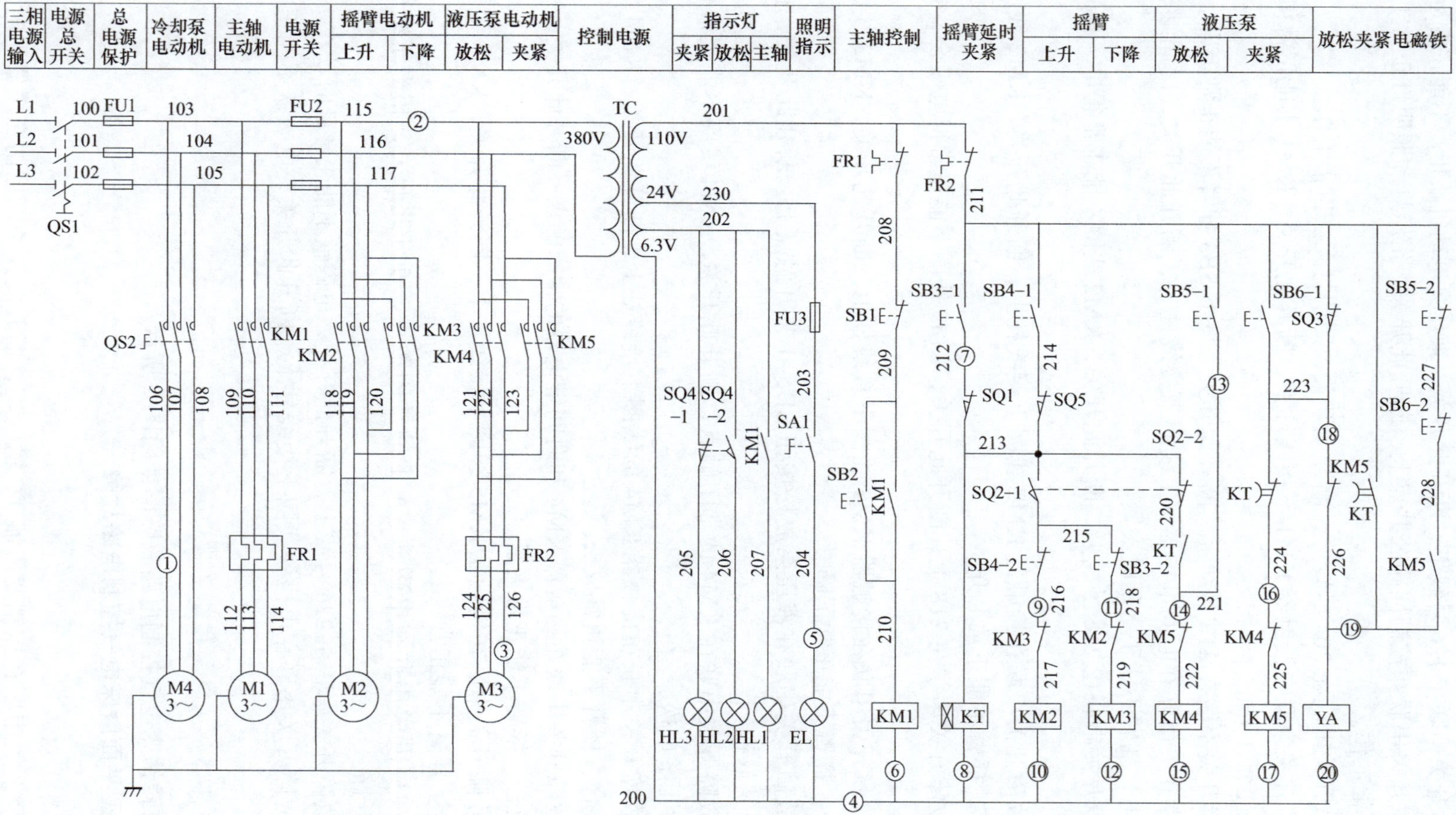

附图 2　Z3050 型摇臂钻床电气控制电路故障图

2）2 号故障开关串联在控制电路公共点上，断开此开关，照明灯和电源指示灯能正常工作，控制电路无法正常工作。

3）3 号故障开关串联在电压继电器 KA1 的线圈上，断开此开关，电压继电器失电压保护，液压泵电动机、砂轮电动机和砂轮冷却泵电动机均无法正常工作。

4）4 号故障开关串联在电压继电器 KA1 的保护常开点上，断开此开关，电压继电器失电压保护，液压泵电动机、砂轮电动机和砂轮冷却泵电动机均无法正常工作。

5）5 号故障开关串联在热继电器 FR1 上接线柱上，断开此开关，接触器 KM1 线圈不能正常得电，液压泵不能正常工作。

6）6 号故障开关串联在继电器 KM1 自锁点上，断开此开关，接触器 KM1 不能自锁，起动按钮释放后液压泵即停止运转。

7）7 号故障开关串联在继电器 KM1 上接线柱上，断开此开关，接触器 KM1 线圈不能正常得电，液压泵不能正常工作。

8）8 号故障开关串联在继电器 KM2 自锁点上，断开此开关，接触器 KM2 不能自锁，起动按钮释放后冷却泵即停止运转。

9）9 号故障开关串联在热继电器 FR2 上接线柱上，断开此开关，接触器 KM2 线圈不能正常得电，冷却泵不能正常工作。

10）10 号故障开关串联在热继电器 FR3 上接线柱上，断开此开关，接触器 KM2 线圈不能正常得电，冷却泵不能正常工作。

11）11 号故障开关串联在 164 号线上，断开此开关，KM3 不能正常得电，砂轮机不能正常上升。

12）12 号故障开关串联在 165 号线上，断开此开关，KM3 不能正常得电，砂轮机不能正常上升。

13）13 号故障开关串联在 166 号线上，断开此开关，KM4 不能正常得电，砂轮机不能正常下降。

14）14 号故障开关串联在 167 号线上，断开此开关，KM4 不能正常得电，砂轮机不能正常下降。

15）15 号故障开关串联在继电器 KM5 自锁点上，断开此开关，接触器 KM5 不能自锁，充磁按钮释放后电磁吸盘即停止运行。

16）16 号故障开关串联在 170 号线上，断开此开关，接触器 KM5 不能正常得电，电磁吸盘不能正常充磁。

17）17 号故障开关串联在 KM6 的常闭触点上，断开此开关，KM6 不能正常得电，电磁吸盘不能正常去磁。

18）18 号故障开关串联在充磁主电路上，断开此开关，能正常去磁但不能正常充磁。

19）19 号故障开关串联在去磁主电路上，断开此开关，能正常充磁但不能正常去磁。

20）20 号故障开关串联在交流接触器 KM1 线圈下接线柱上，断开此开关，交流接触器 KM1 不能正常得电，液压泵不能正常进行工作。

21）21 号故障开关串联在交流接触器 KM2 线圈下接线柱上，断开此开关，交流接触器 KM2 不能正常得电，冷却泵不能正常进行工作。

22）22 号故障开关串联在交流接触器 KM3 线圈下接线柱上，断开此开关，交流接触器 KM3 不能正常得电，砂轮机不能正常上升。

23）23 号故障开关串联在交流接触器 KM4 线圈下接线柱上，断开此开关，交流接触器 KM4 不能正常得电，砂轮机不能正常下降。

24）24 号故障开关串联在交流接触器 KM5 线圈下接线柱上，断开此开关，交流接触器 KM5 不能正常得电，不能正常进行充磁工作。

25）25 号故障开关串联在交流接触器 KM6 线圈下接线柱上，断开此开关，交流接触器 KM6 不能正常得电，不能正常进行去磁工作。

26）26 号故障开关串联在液压泵停止按钮 SB2 下接线柱上，断开此开关，交流接触器 KM1 不能正常得电，液压泵不能正常进行工作。

27）27 号故障开关串联在液压泵主电路的一根相线上，断开此开关，液压泵缺相，不能正常工作。

28）28 号故障开关串联在冷却泵主电路的一根相线上，断开此开关，砂轮机能正常工作，冷却泵缺相，不能正常工作。

29）29 号故障开关串联在升降电动机上升主电路的一根相线上，断开此开关，上升时缺相，而下降时能正常工作。

30）30 号故障开关串联在充磁按钮 SB8 下接线柱上，断开此开关，按下 SB8，不能正常进行充磁。

2. M7120 型平面磨床电气控制电路故障图

M7120 型平面磨床电气控制电路故障图如附图 3 所示。

◆ T68 型卧式镗床电气控制电路

1. T68 型卧式镗床电气控制电路故障

1）1 号故障开关串联在控制电源变压器 TC 处，断开此开关，变压器 TC 无 110V 输出电压，相当于熔断器 FU3 烧毁，指示灯和 24V 灯正常工作。

2）2 号故障开关串联在行程开关 SQ1 常闭触点上，当 SQ2 断开时再断开此开关，主轴进给电路不能正常工作。

3）3 号故障开关串联在正转中间继电器 KA1 自锁触点上，断开此开关，主轴正转只能点动但不能连续运转。

4）4 号故障开关串联在正转中间继电器 KA1 线圈下方，断开此开关，主轴不能正转。

5）5 号故障开关串联在反转中间继电器 KA2 自锁触点上，断开此开关，主轴反转只能点动但不能连续运转。

6）6 号故障开关串联在反转中间继电器 KA2 线圈下接线柱上，断开此开关，主轴不能反转。

7）7 号故障开关串联在行程开关 SQ4 常开触点下面，断开此开关，接触器 KM3 和时间继电器 KT 不能工作，主轴只能点动但不能连续运转。

8）8 号故障开关串联在接触器 KM3 线圈上接线柱上，断开此开关，接触器 KM3 不能吸合，主轴只能点动但不能连续运转。

9）9 号故障开关串联在正转中间继电器 KA1 辅助常开触点上，断开此开关，主轴正转不能工作，反转可以工作。

10）10 号故障开关串联在时间继电器 KT 线圈上接线柱上，断开此开关，主轴正常工作但高速运行不行。

11）11 号故障开关串联在反转中间继电器 KA2 辅助常开触点上，断开此开关，主轴反转不能工作，但正转正常工作。

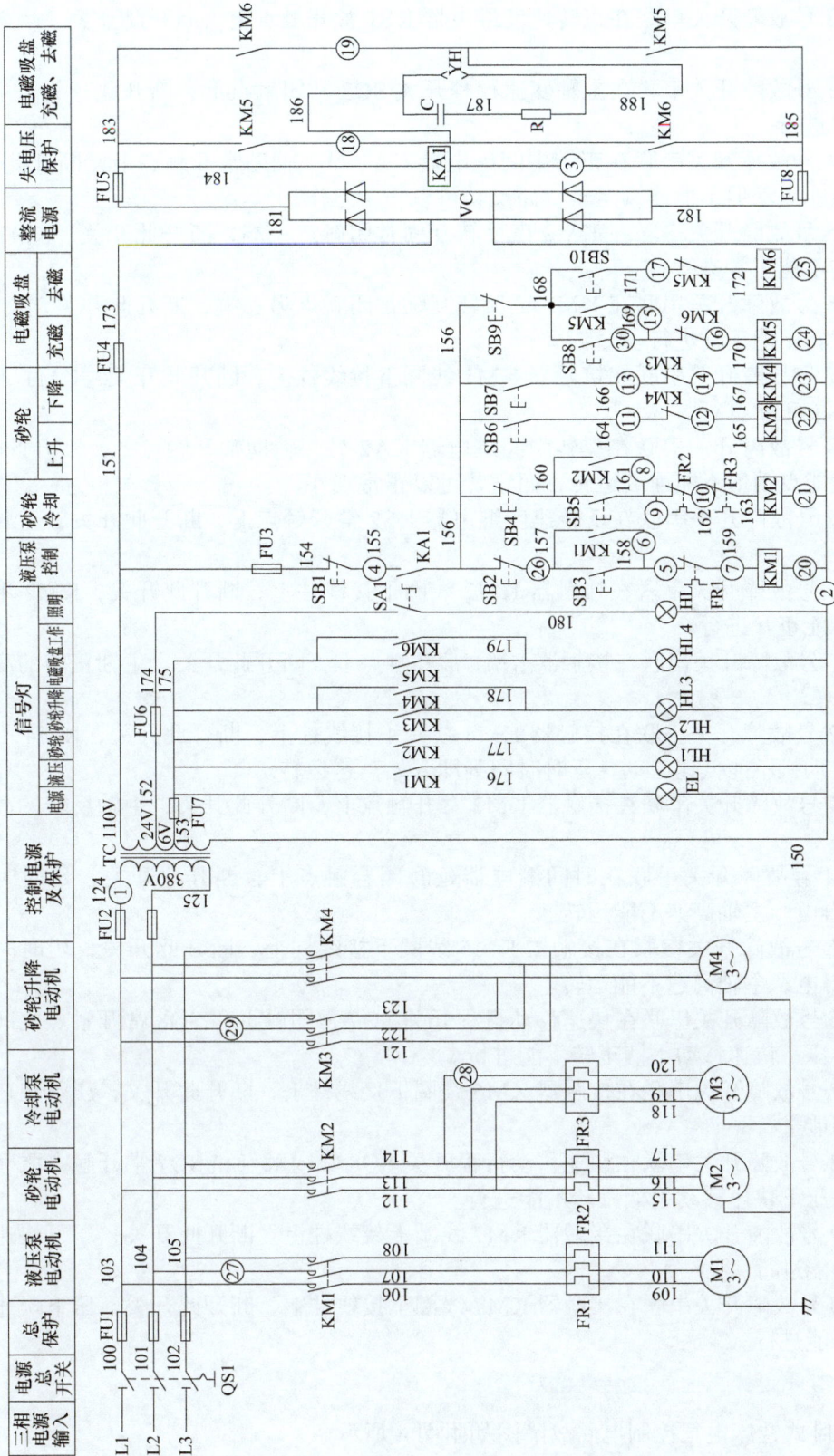

附图3　M7120型平面磨床电气控制电路故障图

12）12 号故障开关串联在正转速度继电器 KS1 常开触点上，断开此开关，反转不能反接制动。

13）13 号故障开关串联在主轴变速行程开关 SQ3 常闭触点上，断开此开关，主轴变速不能正常进行。

14）14 号故障开关串联在正转中间继电器 KA1 另一辅助常开触点上，断开此开关，主轴正转只能点动但不能连续运转，而反转可以正常工作。

15）15 号故障开关串联在 KM2 正反转互锁常闭触点一端，断开此开关，KM1 不能得电，正转不能正常进行。

16）16 号故障开关串联在 KM2 正反转互锁常闭触点另一端，断开此开关，KM1 不能得电，正转不能正常进行。

17）17 号故障开关串联在接触器 KM1 线圈下接线柱上，断开此开关，KM1 不能得电，正转不能正常进行。

18）18 号故障开关串联在反转中间继电器 KA2 另一辅助常开触点上，断开此开关，主轴反转只能点动但不能连续运转，而正转可以正常工作。

19）19 号故障开关串联在反转速度继电器 KS2 常开触点上，断开此开关，正转不能反接制动。

20）20 号故障开关串联在接触器 KM2 线圈下接线柱上，断开此开关，KM2 不能得电，反转不能正常进行。

21）21 号故障开关串联在接触器 KM1 常开触点上，断开此开关，主轴正转的高低速不能运转。

22）22 号故障开关串联在接触器 KM4 线圈下接线柱上，断开此开关，KM4 不能得电，主轴电动机不能低速起动，延时时间到即开始高速运转。

23）23 号故障开关串联在接触器 KM2 常开触点上，断开此开关，主轴反转的高低速不能运转。

24）24 号故障开关串联在时间继电器延时闭合触点上，断开此开关，延时时间到 KM5 不能得电，主轴高速不能运转。

25）25 号故障开关串联在接触器 KM5 线圈下接线柱上，断开此开关，延时时间到 KM5 不能得电，主轴高速不能运转。

26）26 号故障开关串联在快速移动行程开关 SQ7 常闭触点和 SQ8 常开触点之间，断开此开关，压下快速移动手柄正转不能进行。

27）27 号故障开关串联在接触器 KM6 线圈下接线柱上，断开此开关，压下快速移动手柄正转不能进行。

28）28 号故障开关串联在快速移动行程开关 SQ8 常闭触点和 SQ7 常开触点之间，断开此开关，压下快速移动手柄反转不能进行。

29）29 号故障开关串联在接触器 KM7 线圈上接线柱上，断开此开关，压下快速移动手柄反转不能进行。

30）30 号故障开关串联在接触器 KM7 线圈下接线柱上，断开此开关，压下快速移动手柄反转不能进行。

2. T68 型卧式镗床电气控制电路故障图

T68 型卧式镗床电气控制电路故障图如附图 4 所示。

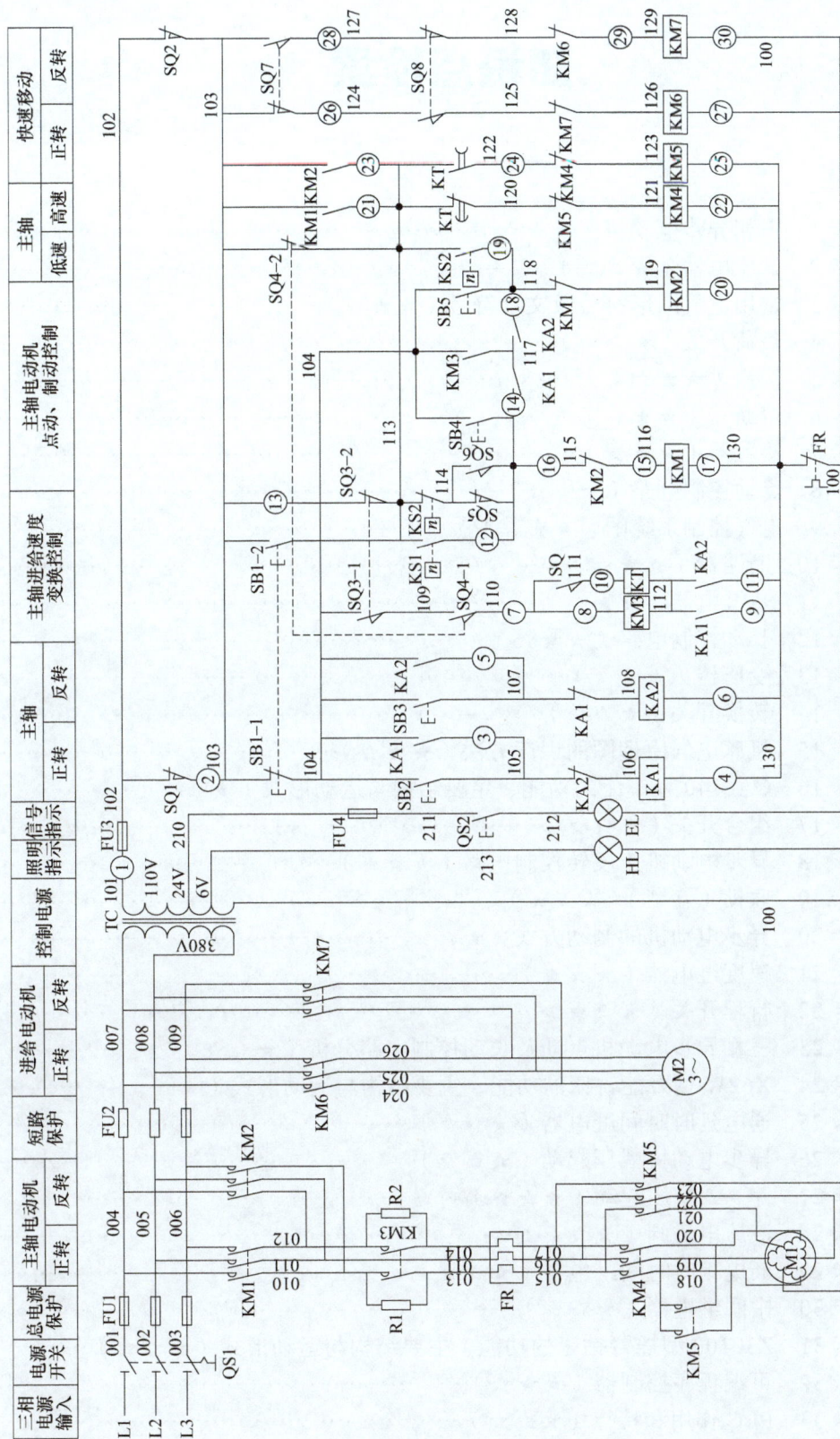

附图 4　T68 型卧式镗床电气控制电路故障图

223

知识点检索

知识卡

技能卡

参考文献

[1] 杜晋.机床电气控制与 PLC（三菱）[M]. 2 版 . 北京：机械工业出版社，2024.

[2] 王浩.机床电气控制与 PLC [M]. 2 版 . 北京：机械工业出版社，2023.

[3] 李向东.机床电气控制与 PLC [M]. 北京：机械工业出版社，2022.